Intestinal health

key to maximise growth performance in livestock

肠道健康

实现畜禽生产性能最大化的关键

［比］Theo Niewold　主编

李新建　李　平　殷跃帮　刘文峰　主译

中国农业大学出版社

·北京·

图书在版编目(CIP)数据

肠道健康:实现畜禽生产性能最大化的关键 /(比)特奥·尼沃尔德(Theo Niewold)主编;李新建等主译. —北京:中国农业大学出版社,2020.5

书名原文: Intestinal health:key to maximise growth performance in livestock

ISBN 978-7-5655-2338-0

Ⅰ.①肠… Ⅱ.①特…②李… Ⅲ.①畜禽-饲养管理②畜禽-肠疾病-防治 Ⅳ.①S815②S858

中国版本图书馆 CIP 数据核字(2020)第 048184 号

书　　名　肠道健康:实现畜禽生产性能最大化的关键

作　　者　Theo Niewold 主编　李新建　李　平　殷跃帮　刘文峰　主译

策划编辑　梁爱荣　　**责任编辑**　梁爱荣

封面设计　郑　川

出版发行　中国农业大学出版社

社　　址　北京市海淀区圆明园西路 2 号　　**邮政编码**　100193

电　　话　发行部 010-62733489,1190　　读者服务部 010-62732336

编辑部 010-62732617,2618　　出　版　部 010-62733440

网　　址　http://www.caupress.cn　　**E-mail**　cbsszs@cau.edu.cn

经　　销　新华书店

印　　刷　涿州市星河印刷有限公司

版　　次　2020 年 6 月第 1 版　2020 年 6 月第 1 次印刷

规　　格　787×1 092　16 开本　15.25 印张　290 千字

定　　价　120.00 元

图书如有质量问题本社发行部负责调换

本书简体中文版本翻译自 Theo Niewold 主编的“Intestinal health：key to maximise growth performance in livestock”。

Translation from the English language edition：

The original English language work has been published by Wageningen Academic Publishers.

著作权合同登记图字：01-2020-1052

译　者

主　　译　李新建　河南农业大学

李　平　广东省农业科学院动物科学研究所

殷跃帮　鹿特丹伊拉斯姆斯大学

刘文峰　谷实农牧集团股份有限公司

参译人员　（排名不分先后）

王克君　河南农业大学

李秀领　河南农业大学

王　斌　温氏食品集团股份有限公司研究院

王婷婷　美国国际原料公司

左　刚　湖南农业大学

孙冬岩　北京都润科技有限公司

孙笑非　北京都润科技有限公司

徐　稳　南京农业大学

杨　洋　谷实农牧集团股份有限公司

赵怀宝　北京生泰源生物科技有限公司

温贤将　山西农业大学（山西省农业科学院）高粱研究所

序

畜禽肠道健康在维持动物健康与福利中起着至关重要的作用。

在以往动物营养学范畴，“肠道”大多指的是“消化道”，是营养消化吸收的主要部位和器官。然而，随着人们对肠道、肠道健康、肠道营养、肠道微生物、肠道免疫等方面研究和认识的逐步深入，“肠道”已非“消化道”，它不仅仅是人和动物最重要的消化器官，也是最大的排毒器官、免疫系统、微生态系统和微生物栖息地。

如今“肠道健康”一词被频繁提及，肠道健康研究已成热点。欧美等一些畜禽养殖水平较为先进的国家，从 20 世纪 80 年代开始重点关注动物肠道健康，在肠道健康维护与动物健康及福利，肠道微生态平衡，以及饲料营养对肠道健康的影响等方面的关键技术研究均取得了很大进展。虽然研究者们在肠道健康方面的理论研究和实践方面均取得了骄人成绩，但截至目前，有关肠道健康的理论和实践应用技术依然不足，亟须知识和技术手段的更新与进步。

由河南农业大学李新建博士、广东省农业科学院动物科学研究所李平博士、鹿特丹伊拉斯姆斯大学殷跃帮博士和谷实农牧集团股份有限公司刘文峰经理等翻译的《肠道健康：实现畜禽生产性能最大化的关键》一书详细介绍了肠道微生物、肠道疾病、肠道免疫和新发疾病防控、断奶和日粮对肠道的影响、饲料污染物与肠道健康、肠道体外培养技术、肠道健康的生物标记物、蛋白质组学和系统生物学在肠道健康中的应用等最新研究进展。

相信本书会对我国畜禽健康养殖领域的教学与科研工作者及畜禽生产一线的从业人员有所帮助和启发。希望本书的出版能对我国畜禽产业健康优质可持续发展、畜禽企业生产水平与生产效益的提高及新时代畜禽产业转型升级提供有力借鉴。

中国工程院院士 李德发

本书的翻译出版得到下列机构的资助：
北京都润科技有限公司
北京生泰源生物科技有限公司
北京德元顺生物科技有限公司
本书的翻译还得到河南生猪产业技术体系创新团队及广东省农业科学院动物科学研究所的支持和帮助。
在此，特别致谢！

致谢

我很荣幸被邀请担任这本书的主编，尽管当时我还没有意识到随之而来的是什么。其中一个问题是，与如今盛行的在高影响因子期刊上发表论文、教学、指导研究、撰写项目申请等相比，写一本书的章节并没有得到相应的回报，而是过分强调在高影响因子期刊上发表有关教学、调查研究、写作资助等方面的文章。因此，我非常感谢那些愿意为各自章节的写作投入宝贵时间的作者。在我的职业生涯中，我遇到了许多来自不同国家的优秀科学家，我为他们愿意参与这个项目感到幸运。最后，我还要感谢出版商，特别是 Mike Jacobs，感谢他在这本书漫长的定稿过程中给予我的支持和耐心。

我希望这一切等待是值得的。

Theo Niewold

目　　录

第1章　总论——胃肠道、免疫系统与健康维持

T. A. Niewold

Nutrition and Health Unit, Department of Biosystems, Faculty of Bioscience Engineering, KU Leuven, Kasteelpark Arenberg 30, 3001 Heverlee, Belgium; theo. niewold@biw. kuleuven. be

胃肠道(gastrointestinal tract,GIT)在维持人类和动物的健康与福利中至关重要。它不仅构成了保护屏障,同时还具有从食物中摄取营养物质的功能。这里我们可以将胃肠道较准确地描述为一个复杂的动态生态系统。在动物肠道中饲料、微生物群落及宿主黏膜三者之间存在着一定的相互作用(图 1.1)。而存在于肠上皮的免疫细胞群与肠黏膜的其他组成成分之间的相互作用在维持宿主与共生菌间的平衡及抵御病原体过程中起着至关重要的作用。肠黏膜并不仅仅由一层完全相同的肠细胞组成,而是由不同类型的肠细胞、免疫细胞、神经细胞和许多其他细胞共同构成的一个具有特定功能的复杂网络。此外,胃肠道从口腔到末端,其不同区段肠黏膜之间的功能具有很大的差异。当然单胃动物物种之间也有差异,比如在我们的研究中,鸡和猪之间存在差异。这里我们不从胃肠道解剖学角度以及不同物种之间存在的差异进行详细的阐述,因为关于这些方面的知识已经有充足和优秀的综述。本书重点介绍肠道系统的不同组成部分以及它们之间的相互作用。而在肠道系统中,黏膜免疫系统处于重要地位,下面我们首先对其包含的主要原理进行简要说明。

胃肠道包含了一个庞大的黏膜免疫系统。该免疫系统具有一定的耐受性,这与自身免疫系统是截然不同的。并且我们认识到,免疫系统的应答反应会受到环境因素、遗传因素和动物的免疫史等因素影响较大。胃肠道免疫系统对肠内容物(微生物和饲料成分)产生应答反应,这个反应可以导致耐受性(如共生细菌),或者防御反应。通常,应答反应路径由诱导因子、感应器、介质、效应器组成,其组成在决定反应类型上具有重要作用(Medzhitov,2008)。

动物炎症反应是由来自外源性或内源性信号的诱导因子引起的。外源性诱导因子可能是微生物的,也可能是非微生物的。微生物诱导因子主要是毒力因子,以及由病原识别受体(pathogen-recognition receptors,PRRs)检测到的微生物或病原分子模式(microbial or pathogen-associated molecular patterns,MAMP/PAMP),

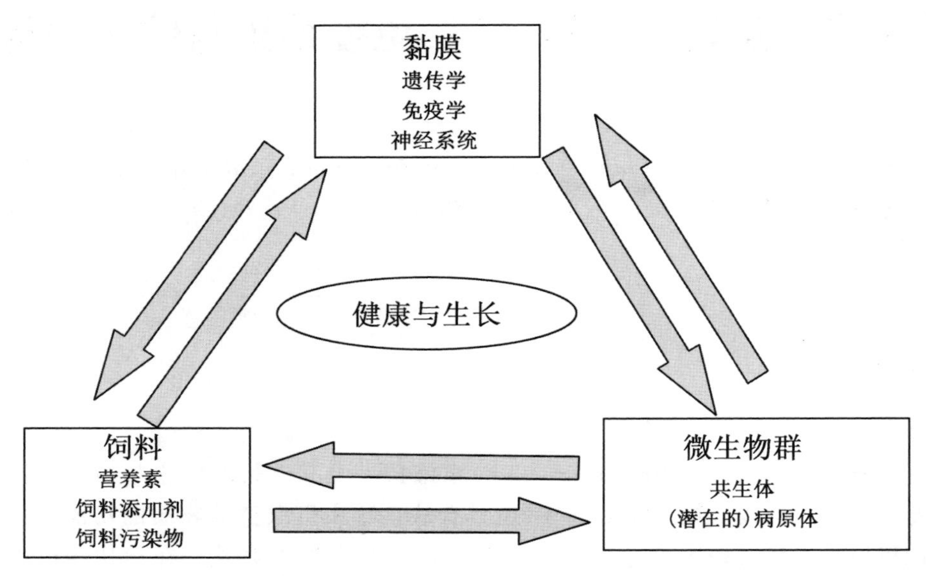

图 1.1　肠道生态的三个重要组成部分及相互作用示意图,这三个部分在动物生产过程中对动物健康和生长起着决定性作用。图中标注了三部分(饲料、微生物群、黏膜)之间存在的相互作用,并给出了各成分之间的主要影响因素。

如效应器上存在的 Toll 样受体(Toll-like receptors,TLRs)。MAMP/PAMP 是由微生物(无论是致病性或共生性)携带的一组有限的和确定的保守分子模式。然而,毒力因子仅限于病原体,故不能被特有的受体检测到。而非微生物诱导因子包括过敏原、刺激物、异物和有毒化合物等(Majno 和 Joris,2004)。而非微生物诱导因子被 PRRs 检测到,引起炎症的内源性因子主要来自宿主受到应激、外伤、感染或者其他的损伤组织产生的危险信号(danger-associated molecular patterns,DAMPs)。

诱导因子引发的信号可以被效应位点接收。炎症反应的效应器是组织或细胞,其功能的状态受宿主多种炎症介质(如细胞因子、趋化因子等)的影响(Majno 和 Joris,2004)。不同的肠道效应位点的感受位置也不同,如上皮细胞、派尔集合淋巴结(Peyer's patches)和(黏膜)免疫细胞,这些细胞的树突状细胞甚至可以在胃肠道内感受到刺激信号(Rescigno 等,2001)。

长期以来人们都认为胃肠道的肠上皮细胞(intestinal epithelial cells,IECs)在黏膜免疫中仅起次要作用。然而,随着研究的深入,人们已经逐渐发现,上皮细胞是协调宿主对病原体产生肠道免疫应答的关键因素(Pitman 和 Blumberg,2000)。IECs 作为检测 MAMP/PAMP、DAMP 和表达 TLRs 的效应器,具有调控细胞因子及趋化因子的分泌、促进适应性免疫应答(Kagnoff 和 Eckmann,1997)、作为抗原呈递细胞等功能，并且还参与调节肠黏膜中T细胞反应（Snoeck等，2005）。总而言之，IEC是具有自身免疫功能的细胞，在肠道免疫应答中起着关键作用。

研究发现，肠黏膜免疫系统的重要效应位点存在于与肠道相关的淋巴组织（gut associated lymphoid tissue，GALT）中，如派伊尔集合淋巴结。这些淋巴组织的效应网络存在于小肠中。这些淋巴组织含有大量不同的免疫细胞，并覆盖着一层特殊的淋巴上皮细胞。这种上皮细胞没有隐窝或绒毛，通过特殊的M（微褶）形状细胞将肠腔内抗原转运到淋巴区域（Jung等，2010），这个淋巴区域中含有大量的囊泡，这些囊泡参与将肠腔内抗原运输到下层淋巴组织（Siebers和Finlay，1996）。效应免疫细胞包括由派伊尔集合淋巴结释放的细胞、上皮内淋巴细胞、血液中"招募"的细胞及树突状细胞等。上皮内淋巴细胞主要是T细胞，其具有强大的细胞溶解和免疫调节能力（Hayday等，2001）。T细胞在肠道上皮细胞的局部免疫监测和区域微环境调节中发挥着重要的作用（Hayday等，2001；Lefrancois和Vezys，2001）。一旦局部免疫系统被激活，如果不被抑制，就会导致免疫细胞在血液中聚集。这一过程涉及的细胞类型从吞噬细胞（单核细胞、巨噬细胞、树突状细胞、肥大细胞和中性粒细胞）、嗜酸性细胞、嗜碱性细胞到自然杀伤细胞等。中性粒细胞在杀灭入侵分子方面发挥着关键作用（Medzhitov，2008；Nathan，2006）。但遗憾的是，中性粒细胞同样也会对宿主组织本身造成很大的伤害（Nathan，2002），这很可能是肠道抗炎反应存在的原因，这种反应是通过神经系统介导的。胃肠道是一个非常大的神经系统，最近，有一点已经得到证实，那就是它至少有一部分参与调节免疫反应。存在于肠道中的传入神经（迷走神经）（Wang和Powley，2007）会向中枢神经系统发出损伤、感染或细胞因子过量的警告，并通过抗炎反应来刺激中枢神经系统，以防止过度炎症反应和相关损伤（Tracey，2002；Tracey等，2001）。传入迷走神经通过迷走神经传出物质和烟碱受体、存在于巨噬细胞的烟碱乙酰胆碱受体α7亚基（nicotinic acetylcholine receptor α7，nAChRα7）（Powley，2007）以及其他产生细胞因子的细胞，从而抑制炎症反应而做出反应。因此，传入迷走神经能起到抗炎反应和保护重要的生理系统的作用（Tracey，2007）。

免疫系统作为第一道防线，先天免疫可以诱导免疫细胞迅速聚集，并由肝脏产生应急蛋白。免疫系统的特异性或适应性免疫最终会促使毒性免疫细胞和抗体的产生。很明显，这与动物的营养消耗有关，因为用于防御的营养物质不能用于生长（Iseri和Klasing，2013）。实际营养消耗的多少在很大程度上取决于病原体，但很明显，在大多数情况下，先天免疫反应所需要的能量明显高于适应性免疫反应（Iseri和Klasing，2013）。

可以得出这样的结论，尤其是在动物生产时，应尽可能地控制炎症。如上所述，炎症会由病原体诱导，启动PAMP途径，而且饲料中的毒素也可以通过DAMP途径引起炎症反应。此外，（心理）压力也会诱发促炎状态（Niewold，2010）。最近研究表明,人类食用高能量食物可导致餐后炎症(Margioris,2009)。也有人认为,这种现象也可能存在于畜禽生产中,因为畜禽也同样会采食高能量饲料(Niewold,2014)。不管炎症的诱因是什么,对动物生产来说代价是非常昂贵的。发生炎症后会导致动物食欲降低,引起肌肉分解代谢,从而导致其生长速度降低。此外,炎症还可能增强动物对某些(肠道)病原体的易感性,导致更多的问题。

如本章开头所述,宿主及其(肠道)免疫系统不是孤立运行的,而是复杂生态系统的一部分,其中饲料和微生物群发挥着非常重要的作用。微生物群的组成一部分由宿主决定,另一部分由饲料组分决定。饲料组分中微生物发酵产生的代谢产物,对宿主和其他微生物种群均有一定的影响。共生微生物群的稳定组成,有助于宿主排除病原体。显然,在这个生态系统中存在着一种理想的健康平衡,同时,这种平衡可能会受到来自这三个组成部分(即黏膜、饲料和微生物群)变化干扰。迄今为止,我们对微生物群内部和肠道生态系统不同组成部分之间的复杂关系仍知之甚少。然而,如第2~4章所述,人们还是已经积累了相当多的知识,特别是关于主要单胃动物(猪和鸡)的微生物群、病原体和相关疾病方面的知识。此外,出于比较的目的,本书第5章增加了关于食肉动物肠道中微生物群的构成。第6~8章描述饲料、添加剂和污染物的作用,以及获取这些知识所使用的技术。第9~11章描述了一些新的研究进展,如肠道健康的生物标记物的使用、组学和相关技术的应用等,这些技术都是很有前景的,因为这些技术更适合分析复杂的相互作用,如肠道生态系统中存在的相互作用。希望本书能让读者对目前畜禽肠道研究的最新进展有所掌握,并对该领域未来的发展有所了解。

参考文献

Hayday, A., Theodoridis, E., Ramsburg, E. and Shires, J., 2001. Intraepithelial lymphocytes: exploring the third way in immunology. Nature Immunology 2: 997-1003.

Iseri, V. J. and Klasing, K. C., 2013. Dynamics of the systemic components of the chicken (*Gallus gallus domesticus*) immune system following activation by *Escherichia coli*; implications for the costs of immunity. Developmental and Comparative Immunology 40: 248-257.

Jung, C., Hugot, J. P. and Barreau, F., 2010. Peyer's patches: the immune sensors of the intestine. International Journal of Inflammation 2010: 823710.

Kagnoff, M. F. and Eckmann, L., 1997. Epithelial cells as sensors for microbial infection. The Journal of Clinical Investigation 100: S51-S55.

Lefrancois, L. and Vezys, V., 2001. Transgenic mouse model of intestine-specific mucosal injury and repair. Journal of the National Cancer Institute. Monographs 29:21-25.

Luyer, M. D., Greve, J. W. M., Hadfoune, M., Jacobs, J. A., Dejong, C. H. and Buurman, W. A., 2005. Nutritional stimulation of cholecystokinin receptors inhibits inflammation via the vagus nerve. Journal of Experimental Medicine 202:1023-1029.

Majno, G. and Joris, I., 2004. Cell, tissue and disease. Oxford University Press, Oxford, UK.

Margioris, A. N., 2009. Fatty acids and postprandial inflammation. Current Opinion in Clinical Nutrition and Metabolic Care 12:129-137.

Medzhitov, R., 2008. Origin and physiological roles of inflammation. Nature 454: 428-435.

Nathan, C., 2002. Points of control in inflammation. Nature 420:846-852.

Nathan, C., 2006. Neutrophils and immunity: challenges and opportunities. Nature Reviews Immunology 6:173-182.

Niewold, T. A., 2010. The effect of nutrition on stress and immunity. In: Garnsworthy, P. C. and Wiseman, J. (eds.) Recent advances in animal nutrition. Nottingham University Press, Nottingham, UK, pp. 191-205.

Niewold, T. A., 2014. Why anti-inflammatory compounds are the solution for the problem with in feed antibiotics. Quality Assurance and Safety of Crops & Foods. 6:119-122.

Pitman, R. S. and Blumberg, R. S., 2000. First line of defense: the role of the intestinal epithelium as an active component of the mucosal immune system. Journal of Gastroenterology 35:805-814.

Rescigno, M., Rotta, G., Valzasina, B. and Ricciardi-Castagnoli, P., 2001. Dendritic cells shuttle microbes across gut epithelial monolayers. Immunobiology 204: 572-581.

Siebers, A. and Finlay, B. B., 1996. M cells and the pathogenesis of mucosal and systemic infections. Trends in Microbiology 4:22-29.

Snoeck, V., Goddeeris, B. and Cox, E., 2005. The role of enterocytes in the intestinal barrier function and antigen uptake. Microbes and Infection 7:997-1004.

Tracey, K. J., 2002. The inflammatory reflex. Nature 420:853-859.

Tracey, K. J., 2007. Physiology and immunology of the cholinergic antiinflammatory pathway. Journal of Clinical Investigation 117:289-296.

Tracey, K. J., Czura, C. J. and Ivanova, S., 2001. Mind over immunity. The FASEB Journal 15:1575-1576.

Wang, F. B. and Powley, T. L., 2007. Vagal innervation of intestines: afferent pathways mapped with new en bloc horseradish peroxidase adaptation. Cell and Tissue Research 329:221-230.

第2章　家禽微生物群的构成和作用

A. A. Pedroso and M. D. Lee *

Poultry Diagnostic and Research Center, University of Georgia, 953 College Station Rd, Athens, GA 30602, USA; mdlee@uga.edu

摘要：随着研究微生物的技术不断发展，家禽微生物群一直是被广泛研究的对象。由于对肠道菌群的营养和生理需求方面认知有限，我们仅了解在实验室条件下容易进行培养的细菌。所以，在采用分子技术（包括PCR、DGGE、T-RFLP、克隆和测序技术等）之前，关于肠道微生物的研究结果都无法清楚揭示鸡肠道微生物群的真实组成和功能。其中由于DNA测序技术更经济、更省时，因此使用该技术进行的肠道菌群"普查"取得了较大进展，揭示了包括未知微生物在内的肠道菌群的真实组成，及其在家禽生理学中的作用。本章主要讨论肠道微生物群及其对肠内稳态、发育、分化和成熟的影响。此外，还讨论了微生物群的改变如何改善营养物质的吸收，并改变影响肠道功能的黏蛋白层的组成。目前对肠道菌群的相关研究已经取得了较大进展，未来的工作将重点关注阐明微生物群影响家禽生理的机制，为未来家禽生产设计特定功效的微生态制剂。

关键词：微生物区系，微生物群，菌群基因组，肠道，共生功能体，稳态，分化，黏蛋白，益生菌

2.1　重要性

"共生功能体"这一术语一直被用来描述脊椎动物超级生物体，即由宿主相关微生物的共生和共栖产生的生物体（Singh等，2013b；Walter等，2013）。宿主实现最大遗传潜力可能需要微生物菌群之间的最佳平衡。实际上，每种脊椎动物可能与其微生物组具有共同进化的基因组（Xu和Gordon，2003）。例如，肠道微生物群在肠道内创造了影响宿主功能的复杂环境。微生物的影响包括黏蛋白的降解、病原体丰度、宿主行为的控制、炎症的调节以及肠道分化和发育等。在畜禽生产中，很多措施用于调控肠道微生物群，以干预营养物质的消化和吸收。此外，动物抵抗病原体的感染和定殖的活动可能受到微生物组的影响。增加有益微生物丰度的常用方法包括直接饲喂微生物，如益生菌或益生元添加剂。抑制不良微生物丰度的

方法包括饲喂竞争排斥产品和抗生素。有效应用这些方法可以帮助消费者获得更健康的肉品、家禽和蛋类产品。文献检索显示,关于宿主相关的微生物生态学领域的出版物数量不断增加(图 2.1)。在实验室和现场实验中获得的经验将使我们能够最大限度地提高家禽生产能力和维持动物健康。使用分子工具和传统培养技术相结合来研究肠道生态系统,使我们能够揭示共生功能体之间的相互作用和功能。

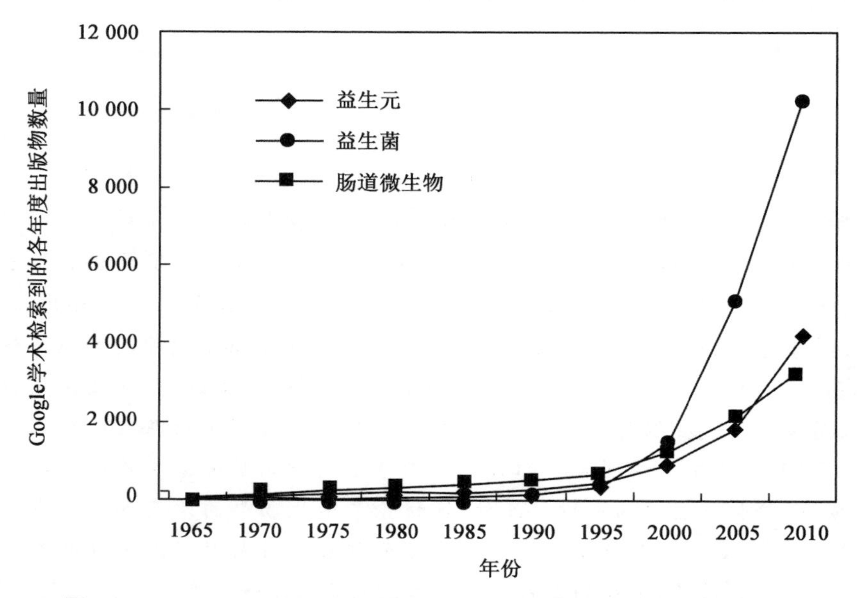

图 2.1　1960—2010 年与正常菌群、益生元和益生菌有关的出版物数量

2.2　构成

鸡肠道的细菌组成是不断变化的,与家禽日龄和在肠道不同区段内观察的时间和空间变化相关(Pedroso 等,2012)。在家禽的育雏期,微生物群构成可能更多受到日龄和遗传等宿主因素的影响(Lumpkins 等,2010),而不是外部因素,如日粮的影响。了解这些变化对于制定减少病原体影响和提高生产效率的策略很重要。

2.3　时间变化

2.3.1　孵化前阶段

蛋壳进化成一种抵御微生物的屏障(Gast 和 Holt,2000)。然而,保护蛋壳的角质层被降解,从而导致微生物渗透到蛋壳的内部结构(Cook,2003)。从管理角度看，这种情况可能发生在产蛋后不久，产蛋巢中、传送带或采蛋平台上。因此，与哺乳动物不同，微生物可以从母鸡到小鸡垂直传播。病原菌如沙门氏菌、大肠杆菌、支原体和弯曲杆菌均可以垂直传播(Doyle 和 Erickson，2006；Methner 等，1995；Okamura 等，2007)。研究表明，沙门氏菌和支原体可以存在于卵巢中。同样的道理，有益微生物也可以进行垂直传播。母鸡生殖道的解剖结构表明，微生物很可能在蛋壳形成之前就定殖在胚胎中。在胚胎发育期间，微生物可能在胚胎肠道内建立，尤其是当胚胎开始摄取羊水时。此外，卵黄囊中存在的微生物，可以在胚胎发育后期被肠道吸收，可以通过感染鸡胚来筛选致病菌株(Maurer 等，2002)。尽管分子分析显示，胚胎中存在的微生物群多样性较低，但仍有报道显示胚胎中存在活菌(Pedroso 等，2006，2008)。在商业家禽生产条件下这些微生物(梭菌、丙酸杆菌和乳酸杆菌)也可以从母鸡垂直传播给雏鸡。

2.3.2 育雏期

刚孵出的雏鸡立即与周围环境中的微生物接触。商业蛋孵化器是微生物污染的主要来源，但不应含有对雏鸡有害的微生物(Cason 等，1994；Cox 等，1991)。雏鸡可通过饮水和食物快速获得大量微生物，并且搬运、运输和疫苗接种过程也有助于家禽肠道微生物群的进化。在进入家禽养殖场时，刚孵化的雏鸡已经形成了一个系统化的微生物群(Pedroso 等，2005)。肠道微生物群结构很快形成，雏鸡的微生物菌群可能在育雏期结束时出现(Yin 等，2010)。如果雏鸡早期定殖微生物是沙门氏菌和弯曲杆菌，那就会威胁食品安全。许多研究表明，食源性病原体容易感染出壳第一周的幼雏(Nurmi 等，1992；Wagner，2006)，因为此时肠道环境迅速变化且微生物群多样性差且不稳定。

在养殖场，使用厚垫料系统可使幼雏接触到各种环境和肠道微生物，这大大增加了幼雏肠道内菌群基因型的多样性。在此条件下，幼雏盲肠中的微生物群相对简单，且与在小肠中观察到的微生物群非常相似(Lu 等，2003)，这表明肠道形态分化尚未形成。在 3 日龄时，雏鸡的回肠微生物群含有大量的环境细菌(Lu 等，2003)，特别是在厚垫料上饲养的雏鸡(Cressman 等，2010)，而在 7 日龄时，雏鸡回肠黏膜微生物群主要由乳杆菌组成，其次是未分类的毛螺旋菌和肠球菌(Cressman 等，2010)。在第 2 周后，盲肠和小肠形成明显不同的微生物群，这可能是由于肠道形态分化的成熟，包括 pH、气体(O_2、CO_2 和 H_2)、表面活性物质、渗透压、底物和细菌代谢物[如短链脂肪酸(short chain fatty acids，SCFA)]的差异。

2.3.3 育成期

许多研究揭示了鸡育成期回肠微生物群落的组成(Cressman 等，2010；Czerwinski 等，2012；Lin 等，2013；Lu 等，2003；Pissavin 等，2012；Sun 等，2013；Zhao 等，2013)。例如，Nakphichit 等(2011)观察到鸡小肠中最丰富的微生物是乳酸杆菌，其多样性从 21 d 到 42 d 逐渐增加。在 21 日龄时检测到鸡小肠中唾液乳杆菌

(*Lactobacillus salivarius*)、约氏乳杆菌(*L. johnsonii*)、罗伊氏乳杆菌(*L. reuteri*)、口乳杆菌(*L. oris*)和卷曲乳杆菌(*L. crispatus*)。3周后，观察到鸡小肠中母鸡乳杆菌(*L. gallinarum*)、马乳杆菌(*L. equi*)、唾液乳杆菌、卷曲乳杆菌、鸟乳杆菌(*L. aviaries*)、约氏乳杆菌和罗伊氏乳杆菌较为丰富。这些研究表明，尽管乳酸杆菌在小肠微生物组中占主导地位，但随着鸡日龄的增长，其种类和菌株也随之变化。相比之下，使用传统培养技术已经研究了链球菌、葡萄球菌、乳酸杆菌、大肠杆菌、真杆菌、丙酸杆菌和梭菌(Salanitro 等，1978)，但传统平板方法具有局限性(Pedroso 等，2012)。Lu 等(2003)报道了肉鸡从育雏阶段到育成阶段直到饲养结束，发现回肠中梭菌属种群丰度增加(Gong 等，2008)。

2.4 空间变化

鸡肠道由许多区段组成，每个区段具有自身的特点。口腔近端有三个分段，分别是嗉囊、腺胃和肌胃。鸡采食日粮，首先到达嗉囊，食物会在嗉囊停留几分钟到几个小时(Savory，1999)。嗉囊储存和发酵食物，腺胃酸化食物，而肌胃研磨食物(Savory，1999)。肠道后部由小肠、结肠和两个粗大有发酵功能的盲肠组成(Sekelja 等，2012)。盲肠是一种盲端结构，储存食物的时间比在小肠停留的时间更长(Clench 和 Mathias，1992)。因此，这些区段内的气体、pH 和营养物质利用率、盐分和水的含量均不同。这些差异造成微生物群沿消化道分布不同。成年动物的肠道微生物群包含至少 17 个细菌家族，包括沿肠道分布的约 500 种不同的微生物种类(Lakhan 和 Kirchgessner，2010)。研究发现，从肠道的近端到远端微生物多样性和复杂性逐渐增加(Yan 和 Polk，2004)。

2.4.1 嗉囊/腺胃/肌胃

与含有复杂微生物群落的鸡肠道远端相比，嗉囊、腺胃和肌胃微生物群多样性较低。嗉囊、肌胃和腺胃的微生物群组成非常相似，且以乳杆菌属为主(Janczyk 等，2009；Sekelja 等，2012)。无论饲喂何种日粮，通常可在鸡嗉囊中检测到敏捷乳杆菌(*Lactobacillus agilis*)、唾液乳杆菌、约氏乳杆菌、罗伊氏乳杆菌、瑞士乳杆菌、果囊乳杆菌(*L. ingluviei*)和阴道乳杆菌(*L. vaginalis*)(Hammons 等，2010)。饲喂小麦、玉米和豆粕的鸡含有丰富的鸟乳杆菌、唾液乳杆菌和小部分与梭菌相关的细菌，包括分节丝状菌(*Arthromitus candidatus*，SBF)(Gong 等，2007)。据推测，近端肠内乳酸杆菌的丰度可能是由无法从头合成的氨基酸高利用率引起(Bringel 和 Hubert，2003)。然而，报道显示卷曲乳杆菌黏附于鸡的嗉囊组织(Edelman 等，2012)，而嗜酸乳杆菌(*L. acidophilus*)结合纤连蛋白(一种胞间基质蛋白)(Kapczynski 等，2000)，这揭示了该菌属普遍存在于小肠的另外一种机制。其他研究表明，嗉囊中主要菌群是乳杆菌，其次是鸡杆菌(*Gallibacterium*)(巴斯德菌科)；丰度较低的菌属包括韦荣氏菌(*Veillonella*)和肠球菌(*Enterococcus*)(Videnska 等,2013)。此外,研究表明,与真杆菌(*Eubacterium rectale*)和梭状芽孢杆菌(*Clostridium coccoides*)相关的奇异菌属(*Atopobium*)、双歧杆菌(*Bifidobacterium*)和梭菌属(*Clostridia*)的丰度与鸡的嗉囊表面积相关(Collado 和 Sanz,2007),这表明嗉囊可以形成厌氧环境。与嗉囊类似,在腺胃中也检测到了厌氧菌粪杆菌(*Faecalibacterium*)和拟杆菌(*Bacteroides*)(Videnska 等,2013)。

2.4.2　小肠

小肠内的微生物群在十二指肠中较为稀少,在空肠和回肠内最丰富。小肠含有大量与乳杆菌(*Lactobacillus*)相关的菌种。一项研究观察到鸡的小肠中大约 90%的微生物群由乳杆菌组成(Dumonceaux 等,2006)。另一项研究发现,来自回肠的 70%的菌群序列是乳杆菌,其余主要为梭菌科(*Lactobacilus*)(11%)、链球菌(*Streptococcus*)(6.5%)和肠球菌(*Enterococcus*)(6.5%)相关序列(Lu 等,2003)。从空肠中采集的 16S 细菌序列中有 99%与乳酸杆菌有关(Stanley 等,2012)。然而,小肠的微生物群随日粮的改变而改变。例如,通过角蛋白琼脂平板培养发现,饲喂含有羽毛粉饲料的家禽,比对照组微生物群含有更高数量的粪肠球菌(*Enterococcus faecium*)、乳酸杆菌、罗伊氏乳杆菌和唾液乳杆菌(Meyer 等,2012)。乳酸杆菌不是传统认为的角蛋白酶生产者,然而,鸡小肠微生物群能够表现出角蛋白分解活性,以提高不能产生角蛋白酶家禽的生长性能。小肠是营养物质消化和吸收的主要区域,而微生物群的组成有助于小肠的消化和吸收。

2.4.3　盲肠

盲肠微生物群主要包括厚壁菌(Firmicutes)、拟杆菌(Bacteroidetes)和变形杆菌门(Proteobacteria)(Qu 等,2008),其中大部分是严格的厌氧菌。虽然鸡小肠的微生物群以乳酸菌为主,但是盲肠中含有丰富的梭状芽孢杆菌。16S rDNA 分析表明,盲肠微生物群大多数与柔嫩梭菌(*Clostridium leptum*)、鼠孢菌属(*Sporomusa* spp.)、拟球梭菌(*Clostridium coccoides*)和肠梭菌有关。与拟杆菌(*Bacteroides*)、婴儿双歧杆菌(*Bifidobacterium infantis*)和假单胞菌(*Pseudomonas*)相关的序列占总序列的比例低于 2%(Zhu 等,2002)。

从盲肠公共数据库获得的 972 个序列的分析显示,92.8%的序列代表 10 个细菌门。最主要的门包括厚壁菌门(Firmicutes)和拟杆菌门(Bacteroidetes),分别占盲肠序列总量的约 78%和 11%。鸡的盲肠菌群序列含有 59 个细菌属,厚壁菌门包含 31 个属,瘤胃球菌属(*Ruminococcus*)、梭菌属(*Clostridium*)和真菌属(*Eubacterium*),均占超过 5%的菌群序列(Wei 等,2013)。与之类似,在使用 16S rRNA 克隆文库的研究发现,从盲肠样品中测定出的大多数序列也与梭菌属有关(Cressman 等,2010;Gong 等,2007)。盲肠微生物群似乎由梭菌属(*Clostridia*)主导,其中许多尚未得到表征。

大多数关于家禽微生物群的研究常以肉鸡作为模型,然而最近在使用蛋鸡作为模型的研究发现,从盲肠样品中测定出的大部分菌群序列与梭菌(包括瘤胃微菌科和毛螺菌科)和乳酸杆菌密切相关,该发现可使我们对蛋鸡的肠道微生物群的理解更进一步(Janczyk 等,2009)。18 周龄蛋鸡的盲肠微生物群主要由拟杆菌和厚壁菌门组成,除此之外还含有丰度较低的变形菌门(Proteobacteria)、梭杆菌(Fusobacteria)、放线杆菌(Actinobacteria)和脱铁杆菌(Deferribacteres)。值得注意的是,丁酸单胞菌属(*Butyricimonas* spp.)和粪杆菌属(*Faecalibacterium* spp.)是最丰富的微生物(Nordentoft 等,2011)。

2.5 微生物群的作用

2.5.1 肠道发育和平衡

目前,肠道微生物群被认为是调节宿主功能和生理的关键内源器官(endogenous organ)(Delzenne 和 Cani,2011)。微生物群的组成或代谢活动的改变可能对宿主健康产生影响(Kabeerdoss 等,2013)。这种失衡通常被称为"微生态失调",且对共生功能体损害的具体途径知之甚少。然而,脊椎动物共生功能体各成分之间的协同活动可改善动物生长表现(Turnbaugh 等,2006)。以昆虫和小鼠为模型的研究,均证明了微生物群对宿主发育过程起着一定的调控作用。

利用果蝇遗传模型进行研究,发现了可将微生物群与肠细胞分化和生理联系起来的微生物诱导的信号通路(Lee,2008b,2009)。一定数量的细菌植入无菌动物,所产生的共生功能体在无菌条件下存活。菌群结构和宿主的时间-过程分析已经确定了微生物对群体结构和宿主表型的影响(Bäckhed 等,2004;Rawls 等,2006)。该模型揭示了细菌可以通过激活对活性氧反应的通路来调节肠干细胞的发育。最近的研究表明,不同类型的肠道-微生物相互作用产生的信号决定了肠道干细胞的发育(Buchon 等,2009;Chatterjee 和 Ip,2009;Cronin 等,2009;Jiang 等,2009)。这些发现中的一些结论已在无菌小鼠模型中得到证实,在这些模型中,已证明细菌可影响出生后肠道的发育。使用多形拟杆菌(*Bacteroides thetaiotaomicron*)(哺乳动物肠道群落的主要成员)的研究揭示了与脊椎动物胃肠系统的共生相互作用。例如,给无菌小鼠定殖细菌后,增加了远端小肠中 α-连接岩藻糖的黏膜表达(Bry 等,1996)。宿主多聚糖表达的变化使细菌沿着小肠扩展其定殖位点。缺乏岩藻糖利用的拟杆菌突变体在无菌条件下定殖,但不诱导产生岩藻糖基化糖蛋白,这表明细菌代谢产物可作为宿主发育的信号(Bry 等,1996;Hooper 等,2000)。微生物群也影响黏膜下毛细血管网的发育;肠道毛细血管网在成年无菌小鼠中发育不成熟。用多形拟杆菌定殖在小鼠上,从而刺激血管生成,使其接近于正常小鼠(Stappenbeck 等,2003)。这些研究表明,微生物群或细菌代谢产物可能是肠道完全发育至具有完全吸收能力所必需的。小鼠模型显示肠道微生物群的特定成员影响细菌消化日粮多糖的特异性和效率，从而影响宿主能量的摄取和脂肪沉积(Ley 等，2005；Samuel 等，2007；Turnbaugh 等，2006)。

多形拟杆菌通过诱导潘氏细胞(Paneth cells)分泌防御素刺激哺乳动物肠黏膜屏障的发育(Xu 等，2003)。微生物群的这种功能在"平衡"黏膜对细菌的反应方面具有重要的作用。黏附在鸡肠黏液上的细菌 60%为梭状芽孢杆菌属 XⅣ(Van denAbbeele 等，2012)。梭状芽孢杆菌属 XⅣa 族的成员适应微生物的不同阶段的更迭，并且致病菌共生物(在常规遗传或环境条件下可以引起疾病的肠道共生体)通常可适应早期更迭(Lozupone 等，2012)。虽然产气荚膜梭菌(*Clostridium perfringens*)等产毒菌种被认为是主要的病原体(Rood 和 Cole，1991)，但研究表明，在生产性能改善的情况下也可以观察到大量的梭菌属。例如，饲喂促生长抗生素的鸡表现为梭菌的比例增加(Lu 等，2008；Singh 等，2013a)。也许抗生素生长促进剂的作用机制之一是改变了微生物群中某些特定成员的生理机能。柔嫩梭菌群(*Faecalibacterium prausnitzii*)和梭状芽孢杆菌Ⅳ族(Van Immerseel 等，2010)的一个成员与一种产丁酸盐的细菌，在肠道微生物群中具有非常有趣的作用。这些细菌在人或猪(Haenen 等，2013)以及健康家禽的肠道群落中含量较高(Lu 等，2003，2008)。然而，研究发现在人类的炎性肠病中柔嫩梭菌群的丰度较低(Fujimoto 等，2012；Hansen 等，2012；Kabeerdoss 等，2013)。肠道菌群的某些成员对黏膜表现出抗炎作用(Lin 等，2009；Neish，2010)。这表明微生物群可能能够在特定病原体存在的情况下预防炎症(Lee 和 Lee，2013)。

2.5.2　黏蛋白在肠道功能中的作用

胃肠黏膜表面的黏液发挥着润滑剂的作用并增强了嵌合体的推动力。黏膜还通过其渗透性调节营养吸收，并有助于保护底层上皮免受肠道病原体的侵害(Tsirtsikos 等，2012)。黏液由具有长碳水化合物链的高度糖基化的黏蛋白组成(Forstner 和 Forstner，1994)。黏蛋白的组成受微生物群相互作用(Kirjavainen 等，1998；Xu 和 Gordon，2003)、宿主肠道糖基化(Bry 等，1996；Freitas 等，2005)和肠道微生物群降解的影响(Ruas-Madiedo 等，2008)。黏蛋白作为微生物群的定殖底物，含有多种附着位点，其碳水化合物和氨基酸被用作营养源(Louis 等，2007；Macfarlane 和 Macfarlane，1997；Macfarlane 和 Dillon，2007)。由于没有细菌，无菌小鼠的盲肠通常会被黏液充盈(Falk 等，1998)。

通过对无菌哺乳动物研究发现，黏蛋白的产生、组成和降解依赖于微生物群。无菌哺乳动物具有较薄的结肠肌肉组织、较浅的隐窝、很少的杯状细胞和较薄的黏液层(Enss 等，1992；Hill 等，1990；Szentkuti 等，1990)。在健康的动物肠道中，完整的黏膜屏障增强了共生功能体的协同作用(Becker 等，2013)。肠黏液由两层组成，在正常情况下，内层黏附于肠上皮表面，外层是共生细菌的主要栖息地(Johansson 等,2008)。黏蛋白组成的变化或分泌减少与疾病的易感性增加相关(Byrd 和 Bresalier,2004;Corfield 等,2000)。较薄或不连续的黏液层也与炎性肠病相关,并且造成宿主对共生结肠微生物群的耐受性丧失(Strober 等,2007)。幽门螺杆菌通过抑制机体组织的 MUC1 和 MUC5AC 基因表达从而抑制黏液分泌,这证明了微生物具有直接改变 MUC 基因表达的能力(Byrd 等,2000)。然而,益生菌混合物诱导 HT29 细胞中 MUC2 的分泌(Otte 和 Podolsky,2004),但无法诱导 LS174T 细胞(Caballero-Franco 等,2007)。益生菌菌株植物乳杆菌(*Lactobacillus plantarum*)299v 和鼠李糖乳杆菌(*Lactobacillus rhamnosus*)GG 在结肠细胞中(Mack 等,1999)使肠 MUC2 的表达增加(Gum 等,1994)。体内添加嗜酸乳杆菌 NCFM 也获得了类似的结果(Bergstrom 等,2012)。研究证明双歧杆菌(*Bifidobacterium bifidum*)和完整的微生物群可有效改善肠道黏蛋白分泌(Bergstrom 等,2012;Khailova 等,2009)。饲料添加剂也可以改变微生物群并从而改变黏蛋白动力学。研究表明,丙酸、山梨酸和植物提取物可以减少弯曲杆菌的数量并改变黏蛋白和杯状细胞的组成(Grilli 等,2013)。

2.5.3 营养物质分解和吸收

研究证明,无菌动物的肠细胞更新减少(Abrams 等,1963;Lesher 等,1964;Savage 和 Whitt,1982)且刷状缘酶活性增加(Kozakova 等,2001)。此外,无菌动物比普通动物具有更长的肠道微绒毛(Meslin 和 Sacquet,1984;Willing 和 Van Kessel,2007)。尽管这似乎是一种可以改善肠道吸收能力的生理变化,但是无菌的动物不能健康成长,因为肠道没有充分发挥其吸收能力。但细菌在刷状缘中诱导肠道形态和生理变化的机制尚不完全清楚(Byrd 等,2000;Caballero-Franco 等,2007)。然而,微生物群可能影响调节肠上皮细胞增殖和功能的丝裂原活化蛋白激酶(mitogen-activated protein kinases,MAPK)通路。p42/p44 MAPK 活性增加可刺激肠细胞增殖,降低 MAPK 活性,则增加蔗糖酶异麦芽糖酶表达,这表明细胞增殖和刷状缘酶活性之间呈负相关(Aliaga 等,1999)。肠道微生物群可能有助于绒毛中酶活性和营养物质的分解,这很好地解释了无菌动物需要更高刷状缘酶的表达(Willing 和 Van Kessel,2009)。

双糖通过锚定在肠上皮表面的刷状缘酶裂解。然而,肠上皮细胞摄入己糖是由特异性转运蛋白介导的,而转运蛋白的表达受肠道微生物群的影响。最近有研究证实乳酸杆菌可上调肠上皮细胞葡萄糖转运蛋白的表达(Ikari 等,2002)。在接触细菌后的 10 min 内,肠细胞对葡萄糖的摄取量增加,这可能由于现有转运蛋白从胞质转运到刷状缘膜,或者是已经存在于刷状缘中的转运蛋白的激活。微生物群不仅引起葡萄糖转运蛋白活性的增加,而且还调节刷状缘膜 Na^+/H^+ 交换体 3 (Na^+/H^+ exchanger 3,NHE3)的表达(Musch 等,2001)。

2.5.4　肠道分化、成熟和凋亡

微生物群显著促进肠道形态的变化，包括绒毛结构、隐窝深度、干细胞增殖和血管密度(Sommer 和 Bäckhed，2013)。研究证明，无菌动物的肠细胞更新减少(Abrams 等，1963；Lesher 等，1964；Savage 和 Whitt，1982)且刷状缘酶活性增加(Kozakova 等，2001)。此外，无菌动物的肠道微绒毛比正常动物长(Meslin 和 Sacquet，1984；Willing 和 Van Kessel，2007)。尽管肠道微绒毛变长似乎是一种可改善肠道吸收的生理变化，但是无菌动物无法健康成长，因为肠道没有发育完全。定殖共生细菌组成可影响小肠后端的肠上皮细胞的增殖(Willing 和 Van Kessel，2007)。

肠道微生物群有助于维持细胞与细胞间的紧密连接(Cario 等，2007；Hooper 等，2001)，并促进上皮损伤后的修复(Lutgendorff 等，2008；Rakoff-Nahoum 等，2004；Sekirov 等，2010)。程序性细胞死亡或细胞凋亡在决定肠上皮细胞的结构中起重要作用(Watson 和 Pritchard，2000)。在疾病发病机理中，细胞凋亡与病原体如幽门螺杆菌(*Helicobacter*)和福氏志贺氏杆菌(*Shigella flexneri*)感染有关(Pritchard 和 Watson，1996)。相比之下，鼠李糖乳杆菌 GG 通过上调具有细胞保护作用的一系列已知和可能具有细胞保护的基因表达从而减少体外和体内系统的凋亡(Lin 等，2009)。与之类似，有研究表明由嗜酸乳杆菌(*L. acidophilus*)、保加利亚乳杆菌(*L. bulgaricus*)、干酪乳杆菌(*L. casei*)、植物乳杆菌(*L. plantarum*)、嗜热链球菌(*Streptococcus thermophilus*)、短双歧杆菌(*Bifidobacterium breve*)、婴儿双歧杆菌(*B. infantis*)和长双歧杆菌(*B. longum*)组成的益生菌混合物 VSL#3 具有抗细胞凋亡作用，且抗细胞凋亡作用是通过增加上皮细胞的细胞保护作用来实现的(Venturi 等，1999)。由鼠李糖乳杆菌 GG 衍生的可溶性因子可调节细胞存活信号传导并抑制细胞因子诱导的肠上皮细胞凋亡(Yan 等，2007)。

2.6　短链脂肪酸

短链脂肪酸(short-chain fatty acids，SCFA)在肠黏膜的生理中发挥重要作用。短链脂肪酸主要包含乙酸、丙酸和丁酸，是微生物群发酵碳水化合物的代谢产物。大多数短链脂肪酸在肠道吸收并在多种机体组织中代谢。

短链脂肪酸可通过增加刷状缘中 SGLT1 和 GLUT2 转运蛋白的表达和活性从而调控营养物摄取(Tappenden 等，1997)。丁酸可上调 GLUT2 转运蛋白的表达(Mangian 和 Tappenden，2009)。肠细胞表面受体，如 G 蛋白偶联受体(G-protein coupled receptor，GPR)43 和 GPR41 可以作为肠 SCFA 的感应器发挥作用(Karaki 等，2008)。丁酸对肠功能产生多种影响(Hamer 等，2008)。丁酸是

肠细胞的主要能量来源,并影响细胞增殖、分化(Kim 等,1980)和凋亡(Alvaro 等,2008)。研究表明,炎症性肠病(IBD)患者的肠道炎症黏膜中丁酸代谢受损。另一方面,靠近上皮细胞的产丁酸菌可以提高丁酸的生物利用率,用作肠上皮细胞的能量来源并治疗肠道疾病。

产生丁酸的细菌因其可能影响信号传导途径而受到越来越多的关注。梭菌属族ⅩⅣa 和Ⅳ是鸡肠道中含量丰富的微生物,其中包含一系列产丁酸的菌种(Collins 等,1994)。丁酸代谢细菌数量的增加可作为衡量鸡肠道健康和营养状态良好的指标。

2.7 益生菌对肠道进行调节

直到最近,畜禽的消化系统健康都是通过使用非治疗性抗生素和接种疫苗对特定病原体进行"管理"的。然而,由于消费者的担忧以及对新药物使用的规定,许多规模化家禽生产商已经减少或停止了非治疗性抗生素的使用,但是这导致肠炎发病率有所上升。目前益生菌制剂已被用于促进肠道成熟和预防肠炎的发生。微生物制剂可用作家禽中微生物生态系统和宿主生理学的调节剂。

使用益生菌可预防肠道感染,降低血清胆固醇含量,促进抗癌活性表达,刺激免疫系统,改善乳糖利用率和提高短链脂肪酸含量(Gomez-Gil 等,1998)。对新生雏鸡进行细菌疗法可使有益菌首先在肠道定殖,从而促进肠道发育。优势菌群的定殖可以通过改变宿主糖蛋白和黏蛋白的糖组来影响营养基础,从而调节包含发育中雏鸡的微生物群结构形成。肠道微生物群最重要的功能之一是抑制致病菌。直到最近,由于肠道内细菌的相互作用本身具有竞争性,所以认为可能会发生抑制作用。然而,研究表明,在孵化雏鸡当天使用竞争性抑制产品可以在给药后数周内预防疾病发生(Hofacre 等,1998a,b,2002)。

通过互补的菌群种间代谢活动和抑制性代谢物的产生增强营养利用,可以使宿主产生对病原体定殖具有抵抗力的菌群。然而,通过早期接触肠道共生体,可以增强宿主对消化系统疾病和沙门氏菌定殖的抵抗力,这里所述的肠道共生体决定了发育中肠道的营养基础,并促进肠道微生物群的发展,从而抑制了肠病原菌的生长或毒素产生。Fukata 等(1991)研究表明,用乳酸杆菌或肠球菌重建肠道菌群结构的鸡对产气荚膜梭菌的定殖更具抵抗力。这一发现证明了菌群的竞争抑制,Craven 等(1999)证明益生菌的应用降低了鸡肠道中产气荚膜梭菌的毒素产生。这些研究结果表明,益生菌可有效降低疾病的发病率和严重程度。

动物生产性能和饲料转化效率与肠道微生物群的状态密切相关(Huyghebaert 等,2011)。据报道,在动物中使用明确和未明确的微生物作为益生菌均可改善机体健康、生长性能和体增重（Kyriakis 等，1999；Patterson 和 Burkholder，2003）。由于现有产品以及作用机制多种多样，目前对这些产品的作用机制尚未达成共识。将肠道定殖作为所有产品的要求不太可能，因为有些产品不含来源于家禽的菌株。由明确和未明确的菌株和一些微生物代谢物制成的许多添加剂，可能参与刺激肠道发育或抑制炎症。

表 2.1　用于家禽益生菌的微生物

微生物	属和种	参考文献
细菌	发酵乳杆菌（*Lactobacillus fermentatum*）	Bai et al.，2013；Yamawaki et al.，2013
	嗜酸乳杆菌（*Lactobacillus acidophilus*）	Hossain et al.，2012；Rodriguez-Lecompte et al.，2012；Yamawaki et al.，2013
	植物乳杆菌（*Lactobacillus plantarum*）	Biernasiak et al.，2006；Hossain et al.，2012
	干酪乳杆菌（*Lactobacillus casei*）	Biernasiak et al.，2006；Rodriguez-Lecompte et al.，2012
	类干酪乳杆菌（*Lactobacillus paracasei*）	Biernasiak et al.，2006
	短乳杆菌（*Lactobacillus brevis*）	Biernasiak et al.，2006
	唾液乳杆菌（*Lactobacillus salivarius*）	Robyn et al.，2012；Yamawaki et al.，2013
	罗伊氏乳杆菌（*Lactobacillus reuteri*）	Klose et al.，2006；Robyn et al.，2012
	敏捷乳杆菌（*Lactobacillus agilis*）	Meimandipour et al.，2010；Robyn et al.，2012
	瑞士乳杆菌（*Lactobacillus helveticus*）	Capcarova et al.，2011；Robyn et al.，2012
	屎肠球菌（*Enterococcus faecium*）	Hossain et al.，2012；Robyn et al.，2012；Rodriguez et al.，2012
	粪肠球菌（*Enterococcus faecalis*）	Robyn et al.，2012
	凝结芽孢杆菌（*Bacillus coagulans*）	Hossain et al.，2012
	枯草芽孢杆菌（*Bacillus subtillis*）	Chen et al.，2009；Hume et al.，2011；Jayaraman et al.，2013；Rajput et al.，2013
	粪链球菌（*Streptococcus faecium*）	Rodriguez-Lecompte et al.，2012
	乳酸片球菌（*Pediococcus acidilactici*）	Lee et al.，2007
	酪酸梭菌（*Clostridium butyricum*）	Yang et al.，2012
	动物双歧杆菌（*Bifidobacterium animalis*）	Giannenas et al.，2012
	长双歧杆菌（*Bifidobacterium longum*）	Santini et al.，2010
	双歧杆菌（*Bifidobacterium bifidium*）	Talebi et al.，2008；Willis et al.，2007
酵母菌	酿酒酵母（*Saccharomyces cerevisiae*）	Bai et al.，2013；Chen et al.，2009；Hossain et al.，2012；Pizzolitto et al.，2012；Rajkowska and Kunicka-Styczynska，2010；Rodriguez-Lecompte et al.，2012
	布拉迪酵母（*Saccharomyces boulardii*）	Rajput et al.，2013；Lee et al.，2007

在许多国家,某些成分确定的细菌和酵母混合物可用作家禽的益生菌。乳酸杆菌可能是益生菌培养中最常见的细菌,如表 2.1 所示。在家禽生产中,尽管益生菌产品标签常常标明用于减少菌群失调和类似疾病,但这些产品中的大多数用于提高饲料转化率或用于控制沙门氏菌。

当使用直接从鸡的肠道中收集的未明确的微生物群饲喂家禽时,成功率较高。这个概念被称为"竞争排斥",并且已经发现它影响许多生产参数(Blaszczak 等,2001;Hofacre 等,1998a,b;Nurmi 等,1992)。竞争性制剂可以直接从无特定病原体家禽的盲肠或通过在商业生物反应器中扩大培养盲肠内容物来生产。该产品可以冻干并通过饮水处理,喷洒在孵化场的蛋上,或者喷洒到垫料上。竞争性制剂由许多未经培养的严格厌氧细菌组成,其中许多是梭菌属族 XIV 和 IV 的成员(Lee,2008a;Lu 等,2008)。由于使用经典培养技术很难确定有效成分,因此将这些微生物制剂直接饲喂家禽,很难获得监管机构的批准(Waters 等,2006)。由于这些原因,某些国家的监管机构不认可使用不明确的细菌菌群(Methner 等,1997)。但是,当这些产品用于家禽时,在控制肠道病原体,调节肠道发育和抗病性等方面取得了很大成功(Cox 等,1992;Hofacre 等,1998a;Hollister 等,1995;Hoszowski 和 Truszczynski,1997)。

2.8 结论

关于使用益生菌、益生元、直接饲喂微生物制剂及竞争性制剂对家禽生产和疾病控制具有积极影响的文献数量正在迅速增加。但是,直到最近,才应用分子技术表征家禽远端肠道大部分不可培养的菌群变化。诸如利用变性梯度凝胶电泳(DGGE)等经济实惠的方法评估微生物群的变化,并揭示了微生物群变化是否与生产参数相关。DNA 测序的成本快速降低,方便了检测未知生物体,以及分析微生物与所需生产参数的相关性。然而,DNA 测序技术很难在该领域快速转化,尽管如此,这种技术揭示了家禽共生功能体的正常功能机制的复杂性。未来的工作需要阐明微生物群在肠道发育、调节炎症、促进营养物质吸收、影响能量代谢等方面作用机制,以便针对性设计具有特定效果的产品。

参考文献

Abrams, G. D., Bauer, H. and Sprinz, H., 1963. Influence of the normal flora on mucosal morphology and cellular renewal in the ileum. A comparison of germ-free and conventional mice. Laboratory Investigation 12:355-364.

Aliaga, J. C., Deschenes, C., Beaulieu, J. F., Calvo, E. L. and Rivard, N., 1999.

Requirement of the MAP kinase cascade for cell cycle progression and differentiation of human intestinal cells. American Journal of Physiology 277: G631-G641.

Alvaro, A., Sola, R., Rosales, R., Ribalta, J., Anguera, A., Masana, L. and Vallve, J. C., 2008. Gene expression analysis of a human enterocyte cell line reveals downregulation of cholesterol biosynthesis in response to short-chain fatty acids. IUBMB Life 60:757-764.

Bäckhed, F., Ding, H., Wang, T., Hooper, L. V., Koh, G. Y., Nagy, A., Semenkovich, C. F. and Gordon, J. I., 2004. The gut microbiota as an environmental factor that regulates fat storage. Proceedings of the National Academy of Sciences of the United States of America 101:15718-15723.

Bai, S. P., Wu, A. M., Ding, X. M., Lei, Y., Bai, J., Zhang, K. Y. and Chio, J. S., 2013. Effects of probiotic-supplemented diets on growth performance and intestinal immune characteristics of broiler chickens. Poultry Science 92:663-670.

Becker, S., Oelschlaeger, T. A., Wullaert, A., Pasparakis, M., Wehkamp, J., Stange, E. F. and Gersemann, M., 2013. Bacteria regulate intestinal epithelial cell differentiation factors both *in vitro* and *in vivo*. PLoS ONE 8:e55620.

Bergstrom, A., Kristensen, M. B., Bahl, M. I., Metzdorff, S. B., Fink, L. N., Frokiaer, H. and Licht, T. R., 2012. Nature of bacterial colonization in fluences transcription of mucin genes in mice during the first week of life. BMC Research Notes 5:402.

Biernasiak, J., Piotrowska, M. and Libudzisz, Z., 2006. Detoxification of mycotoxins by probiotic preparation for broiler chickens. Mycotoxin Research 22:230-235.

Blaszczak, B., Karpinska, E., Kosowska, G., Degorski, A., Borzemska, W. and Binek, M., 2001. Effect of feed provision and aviguard treation on development of intestinal microflora of newly hatched chickens. Medycyna Weterynaryjna 57:741-744.

Bringel, F. and Hubert, J. C., 2003. Extent of genetic lesions of the arginine and pyrimidine biosynthetic pathways in *Lactobacillus plantarum*, *L. paraplantarum*, *L. pentosus*, and *L. casei*: prevalence of CO(2)-dependent auxotrophs and characterization of deficient *arg* genes in *L. plantarum*. Applied and Environmental Microbiology 69:2674-2683.

Bry, L., Falk, P. G., Midtvedt, T. and Gordon, J. I., 1996. A model of host-microbial interactions in an open mammalian ecosystem. Science 273: 1380-1383.

Buchon, N., Broderick, N. A., Poidevin, M., Pradervand, S. and Lemaitre, B., 2009. Drosophila intestinal response to bacterial infection: activation of host defense and stem cell proliferation. Cell Host & Microbe 5:200-211.

Byrd, J. C. and Bresalier, R. S., 2004. Mucins and mucin binding proteins in colorectal cancer. Cancer Metastasis Reviews 23:77-99.

Byrd, J. C., Yunker, C. K., Xu, Q. S., Sternberg, L. R. and Bresalier, R. S., 2000. Inhibition of gastric mucin synthesis by *Helicobacter pylori*. Gastroenterology 118:1072-1079.

Caballero-Franco, C., Keller, K., De Simone, C. and Chadee, K., 2007. The VSL#3 probiotic formula induces mucin gene expression and secretion in colonic epithelial cells. American Journal of Physiology. Gastrointestinal and Liver Physiology 292:G315-322.

Capcarova, M., Hascik, P., Kolesarova, A., Kacaniova, M., Mihok, M. and Pal, G., 2011. The effect of selected microbial strains on internal milieu of broiler chickens after peroral administration. Research in Veterinary Science 91: 132-137.

Cario, E., Gerken, G. and Podolsky, D. K., 2007. Toll-like receptor 2 controls mucosal inflammation by regulating epithelial barrier function. Gastroenterology 132:1359-1374.

Cason, J. A., Cox, N. A. and Bailey, J. S., 1994. Transmission of *Salmonella typhimurium* during hatching of broiler chicks. Avian Diseases 38:583-588.

Chatterjee, M. and Ip, Y. T., 2009. Pathogenic stimulation of intestinal stem cell response in Drosophila. Journal of Cellular Physiology 220:664-671.

Chen, K. L., Kho, W. L., You, S. H., Yeh, R. H., Tang, S. W. and Hsieh, C. W., 2009. Effects of Bacillus subtilis var. natto and *Saccharomyces cerevisiae* mixed fermented feed on the enhanced growth performance of broilers. Poultry Science 88:309-315.

Clench, M. H. and Mathias, J. R., 1992. A complex avian intestinal motility response to fasting. American Journal of Physiology 262:G498-504.

Collado, M. C. and Sanz, Y., 2007. Characterization of the gastrointestinal mucosa-associated microbiota of pigs and chickens using culture-based and molecular methodologies. Journal of Food Protection 70:2799-2804.

Collins, M. D., Lawson, P. A., Willems, A., Cordoba, J. J., Fernandez-Garayzabal,

J., Garcia, P., Cai, J., Hippe, H. and Farrow, J. A., 1994. The phylogeny of the genus *Clostridium*: proposal of five new genera and eleven new species combinations. International Journal of Systematic Bacteriology 44:812-826.

Cook, N., 2003. The use of NASBA for the detection of microbial pathogens in food and environmental samples. *Journal of Microbiological Methods* 53: 165-174.

Corfield, A. P., Myerscough, N., Longman, R., Sylvester, P., Arul, S. and Pignatelli, M., 2000. Mucins and mucosal protection in the gastrointestinal tract: new prospects for mucins in the pathology of gastrointestinal disease. Gut 47:589-594.

Cox, N. A., Bailey, J. S., Blankenship, L. C. and Gildersleeve, R. P., 1992. Research note: *in ovo* administration of a competitive exclusion culture treatment to broiler embryos. Poultry Science 71:1781-1784.

Cox, N. A., Bailey, J. S., Mauldin, J. M., Blankenship, L. C. and Wilson, J. L., 1991. Extent of salmonellae contamination in breeder hatcheries. Poultry Science 70:416-418.

Craven, S. E., Stern, N. J., Cox, N. A., Bailey, J. S. and Berrang, M., 1999. Cecal carriage of *Clostridium perfringens* in broiler chickens given mucosal starter culture. Avian Diseases 43:484-490.

Cressman, M. D., Yu, Z., Nelson, M. C., Moeller, S. J., Lilburn, M. S. and Zerby, H. N., 2010. Interrelations between the microbiotas in the litter and in the intestines of commercial broiler chickens. Applied and Environmental Microbiology 76:6572-6582.

Cronin, S. J., Nehme, N. T., Limmer, S., Liegeois, S., Pospisilik, J. A., Schramek, D., Leibbrandt, A., Simoes Rde, M., Gruber, S., Puc, U., Ebersberger, I., Zoranovic, T., Neely, G. G., Von Haeseler, A., Ferrandon, D. and Penninger, J. M., 2009. Genome-wide RNAi screen identifies genes involved in intestinal pathogenic bacterial infection. Science 325:340-343.

Czerwinski, J., Hojberg, O., Smulikowska, S., Engberg, R. M. and Mieczkowska, A., 2012. Effects of sodium butyrate and salinomycin upon intestinal microbiota, mucosal morphology and performance of broiler chickens. Archives of Animal Nutrition 66:102-116.

Delzenne, N. M. and Cani, P. D., 2011. Interaction between obesity and the gut microbiota: relevance in nutrition. Annual Review of Nutrition 31:15-31.

Doyle, M. P. and Erickson, M. C., 2006. Reducing the carriage of foodborne pathogens in livestock and poultry. Poultry Science 85:960-973.

Dumonceaux, T. J., Hill, J. E., Hemmingsen, S. M. and Van Kessel, A. G., 2006. Characterization of intestinal microbiota and response to dietary virginiamycin supplementation in the broiler chicken. Applied and Environmental Microbiology 72:2815-2823.

Edelman, S. M., Lehti, T. A., Kainulainen, V., Antikainen, J., Kylvaja, R., Baumann, M., Westerlund-Wikstrom, B. and Korhonen, T. K., 2012. Identification of a high-molecular-mass *Lactobacillus* epithelium adhesin (LEA) of *Lactobacillus crispatus* ST1 that binds to stratified squamous epithelium. Microbiology 158:1713-1722.

Enss, M. L., Grosse-Siestrup, H., Schmidt-Wittig, U. and Gartner, K., 1992. Changes in colonic mucins of germfree rats in response to the introduction of a 'normal' rat microbial flora. Rat colonic mucin. Journal of Experimental Animal Science 35:110-119.

Falk, P. G., Hooper, L. V., Midtvedt, T. and Gordon, J. I., 1998. Creating and maintaining the gastrointestinal ecosystem: what we know and need to know from gnotobiology. Microbiology and Molecular Biology Reviews 62:1157.

Forstner, J. F. and Forstner, G. G., 1994. Gastrointestinal mucus. In: Johnson, L. R. (ed.) Physiology of the gastrointestinal tract. Raven Press, New York, NY, USA, pp. 1255-1284.

Freitas, M., Axelsson, L. G., Cayuela, C., Midtvedt, T. and Trugnan, G., 2005. Indigenous microbes and their soluble factors differentially modulate intestinal glycosylation steps *in vivo*. Use of a 'lectin assay' to survey *in vivo* glycosylation changes. Histochemistry and Cell Biology 124:423-433.

Fujimoto, T., Imaeda, H., Takahashi, K., Kasumi, E., Bamba, S., Fujiyama, Y. and Andoh, A., 2012. Decreased abundance of *Faecalibacterium prausnitzii* in the gut microbiota of Crohn's disease. Journal of Gastroenterology Hepatology 28: 613-619.

Fukata, T., Hadate, Y., Baba, E. and Arakawa, A., 1991. Influence of bacteria on *Clostridium perfringens* infections in young chickens. Avian Diseases 35:224-227.

Gast, R. K. and Holt, P. S., 2000. Influence of the level and location of contamination on the multiplication of *Salmonella enteritidis* at different storage temperatures in experimentally inoculated eggs. Poultry Science 79:559-563.

Giannenas, I., Papadopoulos, E., Tsalie, E., Triantafillou, E., Henikl, S.,

Teichmann, K. and Tontis, D., 2012. Assessment of dietary supplementation with probiotics on performance, intestinal morphology and microflora of chickens infected with *Eimeria tenella*. Veterinary Parasitology 188:31-40.

Gomez-Gil, B., Roque, A., Turnbull, J. F. and Inglis, V., 1998. A review on the use of microorganisms as probiotics. Revista Latinoamericano Microbiologia 40: 166-172.

Gong, J., Si, W., Forster, R. J., Huang, R., Yu, H., Yin, Y., Yang, C. and Han, Y., 2007. 16S rRNA gene-based analysis of mucosa-associated bacterial community and phylogeny in the chicken gastrointestinal tracts: from crops to ceca. FEMS Microbiology Ecology 59:147-157.

Gong, J., Yu, H., Liu, T., Gill, J. J., Chambers, J. R., Wheatcroft, R. and Sabour, P. M., 2008. Effects of zinc bacitracin, bird age and access to range on bacterial microbiota in the ileum and caeca of broiler chickens. Journal of Applied Microbiology 104:1372-1382.

Grilli, E., Vitari, F., Domeneghini, C., Palmonari, A., Tosi, G., Fantinati, P., Massi, P. and Piva, A., 2013. Development of a feed additive to reduce caecal *Campylobacter jejuni* in broilers at slaughter age: from *in vitro* to *in vivo*, a proof of concept. Journal of Applied Microbiology 114:308-317.

Gum, J. R., Jr., Hicks, J. W., Toribara, N. W., Siddiki, B. and Kim, Y. S., 1994. Molecular cloning of human intestinal mucin (MUC2) cDNA. Identification of the amino terminus and overall sequence similarity to prepro-von Willebrand factor. Journal of Biological Chemistry 269:2440-2446.

Haenen, D., Zhang, J., Souza da Silva, C., Bosch, G., van der Meer, I. M., van Arkel, J., van den Borne, J. J., Perez Gutierrez, O., Smidt, H., Kemp, B., Muller, M. and Hooiveld, G. J., 2013. A diet high in resistant starch modulates microbiota composition, scfa concentrations, and gene expression in pig intestine. Journal of Nutrition 143:274-283.

Hamer, H. M., Jonkers, D., Venema, K., Vanhoutvin, S., Troost, F. J. and Brummer, R. J., 2008. Review article: the role of butyrate on colonic function. Alimentary Pharmacology & Therapeutics 27:104-119.

Hammons, S., Oh, P. L., Martinez, I., Clark, K., Schlegel, V. L., Sitorius, E., Scheideler, S. E. and Walter, J., 2010. A small variation in diet influences the *Lactobacillus* strain composition in the crop of broiler chickens. Systematic and Applied Microbiology 33:275-281.

Hansen, R., Russell, R. K., Reiff, C., Louis, P., McIntosh, F., Berry, S. H.,

Mukhopadhya, I., Bisset, W. M., Barclay, A. R., Bishop, J., Flynn, D. M., McGrogan, P., Loganathan, S., Mahdi, G., Flint, H. J., El-Omar, E. M. and Hold, G. L., 2012. Microbiota of de-novo pediatric IBD: increased *Faecalibacterium prausnitzii* and reduced bacterial diversity in Crohn's but not in ulcerative colitis. American Journal of Gastroenterology 107:1913-1922.

Hill, R. R., Cowley, H. M. and Andremont, A., 1990. Influence of colonizing micro-flora on the mucin histochemistry of the neonatal mouse colon. Histochemical Journal 22:102-105.

Hofacre, C. L., Froyman, R., Gautrias, B., George, B., Goodwin, M. A. and Brown, J., 1998a. Use of aviguard and other intestinal bioproducts in experimental *Clostridium perfringens*-associated necrotizing enteritis in broiler chickens. Avian Diseases 42:579-584.

Hofacre, C. L., Froyman, R., George, B., Goodwin, M. A. and Brown, J., 1998b. Use of aviguard, virginiamycin, or bacitracin MD against *Clostridium perfringens*-associated necrotizing enteritis. The Journal of Applied Poultry Research 7:412-418.

Hofacre, C. L., Johnson, A. C., Kelly, B. J. and Froyman, R., 2002. Effect of a commercial competitive exclusion culture on reduction of colonization of an antibiotic-resistant pathogenic *Escherichia coli* in day-old broiler chickens. Avian diseases 46:198-202.

Hollister, A. G., Corrier, D. E., Nisbet, D. J., Beier, R. C. and Deloach, J. R., 1995. Effect of lyophilization in sucrose plus dextran and rehydration in thioglycollate broth on performance of competitive exclusion cultures in broiler chicks. Poultry Science 74:586-590.

Hooper, L. V., Falk, P. G. and Gordon, J. I., 2000. Analyzing the molecular foundations of commensalism in the mouse intestine. Current Opinion in Microbiology 3:79-85.

Hooper, L. V., Wong, M. H., Thelin, A., Hansson, L., Falk, P. G. and Gordon, J. I., 2001. Molecular analysis of commensal host-microbial relationships in the intestine. Science 291:881-884.

Hossain, M. E., Ko, S. Y., Kim, G. M., Firman, J. D. and Yang, C. J., 2012. Evaluation of probiotic strains for development of fermented *Alisma canaliculatum* and their effects on broiler chickens. Poultry Science 91:3121-3131.

Hoszowski, A. and Truszczynski, M., 1997. Prevention of *Salmonella typhimurium* caecal colonisation by different preparations for competitive exclusion. Comparative Immunology, Microbiology and Infectious Diseases 20:111-117.

Hume, M. E., Barbosa, N. A., Dowd, S. E., Sakomura, N. K., Nalian, A. G., Martynova-Van Kley, A. and Oviedo-Rondon, E. O., 2011. Use of pyrosequencing and denaturing gradient gel electrophoresis to examine the effects of probiotics and essential oil blends on digestive microflora in broilers under mixed *Eimeria* infection. Foodborne Pathogens and Disease 8: 1159-1167.

Huyghebaert, G., Ducatelle, R. and Van Immerseel, F., 2011. An update on alternatives to antimicrobial growth promoters for broilers. Veterinary Journal 187:182-188.

Ikari, A., Nakano, M., Kawano, K. and Suketa, Y., 2002. Up-regulation of sodium-dependent glucose transporter by interaction with heat shock protein 70. Journal of Biological Chemistry 277:33338-33343.

Janczyk, P., Halle, B. and Souffrant, W. B., 2009. Microbial community composition of the crop and ceca contents of laying hens fed diets supplemented with Chlorella vulgaris. Poultry Science 88:2324-2332.

Jayaraman, S., Thangavel, G., Kurian, H., Mani, R., Mukkalil, R. and Chirakkal, H., 2013. Bacillus subtilis PB6 improves intestinal health of broiler chickens challenged with *Clostridium perfringens*-induced necrotic enteritis. Poultry Science 92:370-374.

Jiang, H., Patel, P. H., Kohlmaier, A., Grenley, M. O., McEwen, D. G. and Edgar, B. A., 2009. Cytokine/Jak/Stat signaling mediates regeneration and homeostasis in the Drosophila midgut. Cell 137:1343-1355.

Johansson, M. E., Phillipson, M., Petersson, J., Velcich, A., Holm, L. and Hansson, G. C., 2008. The inner of the two Muc2 mucin-dependent mucus layers in colon is devoid of bacteria. Proceedings of the National Academy of Sciences of the United States of America 105:15064-15069.

Kabeerdoss, J., Sankaran, V., Pugazhendhi, S. and Ramakrishna, B. S., 2013. *Clostridium leptum* group bacteria abundance and diversity in the fecal microbiota of patients with inflammatory bowel disease: a case-control study in India. BMC Gastroenterology 13: 20. Kapczynski, D. R., Meinersmann, R. J. and Lee, M. D., 2000. Adherence of *Lactobacillus* to intestinal 407 cells in culture correlates with fibronectin binding. Current Microbiology 41:136-141.

Karaki, S., Tazoe, H., Hayashi, H., Kashiwabara, H., Tooyama, K., Suzuki, Y. and

Kuwahara, A., 2008. Expression of the short-chain fatty acid receptor, GPR43, in the human colon. Journal of Molecular Histology 39:135-142.

Khailova, L., Dvorak, K., Arganbright, K. M., Halpern, M. D., Kinouchi, T., Yajima, M. and Dvorak, B., 2009. *Bifidobacterium bifidum* improves intestinal integrity in a rat model of necrotizing enterocolitis. American Journal of Physiology Gastrointestinal and Liver Physiology 297:G940-G949.

Kim, Y. S., Tsao, D., Siddiqui, B., Whitehead, J. S., Arnstein, P., Bennett, J. and Hicks, J., 1980. Effects of sodium butyrate and dimethylsulfoxide on biochemical properties of human colon cancer cells. Cancer 45:1185-1192.

Kirjavainen, P. V., Ouwehand, A. C., Isolauri, E. and Salminen, S. J., 1998. The ability of probiotic bacteria to bind to human intestinal mucus. FEMS Microbiology Letters 167:185-189.

Klose, V., Mohnl, M., Plail, R., Schatzmayr, G. and Loibner, A. P., 2006. Development of a competitive exclusion product for poultry meeting the regulatory requirements for registration in the European Union. Molecular Nutrition & Food Research 50:563-571.

Kozakova, H., Rehakova, Z. and Kolinska, J., 2001. *Bifidobacterium bifidum* monoassociation of gnotobiotic mice: effect on enterocyte brush-border enzymes. Folia Microbiol(Praha)46:573-576.

Kyriakis, S. C., Tsiloyiannis, V. K., Vlemmas, J., Sarris, K., Tsinas, A. C., Alexopoulos, C. and Jansegers, L., 1999. The effect of probiotic LSP 122 on the control of post-weaning diarrhoea syndrome of piglets. Research of Veterinary Science 67:223-228.

Lakhan, S. E. and Kirchgessner, A., 2010. Gut inflammation in chronic fatigue syndrome. Nutrition & Metabolism 7:79.

Lee, K. A. and Lee, W. J., 2013. Drosophila as a model for intestinal dysbiosis and chronic inflammatory diseases. Developmental and Comparative Immunology 42:102-110.

Lee, M. D., 2008a. Managing disease resistance: applying advanced methods to understand gastrointestinal microbial communities. In: Taylor-Pickard, J. A. and Spring, P. (eds.) Gut efficiency; the key ingredient in pig and poultry production: elevating animal performance and health. Wageningen Academic Publishers, Wageningen, the Netherlands, pp. 109-124.

Lee, S., Lillehoj, H. S., Park, D. W., Hong, Y. H. and Lin, J. J., 2007. Effects of Pediococcus-and Saccharomyces-based probiotic (MitoMax) on coccidiosis in broiler chickens. Comparative Immunology, Microbiology and Infectious Diseases 30:261-268.

Lee, W. J., 2008b. Bacterial-modulated signaling pathways in gut homeostasis. Science Signaling 1(21):pe24.

Lee, W.J., 2009. Bacterial-modulated host immunity and stem cell activation for gut homeostasis. Genes & Development 23:2260-2265.

Lesher, S., Walburg, Jr., H. E. and Sacher, Jr., G. A., 1964. Generation cycle in the duodenal crypt cells of germ-free and conventional mice. Nature 202:884-886.

Ley, R. E., Bäckhed, F., Turnbaugh, P., Lozupone, C. A., Knight, R. D. and Gordon, J. I., 2005. Obesity alters gut microbial ecology. Proceedings of the National Academy of Sciences of the United States of America 102: 11070-11075.

Lin, J., Hunkapiller, A. A., Layton, A. C., Chang, Y. J. and Robbins, K. R., 2013. Response of intestinal microbiota to antibiotic growth promoters in chickens. Foodborne Pathogens and Disease 10:331-337.

Lin, P. W., Myers, L. E., Ray, L., Song, S. C., Nasr, T. R., Berardinelli, A. J., Kundu, K., Murthy, N., Hansen, J. M. and Neish, A. S., 2009. *Lactobacillus rhamnosus* blocks inflammatory signaling *in vivo* via reactive oxygen species generation. Free Radical Biology & Medicine 47:1205-1211.

Louis, P., Scott, K. P., Duncan, S. H. and Flint, H. J., 2007. Understanding the effects of diet on bacterial metabolism in the large intestine. Journal of Applied Microbiology 102:1197-1208.

Lozupone, C., Faust, K., Raes, J., Faith, J. J., Frank, D. N., Zaneveld, J., Gordon, J. I. and Knight, R., 2012. Identifying genomic and metabolic features that can underlie early successional and opportunistic lifestyles of human gut symbionts. Genome Research 22:1974-1984.

Lu, J., Hofacre, C., Smith, F. and Lee, M. D., 2008. Effects of feed additives on the development on the ileal bacterial community of the broiler chicken. Animal 2:669-676.

Lu, J., Idris, U., Harmon, B., Hofacre, C., Maurer, J. J. and Lee, M. D., 2003. Diversity and succession of the intestinal bacterial community of the maturing broiler chicken. Applied and Environmental Microbiology 69:6816-6824.

Lumpkins, B. S., Batal, A. B. and Lee, M. D., 2010. Evaluation of the bacterial community and intestinal development of different genetic lines of chickens. Poultry Science 89:1614-1621.

Lutgendorff, F., Akkermans, L. M. and Soderholm, J. D., 2008. The role of microbiota and probiotics in stress-induced gastro-intestinal damage. Current Molecular Medicine 8:282-298.

Macfarlane, G. T. and Macfarlane, S., 1997. Human colonic microbiota: ecology, physiology and metabolic potential of intestinal bacteria. Scandinavian Journal of Gastroenterology Supplement 222:3-9.

Macfarlane, S. and Dillon, J. F., 2007. Microbial biofilms in the human gastrointestinal tract. Journal of Applied Microbiology 102:1187-1196.

Mack, D. R., Michail, S., Wei, S., McDougall, L. and Hollingsworth, M. A., 1999. Probiotics inhibit enteropathogenic *E. coli* adherence *in vitro* by inducing intestinal mucin gene expression. American Journal of Physiology 276: G941-950.

Mangian, H. F. and Tappenden, K. A., 2009. Butyrate increases GLUT2 mRNA abundance by initiating transcription in Caco2-BBe cells. JPEN Journal of Parenteral and Enteral Nutrition 33:607-617.

Maurer, J. J., Hofacre, C. L., Wooley, R. E., Gibbs, P. and Froyman, R., 2002. Virulence factors associated with *Escherichia coli* present in a commercially produced competitive exclusion product. Avian Diseases 46:704-707.

Meimandipour, A., Shuhaimi, M., Soleimani, A. F., Azhar, K., Hair-Bejo, M., Kabeir, B. M., Javanmard, A., Muhammad Anas, O. and Yazid, A. M., 2010. Selected microbial groups and short-chain fatty acids profile in a simulated chicken cecum supplemented with two strains of *Lactobacillus*. Poultry Science 89:470-476.

Meslin, J. C. and Sacquet, E., 1984. Effects of microflora on the dimensions of enterocyte microvilli in the rat. Reproduction, Nutrition, Development 24:307-314.

Methner, U., al-Shabibi, S. and Meyer, H., 1995. Infection model for hatching chicks infected with *Salmonella enteritidis*. Zentralbl Veterinarmed B 42: 471-480.

Methner, U., Barrow, P. A., Martin, G. and Meyer, H., 1997. Comparative study of the protective effect against *Salmonella* colonisation in newly hatched SPF chickens using live, attenuated *Salmonella* vaccine strains, wild-type *Salmonella* strains or a competitive exclusion product. International Journal of Food Microbiology 35:223-230.

Meyer, B., Bessei, W., Vahjen, W., Zentek, J. and Harlander-Matauschek, A.,

2012. Dietary inclusion of feathers affects intestinal microbiota and microbial metabolites in growing Leghorn-type chickens. Poultry Science 91:1506-1513.

Musch, M. W., Bookstein, C., Xie, Y., Sellin, J. H. and Chang, E. B., 2001. SCFA increase intestinal Na absorption by induction of NHE3 in rat colon and human intestinal C2/bbe cells. American Journal of Physiology Gastrointestinal and Liver Physiology 280:G687-G693.

Nakphaichit, M., Thanomwongwattana, S., Phraephaisarn, C., Sakamoto, N., Keawsompong, S., Nakayama, J. and Nitisinprasert, S., 2011. The effect of including *Lactobacillus reuteri* KUB-AC5 during post-hatch feeding on the growth and ileum microbiota of broiler chickens. Poultry Science 90: 2753-2765.

Neish, A. S., 2010. Molecular analysis of microbiota-host cross-talk in the intestine. Bioscience and Microflora 29:1-10.

Nordentoft, S., Molbak, L., Bjerrum, L., De Vylder, J., Van Immerseel, F. and Pedersen, K., 2011. The influence of the cage system and colonisation of *Salmonella* Enteritidis on the microbial gut flora of laying hens studied by T-RFLP and 454 pyrosequencing. BMC Microbiology 11:187.

Nurmi, E., Nuotio, L. and Schneitz, C., 1992. The competitive exclusion concept: development and future. International Journal of Food Microbiology 15:237-240.

Okamura, M., Tachizaki, H., Kubo, T., Kikuchi, S., Suzuki, A., Takehara, K. and Nakamura, M., 2007. Comparative evaluation of a bivalent killed *Salmonella* vaccine to prevent egg contamination with *Salmonella enterica* serovars Enteritidis, Typhimurium, and Gallinarum biovar Pullorum, using 4 different challenge models. Vaccine 25:4837-4844.

Otte, J. M. and Podolsky, D. K., 2004. Functional modulation of enterocytes by gram-positive and gram-negative microorganisms. American Journal of Physiology Gastrointestinal and Liver Physiology 286:G613-626.

Patterson, J. A. and Burkholder, K. M., 2003. Application of prebiotics and probiotics in poultry production. Poultry Science 82:627-631.

Pedroso, A. A., Maurer, J. J., Cheng, Y. and Lee, M. D., 2012. Remodeling the intestinal ecosystem toward better performance and intestinal health Journal of Applied Poultry Research 2:11.

Pedroso, A. A., Maurer, J. J., Dlugolenski, D. and Lee, M. D., 2008. Embryonic chicks may possess an intestinal bacterial community within the egg, American

Society for Microbiology General Meeting, Toronto, Canada.

Pedroso, A. A., Menten, J. F. M. and Lambais, M. R., 2005. The structure of bacterial community in the intestines of newly hatched chicks. Journal of Applied Poultry Research 14:232-237.

Pedroso, A. A., Menten, J. F. M., Lambais, M. R., Racanicci, A. M. C., Longo, F. A. and Sorbara, J. O. B., 2006. Intestinal bacterial community and growth performance of chickens fed diets containing antibiotics. Poultry Science 85: 747-752.

Pissavin, C., Burel, C., Gabriel, I., Beven, V., Mallet, S., Maurice, R., Queguiner, M., Lessire, M. and Fravalo, P., 2012. Capillary electrophoresis single-strand conformation polymorphism for the monitoring of gastrointestinal microbiota of chicken flocks. Poultry Science 91:2294-2304.

Pizzolitto, R. P., Armando, M. R., Combina, M., Cavaglieri, L. R., Dalcero, A. M. and Salvano, M. A., 2012. Evaluation of *Saccharomyces cerevisiae* strains as probiotic agent with aflatoxin B(1) adsorption ability for use in poultry feedstuffs. Journal of Environmental Science and Health, Part B 47:933-941.

Pritchard, D. M. and Watson, A. J., 1996. Apoptosis and gastrointestinal pharmacology. Pharmacology & Therapeutics 72:149-169.

Qu, A., Brulc, J. M., Wilson, M. K., Law, B. F., Theoret, J. R., Joens, L. A., Konkel, M. E., Angly, F., Dinsdale, E. A., Edwards, R. A., Nelson, K. E. and White, B. A., 2008. Comparative metagenomics reveals host specific metavirulomes and horizontal gene transfer elements in the chicken cecum microbiome. PLoS ONE 3:e2945.

Rajkowska, K. and Kunicka-Styczynska, A., 2010. Probiotic properties of yeasts isolated from chicken feces and kefirs. Polish Journal of Microbiology 59:257-263.

Rajput, I. R., Li, L. Y., Xin, X., Wu, B. B., Juan, Z. L., Cui, Z. W., Yu, D. Y. and Li, W. F., 2013. Effect of *Saccharomyces boulardii* and *Bacillus subtilis* B10 on intestinal ultrastructure modulation and mucosal immunity development mechanism in broiler chickens. Poultry Science 92:956-965.

Rakoff-Nahoum, S., Paglino, J., Eslami-Varzaneh, F., Edberg, S. and Medzhitov, R., 2004. Recognition of commensal microflora by toll-like receptors is required for intestinal homeostasis. Cell 118:229-241.

Rawls, J. F., Mahowald, M. A., Ley, R. E. and Gordon, J. I., 2006. Reciprocal gut microbiota transplants from zebrafish and mice to germ-free recipients reveal host habitat selection. Cell 127:423-433.

Robyn, J., Rasschaert, G., Messens, W., Pasmans, F. and Heyndrickx, M., 2012. Screening for lactic acid bacteria capable of inhibiting *Campylobacter jejuni* in *in vitro* simulations of the broiler chicken caecal environment. Beneficial Microbes 3:299-308.

Rodriguez-Lecompte, J. C., Yitbarek, A., Brady, J., Sharif, S., Cavanagh, M. D., Crow, G., Guenter, W., House, J. D. and Camelo-Jaimes, G., 2012. The effect of microbial-nutrient interaction on the immune system of young chicks after early probiotic and organic acid administration. Journal of Animal Science 90: 2246-2254.

Rodriguez, M. L., Rebole, A., Velasco, S., Ortiz, L. T., Trevino, J. and Alzueta, C., 2012. Wheat-and barley-based diets with or without additives influence broiler chicken performance, nutrient digestibility and intestinal microflora. Journal of the Science of Food Agriculture 92:184-190.

Rood, J. I. and Cole, S. T., 1991. Molecular genetics and pathogenesis of *Clostridium perfringens*. Microbiological Reviews 55:621-648.

Ruas-Madiedo, P., Gueimonde, M., Fernandez-Garcia, M., de los Reyes-Gavilan, C. G. and Margolles, A., 2008. Mucin degradation by *Bifidobacterium* strains isolated from the human intestinal microbiota. Applied and Environmental Microbiology 74:1936-1940.

Salanitro, J. P., Blake, I. G., Muirehead, P. A., Maglio, M. and Goodman, J. R., 1978. Bacteria isolated from the duodenum, ileum, and cecum of young chicks. Applied and Environmental Microbiology 35:782-790.

Samuel, B. S., Hansen, E. E., Manchester, J. K., Coutinho, P. M., Henrissat, B., Fulton, R., Latreille, P., Kim, K., Wilson, R. K. and Gordon, J. I., 2007. Genomic and metabolic adaptations of *Methanobrevibacter smithii* to the human gut. Proceedings of the National Academy of Sciences of the United States of America 104:10643-10648.

Santini, C., Baffoni, L., Gaggia, F., Granata, M., Gasbarri, R., Di Gioia, D. and Biavati, B., 2010. Characterization of probiotic strains: an application as feed additives in poultry against *Campylobacter jejuni*. International Journal of Food Microbiology 141(1):S98-S108.

Savage, D. C. and Whitt, D. D., 1982. Influence of the indigenous microbiota on amounts of protein, DNA, and alkaline phosphatase activity extractable from epithelial cells of the small intestines of mice. Infection and Immunity 37:539-

549.

Savory, C. J., 1999. Temporal control of feeding behaviour and its association with gastrointestinal function. Journal of Experimental Zoology 283: 339-347.

Sekelja, M., Rud, I., Knutsen, S. H., Denstadli, V., Westereng, B., Naes, T. and Rudi, K., 2012. Abrupt temporal fluctuations in the chicken fecal microbiota are explained by its gastrointestinal origin. Applied and Environmental Microbiology 78: 2941-2948.

Sekirov, I., Russell, S. L., Antunes, L. C. and Finlay, B. B., 2010. Gut microbiota in health and disease. Physiology Reviews 90: 859-904.

Singh, P., Karimi, A., Devendra, K., Waldroup, P. W., Cho, K. K. and Kwon, Y. M., 2013a. Influence of penicillin on microbial diversity of the cecal microbiota in broiler chickens. Poultry Science 92: 272-276.

Singh, Y., Ahmad, J., Musarrat, J., Ehtesham, N. Z. and Hasnain, S. E., 2013b. Emerging importance of holobionts in evolution and in probiotics. Gut Pathogens 5: 12.

Sommer, F. and Bäckhed, F., 2013. The gut microbiota-masters of host development and physiology. Nature Reviews Microbiology 11: 227-238.

Stanley, D., Denman, S. E., Hughes, R. J., Geier, M. S., Crowley, T. M., Chen, H., Haring, V. R. and Moore, R. J., 2012. Intestinal microbiota associated with differential feed conversion efficiency in chickens. Applied Microbiology and Biotechnology 96: 1361-1369.

Stappenbeck, T. S., Mills, J. C. and Gordon, J. I., 2003. Molecular features of adult mouse small intestinal epithelial progenitors. Proceedings of the National Academy of Sciences of the United States of America 100: 1004-1009.

Strober, W., Fuss, I. and Mannon, P., 2007. The fundamental basis of inflammatory bowel disease. Journal of Clinical Investigation 117: 514-521.

Sun, H., Tang, J. W., Fang, C. L., Yao, X. H., Wu, Y. F., Wang, X. and Feng, J., 2013. Molecular analysis of intestinal bacterial microbiota of broiler chickens fed diets containing fermented cottonseed meal. Poultry Science 92: 392-401.

Szentkuti, L., Riedesel, H., Enss, M. L., Gaertner, K. and Von Engelhardt, W., 1990. Pre-epithelial mucus layer in the colon of conventional and germ-free rats. Histochemical Journal 22: 491-497.

Talebi, A., Amirzadeh, B., Mokhtari, B. and Gahri, H., 2008. Effects of a multi-strain probiotic (PrimaLac) on performance and antibody responses to Newcastle disease virus and infectious bursal disease virus vaccination in broiler chickens. Avian Pathology:Journal of the WVPA 37:509-512.

Tappenden, K. A., Thomson, A. B., Wild, G. E. and McBurney, M. I., 1997. Short-chain fatty acid-supplemented total parenteral nutrition enhances functional adaptation to intestinal resection in rats. Gastroenterology 112:792-802.

Tsirtsikos, P., Fegeros, K., Kominakis, A., Balaskas, C. and Mountzouris, K. C., 2012. Modulation of intestinal mucin composition and mucosal morphology by dietary phytogenic inclusion level in broilers. Animal 6:1049-1057.

Turnbaugh, P. J., Ley, R. E., Mahowald, M. A., Magrini, V., Mardis, E. R. and Gordon, J. I., 2006. An obesity-associated gut microbiome with increased capacity for energy harvest. Nature 444:1027-1031.

Van den Abbeele, P., Belzer, C., Goossens, M., Kleerebezem, M., De Vos, W. M., Thas, O., De Weirdt, R., Kerckhof, F. M. and Van de Wiele, T., 2012. Butyrate-producing *Clostridium* cluster XIVa species specifically colonize mucins in an *in vitro* gut model. ISME Journal 7(5):949-961.

Van Immerseel, F., Ducatelle, R., De Vos, M., Boon, N., Van De Wiele, T., Verbeke, K., Rutgeerts, P., Sas, B., Louis, P. and Flint, H. J., 2010. Butyric acid-producing anaerobic bacteria as a novel probiotic treatment approach for inflammatory bowel disease. Journal of Medical Microbiology 59:141-143.

Venturi, A., Gionchetti, P., Rizzello, F., Johansson, R., Zucconi, E., Brigidi, P., Matteuzzi, D. and Campieri, M., 1999. Impact on the composition of the faecal flora by a new probiotic preparation: preliminary data on maintenance treatment of patients with ulcerative colitis. Alimentary Pharmacology & Therapeutics 13:1103-1108.

Videnska, P., Faldynova, M., Juricova, H., Babak, V., Sisak, F., Havlickova, H. and Rychlik, I., 2013. Chicken faecal microbiota and disturbances induced by single or repeated therapy with tetracycline and streptomycin. BMC Veterinary Research 9:30.

Wagner, R. D., 2006. Efficacy and food safety considerations of poultry competitive exclusion products. Molecular Nutrition & Food Research 50:1061-1071.

Walter, J., Martinez, I. and Rose, D. J., 2013. Holobiont nutrition: considering the role of the gastrointestinal microbiota in the health benefits of whole grains. Gut Microbes 4.

Waters, S. M., Murphy, R. A. and Power, R. F., 2006. Characterisation of prototype Nurmi cultures using culture-based microbiological techniques and PCR-DGGE. International Journal of Food Microbiology 110:268-277.

Watson, A. J. and Pritchard, D. M., 2000. Lessons from genetically engineered animal models. VII. Apoptosis in intestinal epithelium: lessons from transgenic and knockout mice. American Journal of Physiology Gastrointest Liver Physiol 278: G1-G5.

Wei, S., Morrison, M. and Yu, Z., 2013. Bacterial census of poultry intestinal microbiome. Poultry Science 92: 671-683.

Willing, B. P. and Van Kessel, A. G., 2007. Enterocyte proliferation and apoptosis in the caudal small intestine is influenced by the composition of colonizing commensal bacteria in the neonatal gnotobiotic pig. Journal of Animal Science 85: 3256-3266.

Willing, B. P. and Van Kessel, A. G., 2009. Intestinal microbiota differentially affect brush border enzyme activity and gene expression in the neonatal gnotobiotic pig. Journal of Animal Physiology and Animal Nutrition 93: 586-595.

Willis, W. L., Isikhuemhen, O. S. and Ibrahim, S. A., 2007. Performance assessment of broiler chickens given mushroom extract alone or in combination with probiotics. Poultry Science 86: 1856-1860.

Xu, J., Bjursell, M. K., Himrod, J., Deng, S., Carmichael, L. K., Chiang, H. C., Hooper, L. V. and Gordon, J. I., 2003. A genomic view of the human-*Bacteroides* thetaiotaomicron symbiosis. Science 299: 2074-2076.

Xu, J. and Gordon, J. I., 2003. Inaugural Article: honor thy symbionts. Proceedings of the National Academy of Sciences of the United States of America 100: 10452-10459.

Yamawaki, R. A., Milbradt, E. L., Coppola, M. P., Rodrigues, J. C., Andreatti Filho, R. L., Padovani, C. R. and Okamoto, A. S., 2013. Effect of immersion and inoculation *in ovo* of *Lactobacillus* spp. in embryonated chicken eggs in the prevention of *Salmonella* Enteritidis after hatch. Poultry Science 92: 1560-1563.

Yan, F., Cao, H., Cover, T. L., Whitehead, R., Washington, M. K. and Polk, D. B., 2007. Soluble proteins produced by probiotic bacteria regulate intestinal epithelial cell survival and growth. Gastroenterology 132: 562-575.

Yan, F. and Polk, D. B., 2004. Commensal bacteria in the gut: learning who our friends are. Current Opinion in Gastroenterology 20: 565-571.

Yang, C. M., Cao, G. T., Ferket, P. R., Liu, T. T., Zhou, L., Zhang, L., Xiao, Y. P. and Chen, A. G., 2012. Effects of probiotic, *Clostridium butyricum*, on growth performance, immune function, and cecal microflora in broiler chickens. Poultry Science 91:2121-2129.

Yin, Y., Lei, F., Zhu, L., Li, S., Wu, Z., Zhang, R., Gao, G. F., Zhu, B. and Wang, X., 2010. Exposure of different bacterial inocula to newborn chicken affects gut microbiota development and ileum gene expression. Isme Journal 4: 367-376.

Zhao, X., Guo, Y., Guo, S. and Tan, J., 2013. Effects of *Clostridium butyricum* and *Enterococcus faecium* on growth performance, lipid metabolism, and cecal microbiota of broiler chickens. Applied and Environmental Microbiology 97 (14):6477-6488.

Zhu, X. Y., Zhong, T., Pandya, Y. and Joerger, R. D., 2002. 16S rRNA-based analysis of microbiota from the cecum of broiler chickens. Applied and Environmental Microbiology 68:124-137.

第 3 章　猪肠道疾病

S. McOrist[1*] *and E. Corona-Barrera*[2]

[1] *Consultant pig veterinarian, Jaffe Road, Hong Kong;*

[2] *Universidad de Guanajuato, División Ciencias de la Vida (DICIVA), Km 9 Carretera Irapuato-Salamanca, Irapuato, Gto. CP 36824, Mexico; smcori01@hotmail.com*

摘要: 肠道疾病对商品猪的影响从出生持续到出栏,严重限制了全球养猪业生产的效率和收益。在许多地区,断奶仔猪的主要肠道疾病是细菌性大肠杆菌病,如由产肠毒性大肠杆菌(enterotoxigenic *Escherichia coli*, ETEC)引起的大肠杆菌病、沙门氏菌病、短螺旋体(*Brachyspira hyodysenteriae*)引起的猪痢疾和胞内劳森菌(*Lawsonia intracellularis*)感染引起的增生性肠病。许多养猪场似乎都感染了产肠毒性大肠杆菌(ETEC)、沙门氏菌(*Salmonella*)和劳森菌(*Lawsonia*)等菌株,这就导致了地方性肠道疾病问题的发生。随着对养猪场抗生素和氧化锌等关键药物使用的政策性限制,这些地方性肠道疾病和猪痢疾在全球范围内的发病率和影响力都在增加。并且由于冠状病毒,如猪流行性腹泻病毒的存在,导致亚洲区域很多猪遭受病毒性肠炎疾病。全球范围内的仔猪都患有宿主特异性球虫病——猪等孢子球虫(*Isospora suis*)。在许多户外散养的猪群中,肠内寄生虫病仍然很常见。在生长猪中,小肠扭转时有发生,这可能会导致极其严重的肠道问题,进而导致猪的血液供应不足和突然死亡。

关键词: 短螺旋菌属,劳森菌,沙门氏菌,冠状病毒,大肠杆菌病

3.1　引言和一般特性

肠道疾病对商品猪的影响从出生持续到出栏,严重限制了全球养猪业生产的效率和收益。本章将重点介绍猪在 3～4 周断奶后,以固体饲料为日粮引起的肠道疾病。

受肠道疾病影响的猪,其临床症状可能会随着疾病发生的部位、类型、严重程度和持续时间的不同而具有很大差异。如果猪出现了脱水症状,则警示饲养员其可能出现了肠道疾病。腹泻会增加猪排便的频率和粪便变稀。这对于发生在小肠或大肠的炎症来说,腹泻是一种非常常见的表现症状,但其也与饲料消化不良、发

酵底物和许多其他饲喂问题或感染有关。研究表明，猪腹泻与粪便干物质含量的减少具有显著的相关性。粪便干物质含量低于 20%通常与临床腹泻有关，低于 10%～15%与水样粪便有关。由于腹泻粪便中含血过多，而产生颜色较深的黑红焦油状粪便的情况，被称为痢疾。腹痛或绞痛猪的腹部触摸紧绷，这种现象通常是由于肠肿胀引起的。

猪的消化和营养吸收过程主要发生在肠道，特别是小肠。覆盖着小肠绒毛的成熟肠细胞排布在小肠中，其结合主动运输、被动运输和在小肠上皮细胞刷状缘上大量酶的作用，进行营养的吸收，这是一个复杂的过程。绒毛肠细胞从隐窝底部“运动”到绒毛顶部正常周转率为 3～4 d。因此，损伤和疾病能使肠上皮细胞产生快速的再生反应，但这一过程需要有存活的隐窝细胞。在某些类型的疾病中，绒毛细胞受到损伤，导致绒毛变短并融合的现象，称为绒毛萎缩。例如，冠状病毒和轮状病毒，都是能够选择性破坏绒毛肠细胞的病原体。在损伤后的几天内，隐窝将明显增生，以此作为一种修复或代偿反应，来替换受损的绒毛肠细胞。大肠没有绒毛，结肠隐窝对营养物质的吸收能力较低，但大肠负责水和电解质的吸收。

在研究猪的肠道疾病时，重要的是要认识到细胞死亡后的变化（自溶）往往是广泛的，随着气体的积聚，血液和黄色胆色素开始分解并扩散进入肠壁。这些现象都可能混淆和隐藏疾病的真正原因。细菌分解血红蛋白初期，可导致大肠内产生明显的黑色素沉着。一个常见的错误是将肠道血管充血误诊为大出血或炎症。如果采集合适的标本并进行固定后用于病理检查，就要求将标本在死亡 30 min 内放入福尔马林溶液。对任何一个已经死亡超过 1 h 动物的肠道样本进行固定，都是非常有问题的。猪大肠肠壁常可见散在的凸出白色结节，直径可达 2 cm。这种现象是由于淋巴腺区域的局部扩张造成的，且其对猪的健康不会造成任何问题。

仔猪在出生后的前 2 周，可能会患上传染性或先天性肠道疾病。先天性肠道疾病，最常见的表现为遗传性疾病、节段性的闭锁或堵塞。在尸检中发现，由于粪便的滞留，肠的近端（前端）会严重膨胀。在仔猪出生后的第 1 周内，通常会发生由产肠毒素性大肠杆菌（ETEC）引起的大肠杆菌病。这种现象通常与母猪有关，仔猪由于环境污染和母源抗体摄入不足，导致其在出生后很快受到感染。关于 ETEC 发病机制的更多细节如下所述。产毒梭状芽孢杆菌（*Clostridium perfringens*）或艰难梭菌（*clostridium difficile*）引起的梭状芽孢杆菌感染常被认为是引发仔猪肠道坏死性肠炎的原因。梭状芽孢杆菌（感染）发生在特定类型（A-E）中，这些特定类型中的每一种类型都含有多种毒素，如卵磷脂酶，它会导致黏膜凝固性坏死。这种疾病在猪身上远远没有在鸡上常见，但饲料成分的变化可能导致疾病在猪身上出现。对妊娠后期母猪和（正常）母猪的接种应按照常规方法进行，以诱导仔猪对 ETEC 和梭状芽孢杆菌感染产生乳源性免疫。

研究表明，猪断奶后体重下降将直接导致其 20 周龄时的体重下降；体重较小的断奶仔猪并不容易发生补偿性生长。换句话说,断奶后体重的增加直接受到断奶初期体重的影响。因此,断奶时小肠的总吸收能力是决定仔猪后期生长潜力的关键因素。

3.2 断奶时或断奶后猪主要肠道疾病

3.2.1 细菌性疾病

1. 断奶后的大肠杆菌感染

大肠杆菌感染在动物中普遍存在。与沙门氏菌感染不同,有数百种形式的大肠杆菌血清型存在(尚未命名),许多大肠杆菌是以非致病性形式存在。ETEC 同时具有附着因子和肠毒素,这二者都是导致肠道疾病所必需的。ETEC 上的附着因子是特殊的菌毛蛋白或纤毛蛋白,它们与肠细胞上的糖蛋白受体紧密结合。这些受体只能在特定的时间内存在——通常在猪出生后的 6 周内。ETEC 的附着因子现在被称为菌毛抗原 F4、F5、F41 等,但是早期的 K88、K99、987P 等名称也经常被使用。这种附着和黏附使 ETEC 能够抵抗正常的肠道蠕动并且在肠道中定殖。然后,ETEC 可以产生并“注射”肠毒素,如不耐热或耐热的毒素 LT 或 ST。这些毒素作用于肠道细胞,导致过度分泌性腹泻,产生的液体流到肠道腔内,但并没有造成大量细胞死亡或损害。

(1)流行病学。在全球生猪生产中这是一个非常常见的感染——ETEC 似乎在全球大多数养猪场中都普遍存在,所以净化并不是当前一个明智的选择。母猪或妊娠母猪接种 ETEC 疫苗,对断奶后感染大肠杆菌的仔猪无效果。受感染的猪通常是从后备母猪获得的 ETEC 抗体含量较低的仔猪。断奶后,母猪的乳汁和 IgA 的分泌量下降会促进大肠杆菌的繁殖。在猪场中导致 ETEC 肠道疾病发生增多的风险因素主要有:①寒冷环境(指温度低于 15℃)。断奶仔猪由于通风设施问题和供热不足,导致 10 周龄以前的猪不能获得足够的热能供应;②卫生条件差。对断奶仔猪保育设施的清洁不足——因为通常需要高感染剂量才能使 ETEC 疾病成为一个临床疾病问题。因此,许多有具有感染风险的猪舍往往更老旧,并已用于养猪多年。

在欧洲,随着政府采取措施减少氧化锌在猪饲料中使用,导致最近感染 ETEC 的病例数量显著回升。事实证明氧化锌可以在养猪场非常有效地控制 ETEC 疾病,但从断奶仔猪饲料中去除之后,常常会导致 ETEC 疾病的暴发。

(2)临床症状。临床症状通常在仔猪断奶后 7～10 d 出现,伴随着黄白色和乳白色水状、喷射状腹泻,潜伏期仅仅为 10～30 h;导致群体中许多其他猪会很快受到影响。发生这种水样性腹泻的猪会迅速表现出脱水和行为状态异常,并且其粪便中很少有明显的固体饲料。这种情况发生时,通常可以按压疑似患病猪的腹部,观察这种腹泻是否明显。在一群猪身上，腹泻的黏稠程度可能会从很稀的水样到糊状，颜色各异，从灰白色、黄色到绿色。但并没有新鲜血液或黏液。

受 ETEC 感染的猪通常来自后备母猪猪舍。在严重的病例中，通常会发现死猪双眼凹陷，四肢轻微发蓝。使用石蕊试纸来确定腹泻物是碱性还是酸性，是一种区分大肠杆菌感染和病毒感染腹泻的有效测试方法。将纸浸泡在腹泻物中，大肠杆菌腹泻是碱性的（变蓝色），而病毒感染腹泻是酸性的（变红色）。

（3）诊断。无法通过对患有腹泻猪的粪便进行细菌培养诊断。需要对刚死亡的猪进行尸检。对感染 ETEC 病例的尸检结果通常显示，小肠变薄，发生扩张、充血，充满水样黄色腹泻物，机体伴有脱水和体脂降低等现象。组织学病变很小——这是一种生化病变，但可以看到大量大肠杆菌附着在绒毛上。

细菌培养可证实大肠杆菌的存在，并应检查其溶血、毒素和对抗生素的敏感性。菌毛抗原 F4（K88）是最常见的菌株，其可在整个小肠中增殖。F5 和其他菌株可能只附着在空肠和回肠的受体上。ETEC 通常也有溶血性毒素，使其能够从非致病性大肠杆菌中迅速分离出来，当将肠道样本在血琼脂板上培养时，可以使用特定的凝集试剂来附着蛋白。

（4）大肠杆菌病暴发的管理与控制。重要的是要了解该疾病在猪场的暴发史和当前抗生素对目前 ETEC 的敏感性。病猪应单独治疗，并采用群体饮水给药治疗。若猪出现脱水现象，则应在单独的饮水器中提供电解质。治疗大肠杆菌常用的抗生素有安普霉素、新霉素、泰妙菌素和磺胺类药物。为防止疾病的进一步暴发，有必要将每吨含有 2 500 mg/kg 氧化锌重新添加至饲料中。氧化锌在断奶后至少需要在饲料中连续添加 2～3 周。旨在预防仔猪断奶后感染大肠杆菌的疫苗正在得到更广泛的使用，并可能有助于控制大肠杆菌病的暴发，但无法净化 ETEC。

必须解决断奶仔猪保育舍的温度、气流、贼风和波动问题，对于 3 周龄的仔猪来说，15℃ 是不够的。同样，解决猪舍卫生问题也至关重要，这与养殖密度有关——即群体大小和适时的围栏清洁。一些农场养成了不良的卫生习惯，这与在断奶围栏中使用脏乱的教槽料料槽有关。

最近由 ETEC 引起的腹泻疫情增加的同时，猪感染出血性大肠杆菌（enterotoxigenic *Escherichia coli*，EHEC）的疫情也在增加。这些都是类似的大肠杆菌菌株，但往往是 F18 黏附素类型，也含有特定的 Vero 毒素（Verotoxins）或志贺氏毒素。这些毒素进入猪的血液，损害某些肠外血管，产生神经症状，以及头、眼睑、喉部、胃和结肠等出现胶状水肿。

2. 沙门氏菌

沙门氏菌是一种普遍存在的细菌，其能够在各种各样的有机物环境中生存，包括所有动物的肠道、土壤、水、植物和有机饲料成分等。在猪身上，它们主要在小猪的肠道内繁殖，也会在排出几周或几个月的粪便中繁殖，并且没有表现出任何临床疾病。猪肠道中的沙门氏菌会在屠宰过程中污染猪的胴体，而它们的存在会带来潜在的食物中毒的公共健康风险。猪也有一种特定的宿主适应菌株，即霍乱沙门氏菌(*Salmonella*)，它会引起猪全身性疾病，但这种综合征很少见。除了这种适应宿主的菌株外，大多数感染都是肠道感染，可由一系列非特异性肠道菌株中的任何一种引起。在猪中最常见的是鼠伤寒，因为该菌株具有积极的适应性和多样性的基因型。沙门氏菌很容易通过诱导细胞膜的皱褶和形成一种新的内体进入肠上皮细胞，内体发育成丝状物来切断溶酶体的附着。

(1)流行病学。许多猪在生长阶段就被沙门氏菌感染，这种细菌可能会随着粪便排出而没有任何明显的临床疾病。猪也可能成为长期的亚临床携带者，因为这种微生物能够在肠系膜淋巴结中存活。屠宰时对猪的粪便、肠道和肠系膜淋巴结进行检测，可以调查养殖场沙门氏菌感染的水平和发生情况。通常，感染猪的比例在生长和育肥猪群稳步上升。

猪的临床感染通常是将高剂量的沙门氏菌直接接种给易受感染和免疫抑制的仔猪。仔猪通常遭受单一的病毒感染，这些病毒的感染明显降低了猪的免疫功能，如猪圆环病毒 2 型，PRRS 病毒和经典猪瘟(猪霍乱)，感染猪后引起免疫抑制。因此，在这些主要病毒感染暴发之后和期间发生的沙门氏菌临床病例一直备受关注。此外，疾病的暴发是依赖于感染病菌的剂量，也就是说，在出现临床症状之前需要相对大量的致病菌。沙门氏菌临床问题的出现也与接触和剂量有关，因此，饲养在密度大、卫生较差、接触有机垫草、接触鸟类以及啮齿类动物较多的污染地区的猪往往比饲养在舍内清洁的混凝土漏粪板上的猪患有更严重的临床问题。就像上文提到的大肠杆菌感染一样，这些有感染风险的猪舍往往比较老旧，而且已经被用于养猪业多年。

(2)临床症状。最常见的症状是轻度至中度腹泻，有时粪便伴有明显的斑点和凝胶状黏液。猪死亡通常与脱水、严重肠炎和结肠炎有关。沙门氏菌病可以发生在任何日龄，但是 8 周以上的猪最易发病。受感染的猪还常常会出现一种或多种主要病毒免疫抑制症状。

(3)诊断。沙门氏菌通常很容易在实验室中通过粪便、肠道或淋巴结的细菌培养而检测到。猪肠道相关的主要毒株是鼠伤寒沙门氏菌(*S. typhimurium*)和德尔卑沙门氏菌(*S. dberby*)。应检查分离株的血清型和对抗生素的敏感性。对可疑病例的尸检通常会显示黏膜坏死和肠炎，特别是回肠、盲肠和结肠。当感染更为严重时，纤维蛋白坏死性肠炎以节段性或弥漫性的方式发展，通常发生在回肠和大肠的淋巴组织上，产生"火山口状"或"纽扣状"的病变。组织学损害包括肠上皮的破坏和明显的黏膜下的单核细胞浸润，并伴有淋巴结炎和多灶性肝炎。

(4)沙门氏菌的管理与控制。病猪应该采用单独治疗和群体饮水给药治疗。

通常用于治疗的抗生素与 ETEC 相同，如安普霉素、新霉素、泰妙菌素和磺胺类药物。养鸡业和养猪业在沙门氏菌感染的管理上有很大的不同。猪在其生命周期中不具有可净化的基础（如养鸡业，鸡蛋和孵化场不接触）。因此，从广义上讲，对猪沙门氏菌的控制依赖于卫生条件的严格管理。为了更好地控制沙门氏菌，在防鼠防鸟的条件下，猪应该在舍内混凝土漏粪板上饲养，定期认真清洁。疫苗偶尔用于控制猪沙门氏菌病，但由于效果和成本回报问题，尚未成为管理方面的首选。

3. 猪痢疾

猪痢疾是由厌氧类螺旋体细菌引起的细菌性结肠炎。这种细菌生活在结肠隐窝深处，但不会侵入人体。这种细菌产生一种强溶血毒素，引起严重的大肠炎症。通常，在受影响的养猪场，大肠炎症是一个主要的临床问题，会严重影响盈利和生产水平——养殖户经常觉得它的存在与正常养猪业格格不入。

(1)流行病学。细菌进入干净的养猪场后往往会暴发疫情。这种情况通常发生在购买受感染的猪只或受污染的卡车和设备进场时。猪痢疾在欧洲和澳大利亚也很常见，并在北美长期消失后重新出现。它通过粪便、受污染的靴子和设备在养猪场里传播。在寒冷潮湿的环境下，这种细菌可以在猪体外存活长达 7 周，但在干燥温暖的环境中，会在 2 d 内死亡。因此，该病的传播和影响往往在夏天会减弱。该疾病造成猪死亡率低、发病率高、生长抑制明显和饲料转化效率降低，以及持续的饲料用药。因此，生产成本增加。但在一些地区，此病并不常见，因为引种时可以引入经过认证的无该病的种畜。因此，养殖户可以在新场中饲养阴性猪，并且遵循良好的生物安全措施，这样便可以多年不感染该病。

(2)临床症状。该病通常在 6～20 周龄猪(体重 12～75 kg)上发生。许多受感染的猪有典型的浅棕色到灰色的黏液样出血性腹泻，并伴有大的凝胶状黏液块。在其他猪身上，可能会发生更严重的出血性腹泻。在早期阶段，猪的会阴部污染、尾巴抖动和咬尾现象增加。该病常发生于育肥猪，但受感染的养猪场中，母猪同样定期发病。发病后，猪会食欲废绝，身体状况迅速下降、精神沉郁、眼睛凹陷及侧腹凹陷。

这种疾病在猪群中的传播是缓慢的，但随着环境中该病原毒量的增加，猪群中病猪数量也随之增加。这种病的潜伏期通常为 7～14 d，但最长可达 60 d。猪最初可能会发展为亚临床携带者，然后随着饲料的变化而发生临床症状。恢复后的猪会产生较弱的免疫力，但很少再患同样的疾病。

(3)诊断。临床特征可通过尸检和实验室分离鉴定的厌氧类猪痢疾短螺旋体得到证实。尸检显示，回肠和胃无明显病变，特别是黏膜出血病变只出现在大肠。组织学病变表现为结肠炎症伴隐窝扩张和增生，扩张的隐窝充满黏液，上皮肥大，深部黏膜炎症。非致病性螺旋体在结肠中很常见，有几个密切相关和相似的短螺旋体物种，因此诊断需要厌氧培养细菌，同时需要组织学和 PCR 检测。与猪痢疾有关致病菌的主要特征是具有较强的β溶血素活性。目前尚无血清学检测方法。

(4)猪痢疾的管理与控制。急性病例必须通过注射泰妙菌素进行治疗,然后在水中和饲料中添加泰妙菌素进行药物治疗。在使用泰妙菌素时,不要将其与任何离子载体抗生素(如莫能菌素或盐霉素)混合使用,这一点非常重要,否则会出现严重的毒性交叉反应。泰妙菌素的替代品是二甲硝咪唑和卡巴氧,这两种药物非常有效,但目前尚未在许多国家获得许可。螺旋体对泰妙菌素具有耐药性的菌株正在出现,因此在这种情况下可供选择的药物很少。林可霉素在高剂量注射或饲料中使用可减少临床症状。

目前还没有有效的猪痢疾疫苗,发生感染的养猪场预防措施包括在断奶期提供一种或多种有效的抗生素,以减少或消除猪的感染,然后避免致病菌进入下一饲养阶段。如果没有将病猪部分或全部扑杀消灭,没有大规模的清洁、消毒和灭鼠计划,则很难根除这种疾病。

4.增生性肠病或回肠炎(胞内劳森菌)

增生性肠病(proliferative enteropathy,PE;也称为回肠炎)具有急性和慢性两种不同的临床症状,但有一个统一和潜在的病理变化:小肠和结肠黏膜增厚。PE的发生与胞内劳森菌有关,细胞内细菌优先生长于肠上皮细胞的胞浆内。这种细菌的生长总是伴随着受感染的未成熟隐窝上皮细胞的局部增殖。由于其独特的代谢方式,目前尚无法在无细胞的培养基中培养。

(1)流行病学。PE在全球范围内广泛分布,在所有养猪地区和所有养猪场管理模式(包括户外管理)中普遍存在。通过血清学和粪便PCR诊断估计,约96%的养殖场受到感染,有约30%的猪从断奶到育肥的各个生长阶段都有这种疾病,并造成了明显的经济损失。在5~15℃下胞内劳森菌可在粪便中存活2周,感染剂量相对较低,一些受感染的猪的粪便排毒量可能较高。未受到感染的4%的养殖场通常是畜群封闭隔离(饲养)的育种场。

养殖场感染主要有两种类型,都与管理模式和抗生素使用有关。在不同猪场(从母猪场到育肥猪场)之间连续转猪的单点猪场中,感染通常发生在断奶后几周,这可能是由于母源抗体消退所导致的。在接下来的几周内,这种感染会通过口粪传播在断奶仔猪和青年后备猪群体中扩大。在一些养猪场,不同时期口服抗生素可能会改变这种情况。在具有不同日龄和场区位置含有保育猪和母猪的猪场模式(多位点模式)中,胞内劳森菌感染可能只在种猪中少量发生,在生长育肥猪中通常延迟到14~20周龄才会发生。与ETEC一样,大多数养猪场的环境中可能持续存在胞内劳森菌感染,这种感染“嵌入”在猪舍中残留的粪便、围栏、昆虫等中。在养殖场追踪PE感染的研究表明,受感染的后备母猪或母猪不易将感染传染给产房中的仔猪。

(2)临床症状。慢性PE的临床病例多见于断奶后6~20周龄的仔猪。腹泻和体增重缓慢等不良现象常常同时出现在一栏猪中,但这些猪的表现症状各异。在许多生长育肥猪慢性PE病例中,轻微临床症状至亚临床状态过程中,除了猪的生产性能变化较大外,几乎看不到其他变化。一般为中度腹泻,排出正常灰绿色疏松、稀薄直至水样粪便。慢性PE腹泻不会产生血便或黏液状粪便。有些病猪可能逐渐发展成严重的坏死性肠炎,表现出明显的生长不良,并经常持续腹泻。这些严重的病例可能更多地发生在使用有机垫料的猪身上,因为有机垫料有利于口粪和继发细菌(如沙门氏菌)的感染。尽管病猪仍可达到屠宰体重,但平均体增重将持续下降,达到屠宰体重所需的时间和饲料用量也将显著增加。与慢性PE不同,急性出血性PE病例在4～12个月大的青年猪(如种用后备母猪和公猪)中临床问题比较突出,表现为黑色粪便和贫血。

(3)诊断。由慢性PE引起的中度腹泻很常见,但也可能由地方病的混合感染导致。急性出血性PE最容易与食道溃疡、胃溃疡、急性猪痢疾或充血肠扭转病例混淆。常规细菌培养法培养胞内劳森菌较为困难,这使得血清学和粪便PCR诊断等方法用于常规诊断。患病的猪通常会在数周内排泄病原。对单点猪场进行普查时,6～10周龄的猪通常患病率最高。虽然检测到的抗体反应与病变存在密切相关,但并不是所有病例中都能够引起血清阳性。虽然血液采集可能比粪便采集更费时,但血清学检测的成本更低,更适合进行猪群初步检测。

尸检显示,生长猪的慢性肠炎主要发生在回肠和结肠。增生的程度差异很大,但在已发展的病变中,肠壁会明显增厚,并形成深皱褶,肠直径增加。并常见浆膜下和肠系膜水肿,影响浆膜表面的正常褶皱。在组织学上,黏膜由未成熟的上皮细胞排列形成肿大的分枝状隐窝。银染或特异性免疫染色显示顶端胞浆含有大量的胞内劳森菌。在急性出血性肠炎中,感染猪的肠壁增厚、肿胀,回肠和结肠的腔内通常含有一个或多个血块,且没有其他明显的血液或饲料存在。直肠可能含有黑色焦油色的混合了饲料和血液的粪便。但在肠内没有明显的出血点或溃疡。

(4)增生性肠病的管理与控制。多年来对商品猪的治疗和预防措施的实验评估表明,当按每千克体重给予适当药量时,大环内酯和泰妙菌素是最有效的抗生素。或者在实际接触量达到峰值之前或之后较长时间才药物治疗。在猪感染过程的早期使用,药效最好,在许多单点养殖场中对8～11周龄的猪也是如此。

PE地方流行特征、引起经济损失较大和发病时间的不同导致了疫苗的广泛使用。口服单剂弱毒活疫苗(Enterisol®回肠炎疫苗,Boehringer Ingelheim)对幼猪能产生明显的保护性免疫反应,以抵御随后发生的胞内劳森菌的毒性侵害。目前尚无灭活苗或亚单位疫苗可用。这种弱毒疫苗在后备种猪引入新场时尤为重要。若先前使用的适应性治疗和药物治疗方案失败多次,在这种情况下就会导致严重的PE暴发。对老龄猪(如种猪)的药物性治疗不太可能消除感染,因此,缩小种群和基于药物的根除性尝试在很大程度上是不成功的。

改善养猪场卫生措施将能有效降低 PE 感染水平。虽然季铵盐类化合物具有较好的杀灭劳森菌的效果,但劳森菌的分离菌对酚类或碘类混合物表现出一定的抗性。

3.2.2 病毒性肠炎

1.冠状病毒——PED,TGE 和 HEV

全球范围内影响猪肠道健康的冠状病毒主要包括 RNA 病毒,如传染性胃肠炎(transmissible gastroenteritis,TGE)病毒、猪流行性腹泻(porcine epidemic diarrhoea,PED)病毒和血凝性脑脊髓炎病毒(haemagglutinating encephalomyelitis virus,HEV)。随着时间的推移,这些病毒的流行程度和重要性在世界各地有很大的差异。在整个 20 世纪 70 年代和 80 年代,猪传染性胃肠炎都是一个广泛致病性的疾病,并在随之暴发的 PED 和 HEV 等疾病也开始被注意到。在 20 世纪 90 年代,一种由穗状蛋白缺失引起的较温和的突变 TGE 病毒出现了,该毒株被称为猪呼吸冠状病毒(porcine respiratory coronavirus,PRCV)。这种新毒株迅速传播,在许多地区都引起了"自然"TGE 疫苗的接种,并显著降低了实际 TGE 疾病的发病率。自 2000 年以来,新的 PED 致病菌株又开始出现,这导致了大量严重的肠道疾病暴发。TGE、PED、HEV 等病毒的作用方式相同,都是由病毒进入小肠绒毛的成熟上皮细胞,并引起细胞死亡和绒毛萎缩,从而降低肠道表面吸收能力,导致体液流失和机体脱水。

(1)流行病学。当病毒首次进入易感猪群时,动物就会发生急性腹泻。这种情况可能发生在新种猪的引进时,或通过污染的卡车(如那些正在从不同养猪场收集病死仔猪的卡车)导致养殖场污染。当病毒感染易感的种猪群后,猪只在 2～3 周内就可以产生很强的免疫力。最近发现的乳源性免疫可保护养殖场里的新生仔猪。这种病毒可以从种猪群中自然消失,特别是那些母猪头数不足 300 头的养猪场。在较大的种猪群中,并非所有的母猪都能在第一轮就被感染,而且在一段时间内可能会出现病情复发。因此,养猪场每 6 个月左右复发一次的疫情就成为疾病流行地区的一个常见特征。

(2)临床症状。随着猪群感染的出现,整个猪场大量不同日龄的猪会开始出现肠道疾病和腹泻。该病的快速传播通常被认为是断奶前后仔猪大量腹泻的原因。猪有急性水样腹泻,但腹泻中没有血液或黏液。许多仔猪也会出现呕吐,并会迅速出现脱水和体况下降,且死亡率很高。该病潜伏期为 2 d,腹泻持续 7～14 d。大部分母猪也可能有轻度腹泻,而有些受影响较严重的母猪则会出现呕吐和水样腹泻症状。在养殖场周围出现 2～3 周的严重腹泻病例后,场内猪群将会出现群体免疫,导致发病猪数量逐渐减少。

(3)诊断。对刚死亡猪进行尸体解剖,病理变化可能局限于脱水、黄色液体腹泻、肠壁变薄、肠道扩张和身体脂肪的减少。胃里可能充满了食物(乳汁)。鉴别绒毛发育不良的组织学变化需要非常新鲜的样本。但是未见包涵体的存在。病毒诊断是通过抗原检测或电子显微镜检测粪便。感染会使肠道变白、肠壁变薄，并因充满褐色液体和气体而膨胀。

(4)冠状病毒的管理与控制。抗生素对疫情暴发不会有特别的效果。患病的仔猪需要输液和饲喂牛奶进行特殊护理，以防止机体脱水。一旦疫情开始暴发，通常建议是提高猪群免疫力，并通过向养殖场内所有的猪提供接触病毒物质机会的方法，来试图缩短出现临床问题的时间。最好的方法是将几只受感染小猪的肠子进行匀浆，然后把这种材料喂给猪场里所有的猪——这个过程称为返饲。仅给少量的母猪进行返饲并不能实现完全的群体免疫。目前正在为最近的疫情暴发寻找更好的 PED 疫苗，PRCV 的试验可能表明，如果发现有用的无毒的冠状病毒毒株，使用返饲这种方法就可能取得成功。

2. 轮状病毒

轮状病毒是在养猪场中普遍存在的病原体，也会攻击乳仔猪的成熟绒毛上皮细胞并在其中进行复制，导致绒毛发育迟缓。在各种 G、P 型轮状病毒中，A 型感染是许多猪群中最常见的轮状病毒类型。研究表明，轮状病毒感染比冠状病毒的致病性低，因为轮状病毒攻击的是绒毛顶端，因此，绒毛的结构和功能可更快恢复。病毒感染沿肠道传播，因此节段性肠炎可以发生在肠道的任何部位，但最常见的发生部位是空肠。

(1)流行病学。轮状病毒是非常稳定的 RNA 病毒，可以在环境中存活很长时间(数年)，在大多数养殖场中造成持续感染。在许多养猪场，仔猪经常会通过母猪受到低剂量感染，而且只会出现持续 1 周左右的短暂的轻度感染症状。

(2)临床症状。由于母猪的免疫保护减少，轻度的短暂腹泻可能是断奶前后仔猪出现的唯一的临床症状。仔猪通常在不到 1 周的时间内就能康复，日龄较大的猪也有很强的免疫力。由于轮状病毒在仔猪断奶时对肠道造成损害，与对照猪群相比，受轮状病毒感染的猪群可能出现更多的断奶后腹泻病例。

(3)诊断。对刚死亡的猪进行剖检，其病理变化可能局限于脱水、黄色液体腹泻、肠壁的扩张和身体脂肪减少。鉴别绒毛发育不良的组织学变化需要非常新鲜的样本但未见包涵体存在。病毒诊断是通过抗原检测或利用电子显微镜对粪便进行检测。这种病毒的普遍存在意味着混合感染很常见，也很难完全将猪的肠道疾病状况全部归因于轮状病毒导致的。

(4)对轮状病毒的管理与控制。抗生素对轮状病毒并没有特异性效果，建议给予病猪特殊的护理。轮状病毒疫苗也会感染其他动物(人类)，并且可能对未来养猪业产生深远影响。

3. 与猪圆环病毒相关的肠炎

自 20 世纪 90 年代以来，尤其是在猪圆环病毒 2 型出现之后，与猪圆环病毒

(PVC)相关的疾病已经逐渐成为全球养猪业中的主要问题。这种病毒导致生长猪的淋巴结组织严重损伤并且产生免疫抑制,还引发很多严重的继发性感染。最近开发的高效疫苗,已显著降低了这种病毒在全球范围内的影响。

受病毒感染的猪会出现肺炎并引发慢性消瘦和继发性感染,常见的特征是外周淋巴结肿大。断奶后,受病毒影响的猪群死亡率可能会上升到10%,但有时会升至更高。

在一些与PCV相关疾病的病例中,肠道疾病和腹泻是值得关注的,但这种肠道疾病只是更多全身性疾病综合征中的一部分。小肠的病理变化为增生肉芽肿性炎症和随粪便脱落。免疫组化可用于检测肠组织中PCV的表达情况。

3.2.3 原生动物诱发的肠炎

1.猪等孢球虫(*Isospora suis*)感染

各种原生动物都有一个直接型生活史,这在许多物种中都很常见,但这种生活史通常只感染宿主,不需要中间宿主。仔猪球虫病,特别是猪等孢球虫病,是一种严重的全球性问题。等孢球虫是一种典型的球虫,其在生活史中的不同阶段都可以侵入小肠上皮细胞,并导致细胞形成寄生虫空泡。在球虫的生长繁殖阶段,受感染的细胞将被释放到管腔内,并产生一系列细胞破坏效应。

(1)流行病学。球虫卵囊对环境具有很强的抵抗能力,并且很容易通过设备和衣物进行传播,因此无法根除。对猪场产房区域的研究表明,相邻猪圈内卵囊数量差异较大,且污染程度较高的猪圈感染更严重,这是球虫感染的一个关键特征。在仔猪的粪便中可以发现许多卵囊,这些卵囊以非孢子化形式脱落;然后卵囊需要在潮湿的环境中,才能发育成具备感染能力的孢子。在所有宿主中,密度过大、温暖、潮湿、粪便污染的区域,猪更容易感染。因此,在潮湿的夏季,球虫病的发病率会更高。然而,这种情况也常见于气候较冷的养猪场,因为这样的养猪场通常会以人工加热的方式保证产仔区的温度要求。

(2)临床症状。受感染的仔猪会在10~20日龄的时候出现柔软的、黄色的、牙膏状的粪便,并出现体重下降、脱水等情况,偶尔还会引发仔猪死亡。而母猪表现正常。与轮状病毒相似,这种感染常发生在断奶期间,这与断奶后肠病的发生率较高有关。

(3)诊断。粪便样本涂片等方法可检测出许多明显的球虫卵囊。尸检时,肠内可见空肠坏死性肠炎。组织学检测显示肠组织有一定的损伤且黏膜中具有明显的球虫成分,并在上皮细胞内可见小香蕉形的裂殖子。

(4)球虫病的管理与控制。仔猪球虫病的管理策略是减少产房区域卵囊的累积和孢子形成。首先,在妊娠母猪进入产房前,对产房栏位进行严格的清洁、消毒。这就需要有能够杀死卵囊的产品和技术。再者就是用合适的产品治疗早期感染的仔猪,如针对肠道球虫生长阶段的托曲珠利。在大多情况下,这种方法是一种控制球虫病非常有效的措施，且该措施在大多数夏季炎热的养猪场内实行是至关重要的。

3.2.4　寄生虫性肠炎

猪的主要肠道寄生虫有：

• 蛔虫（*Ascaris suum*）——大型蛔虫；

• 鞭虫（*Trichuris suis*）——大肠鞭虫；

• 食道口线虫（*Oesophagostomum* sp.）——结节蠕虫。

这些寄生虫病现在只在户外散养或接触土壤的猪场中比较常见。其他寄生虫，比如猪兰氏类圆线虫（*Strongyloides ransomi*）和猪巨吻棘头虫（*Macracanthorynchus hirudinaceous*）也会出现在猪的肠道中，但它们都是局域性疾病，因此很少大规模暴发。

蛔虫是一种较大的寄生虫，如果在屠宰时对猪肠道进行检查，可以很容易将它识别。蛔虫是户外饲养或舍内通过有机垫料从而接触感染的常见寄生虫。在轻度感染情况下，其很少引发明显的临床症状。但是，严重的感染可能导致猪肺、肝或肠道功能下降。肝脏和肠道功能的降低会对猪增重、饲料转化率和达到屠宰体重所需的时间产生影响。虫卵通过粪便进入外部环境，这些卵呈椭圆形、壳厚、有一层黏性外壳，且具有很强的抵抗力，可以在地面上存活数年。猪吞食已经发育到幼虫阶段的卵之后发生感染。幼虫一旦被食入，会在 3 d 内进入肝脏，然后进入肺部，最后进入肠道。成虫在感染后 6～8 周发育成熟并开始产卵。因此，动物必须每 4～6 周服用一次有效的抗寄生虫药物，如芬苯达唑或伊维菌素，以打破蛔虫的生活史。

猪鞭虫是一种发育周期为 3 周，不像蛔虫那么常见，主要见于小型卫生条件较差的户外养猪场的寄生虫。其感染后的主要临床症状是猪只生长缓慢，生长不良，消瘦，且个别猪表现出抵抗力差，带血样腹泻。鞭虫引起的黏膜出血性结肠炎类似于猪痢疾，但在发炎的结肠黏膜中可见许多 4～8 cm 长的白色鞭虫。伊维菌素和哌嗪对其作用不明显，因此这种寄生虫病在暴发后很难得到有效控制。

食道口线虫在猪小肠和大肠壁上形成直径 1～2 cm 的局部结节。这些症状现在很少被发现，基本上是非致病性的。

3.2.5　肠道问题

1. 肠扭转

猪的小肠相当长，其长度通常是猪身体长度的 15 倍。通过肠系膜的网状结缔组织与猪的身体相连，猪在站立时肠系膜松散地悬挂在其腹部顶部。在猪活动过程中，猪小肠会经常性地发生扭转，这种扭转可能迅速导致极端肠道问题的发生，进而引起猪血液供应能力不足和猪只突然死亡。一种可能引起肠扭转的原因是，当猪走到料槽前突然摔倒、翻跟斗或在腹部压力不足情况下的翻身。这时猪会做扭转动作,此时充满液体的肠道会发生扭转。打斗、嬉戏、爬跨等也可能是造成肠扭转的因素。增加饲喂量,可以增加肠内容物重量来促进肠蠕动,减少肠扭转的发生。有一个形象的谚语,比喻为"将穿串的橄榄泡在马提尼酒杯中",因此,每天饲喂一次快速生长的猪群中,由于肠扭转而导致死亡"暴发"的现象并不罕见。

因此,对任何突然死亡的猪,死亡原因调查都必须包括触诊肠系膜根部,以检查是否发生肠扭转,这一点非常重要。触诊操作的具体步骤为,将猪左侧卧,腹部打开,左手掌向上,并向上滑动,触诊肠系膜根部的肠后边缘下方。与肠扭转的猪相比,正常猪肠系膜根部触感平坦光滑,肠扭转猪肠系膜触感紧绷呈绳索状。

3.3 结论

在美国、欧洲和澳大利亚的养猪业中,许多地区断奶仔猪的主要肠道疾病包括:ETEC感染、沙门氏菌病、由短螺旋体引起的猪痢疾和由胞内劳森菌感染引起的增生性肠病(回肠炎)。ETEC、沙门氏菌和劳森菌这三种细菌似乎都"感染"了许多养猪场,造成了常见的和地方性的肠道疾病问题。且随着对抗生素和氧化锌等养猪场药物使用的政策性限制出现,这些疾病在全球范围内的发病率和重要性都在增加。在亚洲养猪业中,冠状病毒感染较为突出,其发病率和重要性也在增加。

参考文献

Neumann, E.J., Ramirez, A. and Schwartz, K.J. (eds.), 2009. Swine diseases manual. 4th edition. American Association of Swine Veterinarians, Perry, IA, USA, pp 173.

Sims, L.D. and Glastonbury, J.W. (eds.), 1996. Pathology of the pig: a diagnostic guide. Pig Research and Development Corporation and Agriculture Victoria, Australia, pp 456.

Zimmerman, J.J., Karriker, L.A., Ramirez, A., Schwartz, K.J. and Stevenson, G.W. (eds.), 2012. Diseases of swine. 10th edition. Wiley-Blackwell, Ames, IA, USA, pp1008.

第4章　家禽球虫病是一种典型的肠道疾病——宿主保护免疫和新发疾病控制策略

H. S. Lillehoj[1*], *S. I. Jang*[1], *S. H. Lee*[1] *and E. P. Lillehoj*[2]

[1] *Animal Biosciences and Biotechnology Laboratory, Beltsville Agricultural Research Center, Agricultural Research Service, United States Department of Agriculture, Beltsville, MD 20705, USA;*

[2] *Department of Pediatrics, University of Maryland School of Medicine, Baltimore, MD 21201, USA; hyun. lillehoj@ars. usda. gov*

摘要：自2000年以来，全球禽肉消耗量增长了50%，据统计仅2012年就超过1亿t。对禽类制品的需求日益增长使这一行业面临众多挑战，其中包括政府对使用抗生素生长促进剂、新型饲料、集约化生产条件、废弃物管理和传染性病原体，特别是能够引起肠道疾病的病原体等方面限制政策的出台。毫无疑问，在过去50年里，饲料中的抗生素已显著提高了家禽的生产效率。然而，家禽使用抗生素会导致其产品中存在药物残留，并直接导致禽类病原体中出现抗生素耐药性，这种耐药性又可能转移到人类病原体中。因此，目前人们的关注点集中在开发可替代的、无抗生素的商业化家禽生产模式。此外，通过基因修饰和基于DNA选择策略，鉴定新的鸡遗传标记，为开发新的抗传染病鸡品种打开新思路。本章论述了治疗禽球虫病（一种典型的肠道疾病）的抗生素替代品。首先简要回顾了球虫病的病原艾美耳球虫的生物学特性，并总结了鸡对艾美耳球虫感染的免疫应答，最后对非传统球虫病控制策略的最新进展进行了评价。

关键词：鸡，艾美耳球虫属（*Eimeria*），抗生素，肠道，疾病

4.1　引言

鸡球虫病是鸡最常见的传染病之一（Shirley和Lillehoj，2002）。鸡球虫病的病源是艾美耳球虫，与疟原虫属（*Plasmadium*）以及隐孢子虫属（*Cryptosporidium*）和弓形虫属（*Toxoplasma*）等相同，属于顶复动物亚门（Apicomplexa）的一种真核细胞内寄生虫。顶复动物亚门（Apicomplexa）的所有成员都具有由极环、棒状

体、微粒体(通常是圆锥体)和其他细胞器组成的细胞顶端复合体的特征(图 4.1)。虽然已经发现 1 700 多种艾美耳球虫,但已知只有 7 种能感染鸡,包括堆型艾美耳球虫(*E. acervulina*)、柔嫩艾美耳球虫(*E. tenella*)、巨型艾美耳球虫(*E. maxima*)、布氏艾美耳球虫(*E. brunetti*)、和缓艾美耳球虫(*E. mitis*)、毒害艾美耳球虫(*E. nectarix*)和早熟艾美耳球虫(*E. praecox*)。这 7 个种属分布在世界各地,其中最常见的是堆型艾美耳球虫、柔嫩艾美耳球虫和巨型艾美耳球虫(McMullin,2008)。这些寄生虫感染肠道,通过粪-口途径在鸡之间传播(图 4.2)。感染的临床表现包括肠上皮受损、营养吸收减少、饲料利用率低下和生长缓慢,严重的情况下,可能导致死亡(Shirley 等,2004,2005;Williams,1999)。

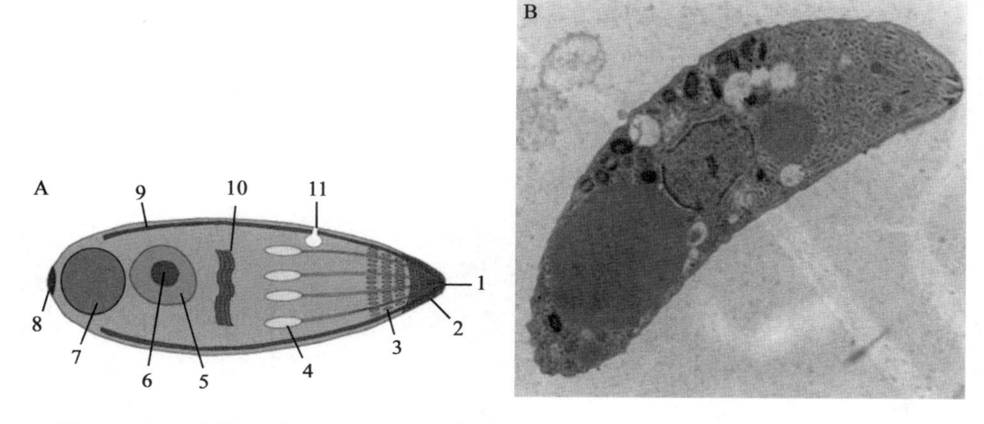

图 4.1 (A) 艾美耳子孢子的示意图(不按比例)。1,极环;2,类锥体;3,微粒体;4,棒状体;5,核;6,核仁;7,后折射体;8,后环;9,表膜泡;10,高尔基体;11,微孔。改编自 *http://en.wikipedia.org/wiki/Apicomplexa*. (B)柔嫩艾美耳球虫子孢子电子透射显微照片。

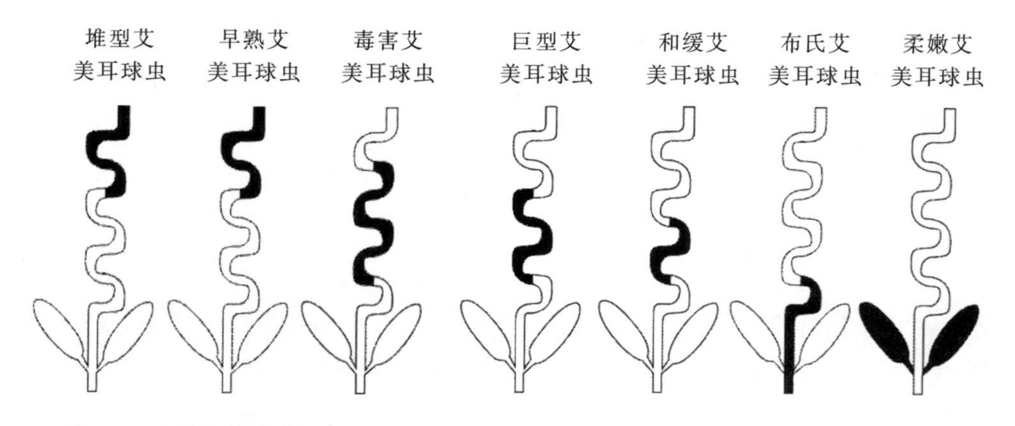

图 4.2 七种艾美耳球虫感染鸡肠道区段。

艾美耳球虫的生活史包括细胞内和细胞外阶段，以及无性和有性阶段（图 4.3）（Hammond，1982）。感染过程开始于卵囊的食入，卵囊是一种对环境有抵抗力的结构，包含 4 个孢子囊，每个孢子囊都包含 2 个感染性子孢子。一旦进入肠腔，子孢子侵入上皮细胞，并通过裂殖生殖的过程分化为裂殖子。释放的成熟裂殖子再感染邻近宿主细胞。根据艾美耳球虫属种的不同，寄生虫释放和再感染的周期为 2～4 周。最后裂殖子发育成有性配子形式，即大配子体和小配子体，随后分别形成大配子和小配子。在这两个寄生阶段大小配子受精后形成一个合子，离开宿主细胞，形成成熟卵囊，再次开始新的生活史。

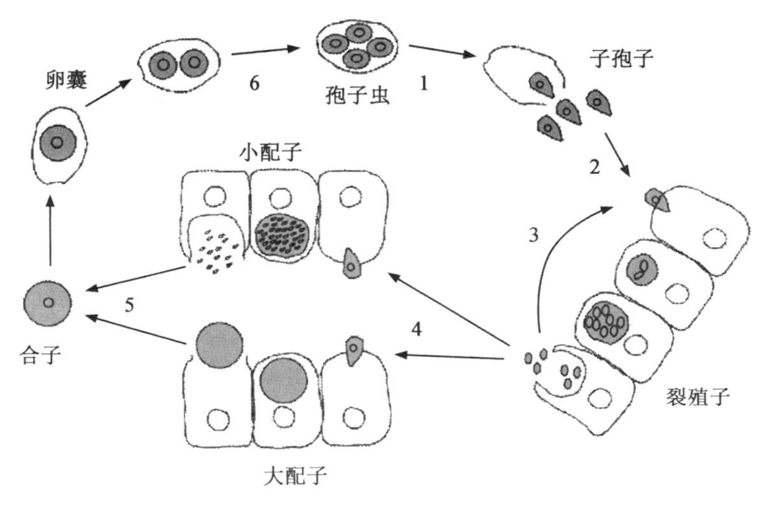

图 4.3　艾美耳球虫的生活史。含有孢子囊的感染性卵囊被鸡吞食（步骤 1），释放子孢子。子孢子侵入肠上皮细胞（步骤 2），复制并分化为裂殖子。裂殖子从感染细胞中释放，并重新感染邻近细胞（步骤 3）。裂殖子分化为雄性小配子和雌性大配子细胞（步骤 4）。小/大配子细胞发育成小配子体和大配子体，融合形成合子（步骤 5）。受精卵发育成卵囊，随粪便排出体外后卵囊通过孢子化形成孢子囊，每个孢子囊含有两个孢子（步骤 6）。改编自 *http://en.wikipedia.org/wiki/Apicomplexa*。

在过去几十年中，在家禽生产过程中，饲料中广泛使用合成的抗球虫病药物，通过阻断粪-口感染途径，有效地控制了球虫病的暴发。然而，抗球虫药价格昂贵，其普遍使用促进了球虫的耐药性（Chapman，2009；Dalloul 和 Lillehoj，2006）。由于艾美耳球虫感染可引起强烈的、物种特异性、保护性的免疫反应。因此，家禽采用疫苗接种可以控制球虫疾病。一些球虫病疫苗含有活的、减毒的或未减毒的多种艾美耳球虫混合物，且这种疫苗已经上市。虽然使用艾美耳球虫疫苗在减少饲料药物需求方面很有价值，但在鸡生长早期使用活疫苗可能导致生长缓慢。目前，已开发出来重组艾美耳球虫基因和蛋白质的实验性球虫病疫苗,并在试验性感染的模型系统中证明有效,但尚未商品化。

4.2 鸡对艾美耳球虫的免疫反应

与哺乳动物一样,鸟类拥有先天免疫和获得免疫,以及体液免疫和细胞免疫(Dalloul 和 Lillehoj,2006;Lillehoj,1998;Lillehoj 等,2004)。感染艾美耳球虫的鸡体内会产生复杂的免疫反应,包括免疫反应所有环节,虽然对于完全保护性免疫来说,某些环节不如其他的环节重要。对研究鸡球虫病的家禽免疫学家来说,一个主要的挑战是确定免疫系统的哪些方面可保护家禽不受到艾美耳球虫的感染。

4.2.1 鸡的先天性免疫

先天免疫系统包括细胞及其分泌产物,并以相对非特异性的方式保护宿主免受微生物感染。还包括黏膜上皮、吞噬细胞和其他白细胞、细胞因子、趋化因子和补体系统成分形成的物理屏障。更具体地说,在鸟类和哺乳动物中,上皮细胞和造血细胞表面和内部的模式识别受体(PRRs)是构成先天免疫的重要组成部分。模式识别受体包括细胞表面 Toll 样受体(Toll-like receptors,TLRs)和细胞内 Nod 样受体(Nod-like receptors,NLRs)(Kumar 等,2011)。TLRs 和 NLRs 是Ⅰ型跨膜蛋白,负责识别病原体的保守成分,即病原体相关分子模式(pathogen-associated molecular patterns,PAMPs)。定义明确的病原体相关分子模式包括细菌脂多糖(lipopolysaccharide,LPS)、脂肽、糖脂、CpG DNA 和病毒核酸(Lemaitre,2004)。尽管与那些识别细菌和病毒的病原体相关分子模式相比,原生动物的病原体相关分子模式的同源模式识别受体没有明确的定义,但是它们也是先天免疫应答的有效刺激物(Gazzinelli 和 Denkers,2006)。

鸡体内有 10 种 Toll 样受体,分别是:TLR1LA、TLR1LB、TLR2A、TLR2B、TLR3、TLR4、TLR5、TLR7、TLR15 和 TLR21(Temperley 等,2008)。系统发育分析显示,其中 6 种(TLR2A、2B、3、4、5 和 7)在哺乳动物和鱼类中具有直系同源物,而 1 种(TLR21)仅为鱼类特有,3 种(TLR1LA,1LB 和 15)仅为鸡所特有。鸡的 Toll 样受体对艾美耳球虫感染的反应特点仍需要进一步探究。Sumners 等(2011)报道,与未感染的动物相比,感染了早熟艾美耳球虫(E. praecox)的鸡肠道中,TLR3、TLR4 和 TLR15 的表达量增加。Zhang 等(2012a)证实感染柔嫩艾美耳球虫(*E. tenella*) 12 h 后,TLR1LA、TLR4、TLR5、TLR7 和 TLR21 的表达量增加;与未感染控制试验相比,TLR1LA、TLR5 和 TLR21 在感染 72 h 后仍具有很高的表达量。Zhou 等(2013)研究表明,与未受刺激的细胞相比,体外柔嫩艾美耳球虫感染的鸡嗜异性白细胞和单核细胞源巨噬细胞中 TLR4、TLR15 和 TLR 衔接蛋白 MyD88 的表达增加。

目前发现了由艾美耳球虫表达的 TLR 激动剂。虽然鸡不表达哺乳动物 TLR9 的等效物，但已经证明 TLR9 激动剂 CpG DNA 在体外能够激活鸡巨噬细胞（Xie 等，2003），并增强对实验组鸡球虫病的体内保护。此外，与单用艾美耳球虫重组蛋白 EtMIC2 相比，CpG DNA 与艾美耳球虫重组蛋白 EtMIC2 的联合用药对堆型艾美耳球虫（*E. acervulina*）和柔嫩艾美耳球虫（*E. tenella*）感染的保护作用有增强效果（Dalloul 等，2005）。在联合应用柔嫩艾美耳球虫热休克蛋白 70（HSP70）和 EtMIC2 后，也发现了类似的效果（Zhang 等，2012b）。在哺乳动物中，HPS70 是 TLR2 和 TLR4 的一个配体（Asea，2008）。在艾美耳球虫表达 TLR 激动剂中，研究最广泛的是抑制蛋白，即一种在所有真核生物中发现的与肌动蛋白结合的蛋白，其参与肌动蛋白细胞骨架的周转和重组。艾美耳球虫抑制蛋白是一种 19 kDa 的蛋白质，在所有顶端复合原生动物中高度保守，并在寄生虫生活史的大多数阶段表达（Fetterer 等，2004；Lillehoj 等，2000）。抑制蛋白最初作为重组蛋白从堆型艾美耳球虫（*E. acervulina*）裂殖子中分离出来，与未感染的鸡相比，它能促进堆型艾美耳球虫感染鸡的脾脏细胞产生抗原刺激的干扰素 γ（IFN-γ）（Lillehoj 等，2000）。随后的研究表明，用抑制蛋白作为重组基因或者蛋白对鸡进行免疫，在球虫感染后增加保护性免疫（Ding 等，2004；Lillehoj 等，2005a，b；Ma 等 2011，2012；Min 等，2001a；Song 等，2000；Xu 等，2006）。在鸡体内，虽然还没有鉴定出能够识别艾美耳球虫抑制蛋白的 TLR，但弓形虫的同源蛋白即结合蛋白，与小鼠 TLR11 结合，可在树突状细胞中与有效的白细胞介素 IL-12 产生反应（Yarovinsky 等，2005，2006）。艾美耳球虫抑制蛋白通过刺激促炎性细胞因子的产生，在哺乳动物体中发挥抗病毒和抗癌特性（Gowen 等，2006；Juckett 等，2008；Julander 等，2007；Rosenberg 等，2005）。有趣的是，虽然抑制蛋白驱动的先天免疫反应依赖于 MyD88，但在某些情况下抑制蛋白也以 TRIF 依赖的方式抑制这些相同的反应（Seregin 等，2011）。基于这些综合研究，艾美耳球虫抑制蛋白已开始被用作哺乳动物感染模型系统的疫苗佐剂。Hedhli 等（2009）证实，与单独使用弓形虫的小鼠相比，联合使用艾美耳球虫抑制蛋白和弓形虫增加了对试验组弓形虫病的保护免疫。Appledorn 等（2010a）研究表明，与单独使用 Gag 蛋白的小鼠相比，人免疫缺陷病毒 Gag 蛋白和抑制蛋白联合给药的小鼠增加了 Gag 特异性细胞介导的免疫应答。鉴于艾美耳球虫抑制蛋白在人和鸡的临床前试验和临床试验中均未表现出毒性（Rader 等，2008；Rosenberg 等，2005；Zhao 等 2013），未来将有可能作为人类和兽医医学中的佐剂应用。

4.2.2　鸡的适应性免疫

抗原特异性适应性免疫由表达 T 细胞受体（TCR）的 T 细胞、表达表面免疫球蛋白的 B 细胞及其分泌的抗体、细胞因子和趋化因子介导的。在肠道中，肠道淋巴组织(GALT)通过三个相互关联的过程来介导适应性免疫，即抗原处理和表达、肠道抗体的产生和细胞介导免疫的激活。在雏鸡中，球虫的感染激活了肠道淋巴组织内的树突状细胞和巨噬细胞，诱导产生大量的细胞因子和趋化因子(Hong 等，2006b；Lillehoj，1998；Min 等，2013)。这些介质不仅驱动效应淋巴细胞和其他免疫细胞的产生和分化，还驱动记忆细胞的产生和分化，记忆细胞在寄生虫清除后仍留在宿主体内，并在再次感染后对同一病原体做出反应。在免疫宿主中，进入肠道的寄生虫被阻止进一步发育，这表明由最初的病原体感染引起的记忆细胞介导的获得性免疫抑制了寄生虫发育的自然过程(Torur 和 Lillehoj，1996；Yun 等，2000a)。以下各节将更详细地描述体液和细胞介导适应性免疫对鸡球虫病反应中的作用。

4.2.3 禽球虫病抗体反应

在家禽中可鉴别出 IgM、IgA 和 IgY 三种同型抗体。尽管鸡 IgY 通常被错误地认为是 IgG 的等价物，但鸡 IgY 在结构和功能上都不同于哺乳动物 IgY(Larsson 等，1993；Ohta 等，1991)。在禽胚胎发育过程中，母体 IgY 被输送到卵黄囊中，这个过程与哺乳动物的被动免疫过程相似(Wallach，2010；Wallach 等，1992；West 等，2004)。虽然一些研究表明，与细胞介导的免疫相比，体液免疫在预防艾美耳球虫感染方面的作用较小(Lillehoj，1978)，但最近的研究表明，鸡对寄生虫感染产生的抗体能阻止寄生虫的入侵、发育和传播，并产生被动免疫(Smith 等，1994；Wallach，2010)。关于抗体在预防艾美耳球虫感染中的作用，也存在相互矛盾的报道。Wallach(2010)研究发现，至少有两种可以解释：第一，继发性感染中，细胞免疫反应占主导地位，可能不需要抗艾美耳球虫抗体来控制感染。第二，虽然用活的艾美耳球虫疫苗进行免疫能够有效地产生全面和持久的保护性免疫，但仅使用抗体往往不能产生同等水平的抗感染能力。

4.2.4 鸡球虫病的细胞介导免疫反应

Rose 等(1979)的开创性研究表明，T 淋巴细胞作为细胞介导免疫的主要介质，在禽对艾美耳球虫感染的反应中起着关键作用。随后，与未经治疗的对照组相比，经 T 细胞免疫抑制剂环孢菌素 A 治疗的鸡表现出对柔嫩艾美耳球虫(*E. tenella*)感染保护性免疫降低的迹象，这证实了细胞免疫机制的重要性(Lillehoj，1987)。在艾美耳球虫免疫的鸡中，T 淋巴细胞的球虫抗原特异性增殖为寄生虫特异性 T 细胞的存在提供了直接证据(Lillehoj，1986；Vervelde 等，1996)。与未感染的对照组相比，感染堆型艾美耳球虫(*E. acervulina*)的鸡肠道 T 细胞表达 γδ-TCR 的百分比增加(Choi 和 Lillehoj，2000)。和哺乳动物一样，与表达 αβ-TCR 的 T 细胞相比，表达 γδ-TCR 的 T 细胞在鸡肠黏膜中的丰度最高(Lillehoj 和 Chung，

1992)。同样,与未感染的动物相比,感染堆型艾美耳球虫的鸡肠道中 $CD8^+$ T 细胞的百分比增加(Lillehoj 和 Bacon,1991)。此外,鸡感染堆型艾美耳球虫后,子孢子主要出现在 $CD8^+$ 淋巴细胞中,这些细胞也与寄生虫感染的上皮细胞接触,这表明 $CD8^+$ T 细胞在子孢子转运和宿主保护中均起到一定的作用(Trout 和 Lillehoj,1995)。选择性缺失 $CD8^+$ T 细胞导致感染柔嫩艾美耳球虫或堆型艾美耳球虫后卵囊生成增加(Trout 和 Lillehoj,1996)。鸡在感染柔嫩艾美耳球虫 8 d 后,$CD8^+$ 外周血淋巴细胞比例增加,同时这些细胞在 T 细胞分裂原、刀豆球蛋白 A 或柔嫩艾美耳球虫子孢子抗原刺激下会产生更多的一氧化氮(NO)和 IFN-γ(Breed 等,1997a,b)。虽然相对于肠道 $CD8^+$ T 细胞,$CD4^+$ T 细胞的相关研究较少,但也有研究报道鸡 $CD4^+$ T 细胞在禽类球虫病中发挥某些作用(Cornelissen 等,2009;Vervelde 等,1996)。

与 T 细胞同时存在的其他类型的白细胞在鸡对艾美耳球虫感染的免疫反应中也发挥着重要作用。鸡巨噬细胞和单核细胞表达主要的组织相容性复合体(MHC)Ⅱ级和/或 K1 表面标记物,参与宿主对球虫免疫反应的不同阶段(Lillehoj 等,2004)。与未感染的对照组相比,感染柔嫩艾美耳球虫的鸡的肠道固有层中发现更多的单核白细胞,这些浸润细胞主要是巨噬细胞和 T 细胞(Vervelde 等,1996)。与巨噬细胞相似,树突状细胞(dendritic cells,DCs)是抗原呈递细胞,在先天免疫和适应性免疫之间发挥信使的作用。目前已分离出了禽类滤泡和相互融合的树突状细胞,并对其形态学、表型和功能特性进行了表征分析(Del Cacho 等,2008,2009)。利用纯化的树突状细胞和树突状细胞衍生的细胞外体,获得了对堆型艾美耳球虫、柔嫩艾美耳球虫和巨型艾美耳球虫的保护性免疫(Del Cacho 等,2011,2012)。自然杀伤(natural killer,NK)细胞构成白细胞介导细胞免疫的另一个细胞亚群。NK 细胞最初在哺乳动物中被描述为对某些病毒感染的细胞和肿瘤细胞具有细胞毒性活性的细胞。文献报告了感染艾美耳球虫的鸡脾脏和肠中的 NK 细胞(Lillehoj,1998)。NK-细胞溶素最初被描述为可能来源于 NK 细胞的一种抗菌肽(Andersson 等,1995),最近被证明是由鸡细胞毒性的 T 细胞产生的,并对鸡肿瘤细胞以及堆型艾美耳球虫和巨型艾美耳球虫的子孢子具有体外细胞毒性作用(Hong 等,2006a)。

4.2.5　鸡球虫病的细胞因子反应

免疫细胞对感染性病原体做出反应的一个主要机制是细胞因子和趋化因子作为炎症的可溶性介质。细胞因子包括由不同来源的细胞产生的大量和多种的肽和蛋白质。免疫相关细胞因子有助于启动、增强和维持先天适应性免疫反应。趋化因子是一种趋化细胞因子,其可诱导反应性细胞从远端向感染中心定向迁移。鸡球虫病的主要细胞因子是 IFN-γ、IL-1、IL-2、IL-4、IL-5、IL-6、IL-10、IL-12、IL-13、

IL-15、IL-16、IL-17、IL-18、肿瘤坏死因子-α(TNF-α)、脂多糖诱导的 TNF-α 因子(LITAF)、TNF-α 超家族 15(TNFSF15)、转化生长因子-β1(TGF-β1)、TGF-β2、TGF-β3、TGF-β4 以及粒细胞-巨噬细胞集落刺激因子(GM-CSF)(Lillehoj,1998;Lillehoj 等,2004;Lowenthal 等,1999;Ovington 等,1995)。感染艾美耳球虫鸡的主要趋化因子是 IL-8(CXCL8)、淋巴接触素(XCL1)、巨噬细胞炎性蛋白质 1β(CCL4)、K203(CCL3)、ah221(CCL9)和 K60(CXCL1)(Dalloul 等,2007;Hong 等,2006b;Laurent 等,2001)。下文已发表的文献,记录了其中三种细胞因子(IFN-γ、IL-2 和 IL-17A)在鸡球虫病中的作用。

通过 RT-PCR(Choi 等,1999;Lillehoj 等,2000)和基因表达谱分析,对鸡患球虫病期间的 IFN-γ 产生进行了检测(Min 等,2003)。给试验鸡感染堆型艾美耳球虫或柔嫩艾美耳球虫后,在盲肠、扁桃体和脾脏中检测到鸡的 IFN-γ 基因转录物(Choi 等,1999)。在不同的寄生虫感染模型体系中,研究了鸡 IFN-γ 蛋白激活免疫细胞抵御艾美耳球虫感染的能力(Lillehoj,1998)。用 IFN-γ 预处理过的鸡巨噬细胞通过增加一氧化氮(NO)产生的机制,在体外阻止了柔嫩艾美耳球虫孢子发育(Dimier 等,1998;Lillehoj,1998)。这些结果为在艾美耳球虫感染后,利用 IFN-γ 作为免疫调节剂增强体内保护性免疫提供了合理的依据。与未经治疗的对照组相比,在感染堆型艾美耳球虫之前和之后多次肌肉注射鸡 IFN-γ 重组蛋白,通过增加体重和减少卵囊含量,增强对寄生虫挑战的保护(Lillehoj 和 Choi,1998)。在小干扰(small interfering,si)RNA 靶向诱导型 NO 合酶(负责产生 NO 的酶)转染的细胞中,观察到 IFN-γ 刺激的鸡巨噬细胞产生的 NO 减少(Cheeseman 等,2008)。鸡 IFN-γ 通过增强对试验鸡球虫病的保护性免疫力,与抑制蛋白亚基蛋白疫苗结合,也被证明具有佐剂样特性(Ding 等,2004;Lillehoj 等,2005a;Min 等,2001a)。

鸡 IL-2 是另一种在鸡球虫病期间调节保护性免疫的促炎细胞因子。Li 等(2002)报道了 SC(艾美耳球虫抗药性)和 TK(艾美耳球虫易感性)鸡在原发性感染柔嫩艾美耳球虫后产生了大量的 IL-2。然而,在继发感染后,SC 鸡的肠道 IL-2 水平高于 TK 鸡。在比较原发性和继发性柔嫩艾美耳球虫感染时,IL-2 产生的动力学也不同。原发感染后,与未感染对照组相比,在感染第 7 天后,受丝裂原或柔嫩艾美耳球虫子孢子刺激的脾淋巴细胞,其血清和脾淋巴细胞培养细胞上清液中 IL-2 水平达到最大(Miyamoto 等,2002)。IL-2 水平的峰值与寄生虫引起的最大肠道损伤时间一致。相比之下,继发感染后,第 2 天的 IL-2 水平最高,而感染后第 7 天的肠道损伤仍然最严重。与 IFN-γ 类似,鸡 IL-2 作为与多种不同艾美耳球虫亚单位疫苗联合使用的佐剂,这些亚单位疫苗包括抑制蛋白(Ding 等,2004;Lillehoj 等,2005a)、EtMIC2(Lillehoj 等,2005b)、堆型艾美耳球虫孢子抗原、Csz-2(Shah 等,2010a,b,2011)、堆型艾美耳球虫乳酸脱氢酶(Song 等,2010)、柔嫩艾美耳球虫表面抗原、TA4(Song 等,2009;Xu 等,2008)以及柔嫩艾美耳球虫折射体蛋白、SO7(Song 等,2013)。

IL-17 细胞因子家族包含最新描述的抗禽类球虫病保护性免疫介质(Min 等,2013)。这个细胞因子家族包括 IL-17A、IL-17B、IL-17C、IL-17D 和 IL-17E。实验室感染堆型艾美耳球虫或巨型艾美耳球虫后,肠淋巴细胞中 IL-17A 的 mRNA 水平普遍升高,而感染柔嫩艾美耳球虫后,这些转录物水平降低(Hong 等,2006a,b;Kim 等,2012a)。与感染产气荚膜梭菌的鸡相比,感染了巨型艾美耳球虫和产气荚膜梭菌(*C. perfringens*)鸡的肠道淋巴细胞中 IL-17A 基因转录物水平降低(Park 等,2008)。然而,Zhang 等(2013)报告称,与未受感染的对照组相比,感染柔嫩艾美耳球虫的肠道淋巴细胞 IL-17A 的表达增加。Shaw 等(2011)表明,柔嫩艾美耳球虫感染的鸡与在未受感染的鸡相比,鸡肠道淋巴细胞中的 IL-17A 基因转录水平更高。这些研究强调了环境因素在禽类球虫病背景下调节鸡 IL-17A 基因表达的重要性。

与单独使用 MZP5-7 相比,联合使用鸡 IL-17A、柔嫩艾美耳球虫表面抗原和 MZP5-7,减少了柔嫩艾美耳球虫感染后粪便卵囊含量和肠道损伤的严重程度(Geriletu 等,2011)。同样,与单独使用抑制蛋白相比,联合使用艾美耳抑制蛋白和 IL-17A 提高了对实验感染的堆型艾美耳球虫的保护性免疫(Ding 等,2004)。重要的是,与抑制蛋白+IL-2、IL-6、IL-8 或 IFN-γ 的方式相比,抑制蛋白+IL-17A 联合接种在提高对堆型艾美耳球虫的保护性免疫方面也是最有效的。然而,IL-17A 似乎不是一种常用的球虫病疫苗佐剂,因为与单独使用的 EtMIC2 相比,EtMIC2+IL-17A 的免疫对试验性柔嫩艾美耳球虫感染的过程并没有影响(Lillehoj 等,2005b)。

4.3　家禽球虫病防控:抗生素替代

禽球虫病的免疫生物学涉及艾美耳球虫的生活史不同阶段与宿主肠上皮细胞和免疫细胞之间复杂的相互作用。这种宿主-寄生虫相互作用是最直接和最重要的影响之一,是由于寄生虫感染肠道上皮细胞,并进行繁殖和生长而导致的肠黏膜毁灭性破坏(图 4.4)。这种病理效应以及与所造成的鸡生长迟缓一直是抗球虫控制策略发展的主要推动力。合成的抗球虫药物在减轻艾美耳球虫感染对家禽养殖场的负面影响方面发挥了重要作用。然而,很明显,抗生素替代正成为现代家禽生产的一个焦点,以保证商业盈利能力,减少耐药寄生虫的出现,并提升消费者对食品安全的信心。以下部分综述了一些更新颖、更有希望的无抗生素球虫病控制措施,这些措施有朝一日可能会广泛应用于商业。

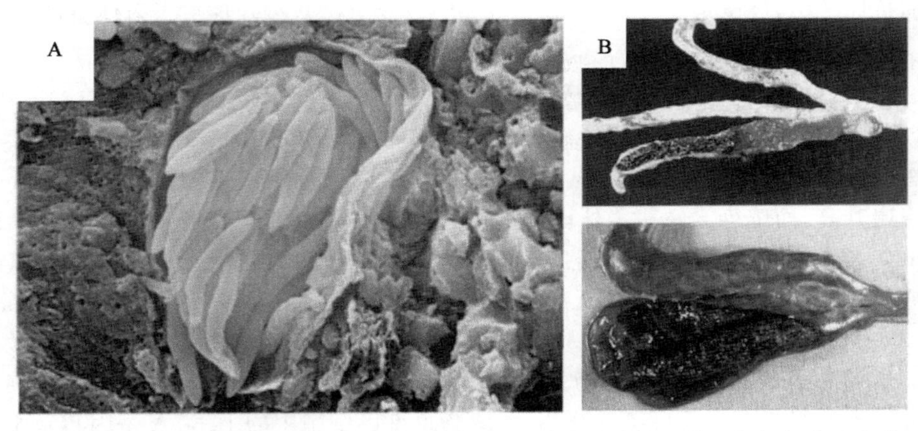

图 4.4 (A)在鸡盲肠扁桃体中生长的柔嫩艾美耳球虫的电镜照片。版权归牛津大学 D. J. P Ferguson 教授所有,转载须经许可。(B)感染艾美耳球虫后第 6 天肠道盲肠扁桃体的病理特征,显示盲肠腔壁增厚、血液积聚和盲肠腔出血。

4.4 超免抗体对禽球虫病的被动免疫

使用超免和寄生虫特异性抗体是一种很好的预防肠道疾病的被动免疫方法。与通过活的或灭活的微生物或来自这些病原体亚基的主动接种而获得的病原体特异性免疫。相反,被动免疫依赖于体液免疫以活性抗体的形式从一个个体转移到另一个个体(Rosenow 等,1997)。目前,来自哺乳动物(如兔和山羊)的多克隆抗体已经普遍用于被动免疫,但是随着人们对动物福利问题的日益关注,促使制药工业探索用于生产治疗性抗体的低毒性替代物。在这方面,鸡超免蛋黄 IgY 抗体逐渐成为哺乳动物血清抗体的实用替代产品,因为它们可进行大规模商业生产,且在其制备过程中规避了动物福利问题(Schade 等,2005)。在胚胎发生过程中,母体 IgY 集中在卵黄囊中,使其易于收集、纯化,并用于被动免疫哺乳动物。对感染大肠杆菌和肠沙门氏菌的猪、小鼠和牛的成功被动免疫已经被证明使用了来自分别接种了该细菌的鸡蛋的 IgY 抗体(Ikemori 等,1992;Yokoyama 等,1992,1998)。

其他关于使用家禽抗体转移的研究,无论是实验性的还是母系遗传性的,或是外源性给予小鼠的单克隆抗体,都证实了被动免疫在禽球虫病中的作用。Rose (1974)证明,与对照相比,试验性寄生虫感染后,注射针对巨型艾美耳球虫的抗体降低了鸡患病的严重程度。Crane 等(1988)报道,使用针对禽艾美耳球虫子孢子的单克隆抗体使鸡产生抗柔嫩艾美耳球虫(*E. tenella*)感染的被动保护。将感染了巨型艾美耳球虫的母源抗体被动转移到它们的卵中,保护了部分后代免受柔嫩艾美耳球虫的感染(Smith 等,1994)。将柔嫩艾美耳球虫或巨型艾美耳球虫感染小鼠后，将小鼠单克隆抗体通过静脉注射到非免疫鸡中，则抗体与柔嫩艾美耳球虫卵囊壁的主要蛋白质反应从而减少了粪便球虫卵囊排放(Karim 等，1996)。最近，用艾美耳球虫卵囊超免母鸡卵黄中少量 IgY，评估对后代雏鸡的保护作用(Lee 等，2009a)。从孵化开始连续给鸡饲喂添加 10%或 20%(wt/wt)冻干蛋黄粉的标准日粮，蛋黄粉来自用堆型艾美耳球虫超免的母鸡，与饲喂普通标准日粮的对照组相比，结果显示试验组体重显著增加且粪便球虫卵囊含量减少。即便更低剂量的蛋黄补充剂(0.01%～0.05%)也减少了粪便卵囊含量，但体重增加不明显。尽管如此，令人鼓舞的是用低剂量蛋黄日粮饲喂的鸡中球虫卵囊减少，这表明这种免疫策略可能有助于破坏野外艾美耳球虫感染周期。

在另一项研究中，评估了日粮补充剂 Supracox(IASA，Inc.，Puebla，Mexico)对柔嫩艾美耳球虫和巨型艾美耳球虫感染的保护作用。Supracox 是一种纯化的 IgY，来自用艾美耳球虫卵囊超免疫的母鸡蛋黄(Lee 等，2009b)。与日粮中没有添加 Supracox 的鸡相比，日粮添加 0.02%和 0.05% Supracox 显著改善了感染艾美耳球虫鸡的体重，且添加 0.05% Supracox 显著改善了感染巨型艾美耳球虫鸡的体重。在感染了禽艾美耳球虫的鸡中，与对照组相比，日粮中添加 0.05% IgY 的鸡的虫卵囊含量减少。在感染巨型艾美耳球虫的鸡中，与对照相比，日粮中添加 0.05% Supracox 的鸡的肠道病变评分较低。从实际生产来看，这些研究中使用柔嫩艾美耳球虫和巨型艾美耳球虫卵囊(4.0×10^4)的感染剂量可能远高于商业禽类在生产设施中所接触的水平(Wallach 等，1995)。即便如此，这些有前景的初步研究对未来的实地研究起促进作用，包括评估超免抗体在低剂量使用时的作用效果，以及确定被动使用的抗体如何保护球虫感染的体内机制研究。最后，阐明蛋黄中抗原特异性 IgY 抗体识别的寄生虫成分，将有助于开发新型球虫病疫苗。

Belli 等(2004)鉴定并分离了两种巨型艾美耳球虫重组配子体蛋白 gam56 和 gam82，它们编码球虫亚单位疫苗的免疫显性成分 CoxAbic(Phibro Animal Health Corp.，Teaneck，NJ，USA)。研究证明，CoxAbic 可以诱导部分保护来自接种疫苗母鸡的雏鸡免受堆型艾美耳球虫、柔嫩艾美耳球虫和巨型艾美耳球虫感染(Wallach 等，2008)。然而，如 Lee 等(2009b)所述，使用纯化的蛋黄 IgY 抗体诱导针对球虫病被动免疫而制定的策略，其至少有两个方面与 CoxAbic 疫苗不同。

首先，IgY 抗体是从进行了超免的鸡卵中获得的，而不是从单一寄生虫中获得重组蛋白。因此，与后者相比，前者有望诱导更大的跨物种疾病保护。其次，只要用日粮补充剂饲喂鸡，纯化的 IgY 抗体就会刺激保护性免疫，而由母源抗体诱导的保护作用随时间减弱并在孵化后 3 周内消失。被动接种的 IgY 抗体相对于活寄生虫或重组亚单位疫苗的主动免疫的其他优点包括：①使用简便和适用于商业环境的无创接种方法；②鉴于当前产蛋和蛋黄制备技术，其生产成本相对较低；③快速靶向可能使出现在特定部位的艾美耳球虫物种的具有独特的抗原变异能力。

另一种针对禽球虫病的被动免疫治疗技术依赖于具有抗原结合活性的抗体可变区(single-chain variable fragment,ScFv)的单链片段(Abi-Ghanem 等,2008;Kim 等,2001;Min 等,2001a;Park 等,2005;Réfega 等,2004;Song 等,2001;Zhao 等,2010;Zimmermann 等,2009)。与完整抗体相比,ScFv 抗体的一个优点是,其分子大小相对小,因此,渗透到组织中的能力较强。我们以前生产了源自编码 6D-12-G10 单克隆抗体的 V_H 和 V_L 基因的 ScFv 片段(Kim 等,2004)。该单克隆抗体与位于顶端复合体中的 21-kDa 堆型艾美耳球虫子孢子蛋白反应,并参与寄生虫与宿主细胞受体的结合(图 4.5)(Sasai 等,1996)。6D-12-G10 抗体与柔嫩艾美耳球虫、巨型艾美耳球虫、布氏艾美耳球虫、和缓艾美耳球虫(*E. mitis*)和早熟艾美耳球虫以及弓形虫(*Toxoplasma*)、新孢子虫(*Neospora*)和隐孢子虫(*Cryptosporidium*)交叉反应(Matsubayashi 等,2005;Sasai 等,1998)。此外,6D-12-G10 竞争性地抑制了艾美耳球虫对鸡细胞的结合和侵袭(Sasai 等,1996)。来自 6D-12-G10 的重组 ScFv 抗体基因在大肠杆菌中表达,该基因产物通过蛋白质印迹、免疫荧光和酶免疫测定表现出与原始亲本单克隆抗体相同的抗原结合活性(Min 等,2001b)。这些特性与我们实验室中制作的抗艾美耳球虫的其他重组 ScFv 抗体相似(Kim 等,2001;Park 等,2005;Song 等,2001),其中一些抗体有益于未来针对禽球虫病的被动免疫策略。

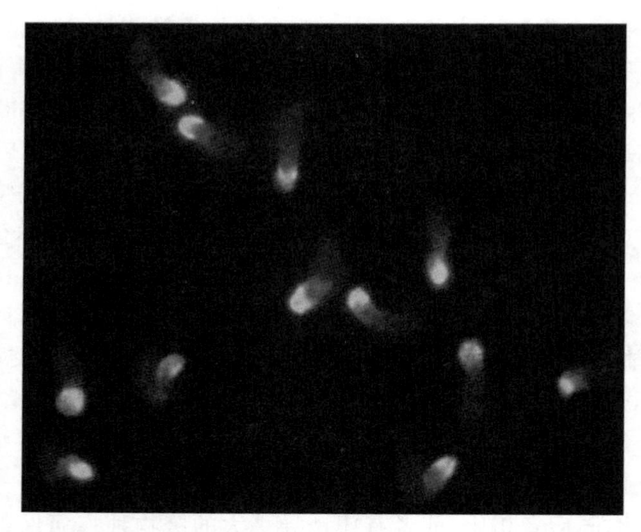

图 4.5　柔嫩艾美耳球虫子孢子与 6D12 小鼠单克隆抗体的免疫细胞化学染色,该单克隆抗体可识别与宿主细胞受体结合寄生虫的顶端复合蛋白。寄生虫顶端复合体的单克隆抗体染色用黄色表示。孢子染色用红色表示。原始放大倍率,100×。(另见封三彩图)

4.5 植物提取物对家禽球虫病的免疫调节

植物化学物质是一种非营养性的植物源化学物质，具有预防疾病的作用。流行病学研究表明，食入植物化学物质可降低人类癌症的发病率，并可减缓传染病、高血压、慢性疼痛和哮喘等呼吸道疾病。被誉为现代医学之父的希波克拉底（公元前460—公元前370年），首次书面记载了用树皮和柳树叶子（含有乙酰水杨酸）制成的粉末治疗头痛、疼痛和发烧。在现代，最广泛使用的抗癌药物之一是紫杉醇，一种最初从太平洋紫杉（*Taxus brevifolia*）中提取的植物化学物质，具有抗病毒、抗菌和抗癌特性（Wani 等，1971）。越来越多的科学证据表明，植物化学物质具有通过增强宿主防御微生物感染和肿瘤的能力，进而促进健康的功能（Lillehoj 等，2011）。植物源化合物具有强大的药用价值，目前正在临床试验治疗各种疾病。例如，来自番茄的番茄红素具有抗氧化和抗炎特性，目前正在用于治疗心血管疾病和前列腺癌的临床试验。相比之下，只有少数文献报道了植物源化学物质对禽类疾病的影响。以下部分对最近的研究进行了综述，这些研究证明了调节鸡体内肠道免疫机制的植物源化学物质以及对家禽艾美耳球虫感染的作用（图4.6）。

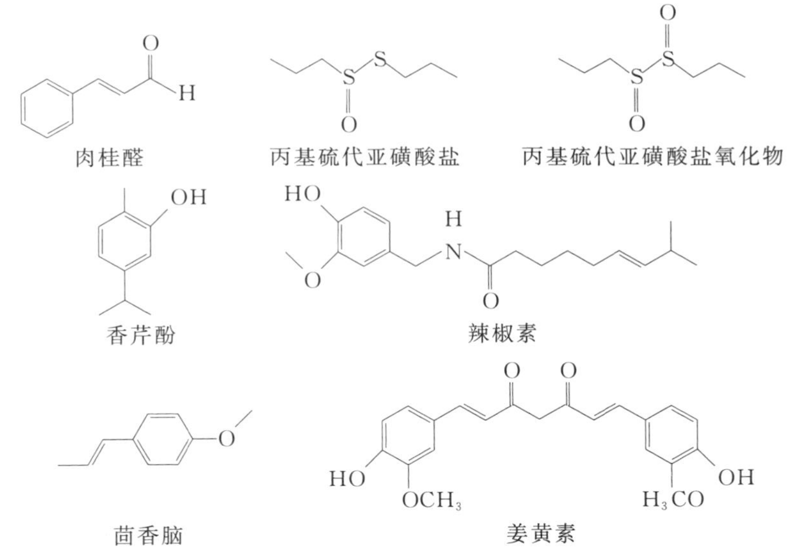

图4.6 植物源化学物质可增强抗禽球虫病保护性免疫力。肉桂醛是肉桂（*Cinnamomum cassia*）的活性成分。丙基硫代亚磺酸盐和丙基硫代亚磺酸盐氧化物是大蒜（*Allium sativum*）的活性成分。香芹酚是牛至（*Origanum vulgare*）和百里香（*Thymus vulgaris*）的活性成分。辣椒素是辣椒（尖椒、中华辣椒、绒毛辣椒和朝天椒）的活性成分。茴香脑是茴芹、八角茴香、茴香和甘草的活性成分。姜黄素是姜黄（*Curcuma longa*）的活性成分。

4.5.1 体外研究

已经使用禽类淋巴细胞和巨噬细胞在体外评价了药用植物的免疫激活特性。探索了蒲公英(*Taraxacum officinale*)、芥菜(*Brassica juncea*)和红花(*Carthamus tinctorius*)的甲醇提取物对鸡淋巴细胞增殖、NO 产生、自由基清除活性和肿瘤细胞生长的影响(Lee 等,2007)。与未处理的对照相比,所有这三种提取物均抑制肿瘤细胞生长并表现出抗氧化作用。此外,红花提取物能够刺激鸡淋巴细胞增殖,而芥菜提取物诱导巨噬细胞产生 NO。在另一项研究中,检测了水飞蓟(*Silybum marianum*)、姜黄(*Curcuma longa*)、灵芝(*Ganoderma lucidum*)和香菇(*Lentinus edodes*)的有机提取物对鸡先天性免疫和肿瘤细胞毒性的影响(Lee 等,2010a)。研究发现,与未处理的对照相比,四种提取物均促进了鸡脾淋巴细胞的增殖。与未经处理的细胞相比,用水飞蓟、香菇和灵芝的提取物刺激巨噬细胞,诱导较强 NO 产生,此效果与 IFN-γ 诱导鸡产生 NO 相似,但姜黄素无明显作用。所有提取物均能抑制鸡肿瘤细胞的体外生长。最后,与未处理的对照相比,用姜黄或香菇提取物处理的鸡巨噬细胞中 IL-1β、IL-6、IL-12、IL-18 和 TNFSF15 的基因转录物水平增加。

与未处理的对照相比,柿子(*Diospyros kaki*)和番茄(*Lycopersicon esculentum*)的甲醇提取物在体外联合处理鸡脾脏细胞,可促进细胞增殖(Lee 等,2009c)。用覆盆子(*Rubus crataegifolius*)提取物刺激鸡巨噬细胞,增加了巨噬细胞的 NO 产生水平,并与 IFN-γ 诱导产生 NO 的水平相近,但柿子或番茄提取物无此效果。与对照组相比,所有水果提取物均可抑制鸡肿瘤细胞生长。研究报道,红花的甲醇提取物对鸡脾细胞增殖、NO 产生和肿瘤细胞毒性具有类似效果(Lee 等,2008a)。肉桂醛[(2E)-3-苯基丙-2-烯醛]是肉桂(*Cinnamomum cassia*)的成分,是一种广泛使用的调味化合物,其传统上用于治疗人类疾病,包括消化不良、胃炎和炎症。据报道,肉桂醛具有抗氧化、抗菌和抗癌功能(Cabello 等,2009)。与培养基对照相比,用 25 μg/mL 肉桂醛在体外刺激鸡脾淋巴细胞,可促进细胞增殖(Lee 等,2011a)。与未处理的对照相比,肉桂醛处理浓度为 1.2 μg/mL 时活化培养的巨噬细胞产生更高的 NO 水平,浓度 0.6 μg/mL 的肉桂醛抑制鸡肿瘤细胞的生长。与未处理对照相比,肉桂醛浓度为 10 μg/mL 时,可降低禽艾美耳球虫子孢子的体外生存力。

本文研究报道了大蒜(*Allium sativum*)的两种有机硫次级代谢物,分别为丙基硫代亚磺酸盐(propyl thiosulfinate,PTS)和丙基硫代亚磺酸盐氧化物(propyl thiosulfinate oxide,PTSO)对鸡白细胞的体外影响(Kim 等,2012a)。商业产品 Garlicon 40(Pancosma S. A. 公司,日内瓦,瑞士)为含有 40% 的 PTS(质量分数 33%)和 PTSO(质量分数 67%)的混合物。在体外实验中,与未处理的对照相比,PTS 和 PTSO 降低堆型艾美耳球虫子孢子的存活率并刺激更高的鸡脾细胞增殖,并呈现出剂量依赖性。最近研究发现,用 10 μg/mL 的 PTS/PTSO 混合物处理 HD11 鸡巨噬细胞系,与对照相比,其显著降低了 LPS 诱导的 TLR4 转录物水平,并降低了 LPS 刺激的核因子-κB1/p105(NF-κB1/p105)转录水平,但不降低 NF-κB2/p100 转录水平(H. S. Lillehoj,未发表的数据)。NF-κB1/p105 和 NF-κB2/p100 最初合成为一个大的前体物,经过蛋白水解作用分别产生成熟亚基 p50 和 p52,RelA、RelB 和 cRel 一起构成 NF-κB 家族成员。Youn 等(2008)的研究也支持了大蒜化合物对 TLR 和 NF-κB 的影响,研究显示大蒜的乙酸乙酯提取物抑制 LPS 诱导的 TLR4 二聚化并阻断 NF-κB 活化。

4.5.2　体内研究

植物提取物对家禽先天免疫的影响已在体外研究中得到证实,在体内也显示出对艾美耳球虫感染的保护作用。成年鸡日粮中添加 0.1%(质量分数)红花甲醇提取物,表明可将感染堆型艾美耳球虫鸡的增重提高至与未感染对照组相同的水平,并减少粪便球虫卵囊含量(Lee 等,2008b)。日粮中添加红花能增加脾淋巴细胞增殖并增加 $CD4^+/CD8^+$ T 细胞比例。最后,与未处理的对照相比,日粮中添加红花可增加鸡的肠道淋巴细胞 IL-8、IL-15、IL-17 和 IFN-γ 转录水平。

日粮中添加李子(*Prunus salicina*)粉末使鸡对球虫病的保护性免疫力增强(Lee 等,2008c,2009d)。与未处理的对照相比,李子可使体重增加,减少粪便中卵囊含量,并增加肠淋巴细胞中 IL-15 和 IFN-γ 的 mRNA 水平。日粮添加李子的鸡表现出脾细胞增殖增加,表明李子可以增强细胞介导的免疫力。在另一项研究中,与对照组相比,饲喂添加 14.4 mg/kg 肉桂醛的日粮,使肠道淋巴细胞中编码 IL-1β、IL-6、IL-15 和 IFN-γ 的基因转录水平升高 47 倍(Lee 等,2011a)。与未添加的对照组相比,日粮添加肉桂醛的鸡分别在堆型艾美耳球虫或巨型艾美耳球虫试验感染后体重分别增加了 17%和 42%,并减少 40%堆型艾美耳球虫卵囊含量,以及促使柔嫩艾美耳球虫刺激的抗体反应升高 2.2 倍。

有研究评估了 PTS 和 PTSO 对堆型艾美耳球虫感染期间鸡肠道免疫指标的影响。从孵出开始连续给鸡饲喂 10 mg/kg 的 PTSO/PTS 混合物,并用活的堆型艾美耳球虫卵囊口服攻毒,与对照组相比,鸡体重增加,粪便卵囊排泄减少,且堆型艾美耳球虫抑制蛋白血清抗体反应增加(Kim 等,2012a)。与未感染的鸡相比,日粮添加 PTS/PTSO 混合物增加了 IFN-γ、IL-4、抗氧化酶、对氧磷酶 2 的转录水平(H. S. Lillehoj,未发表的数据)。相比之下,与对照组相比,PTS/PTSO 处理组中过氧化物酶-6 的转录水平降低。在堆型艾美耳球虫感染的鸡中,日粮添加 PTS/PTSO 与未添加的对照组相比,TNFSF15、过氧化氢酶和对氧磷酶 2 的转录水平增加,而 IL-10 的转录水平降低。

茴香脑[(E)-1-甲氧基-4-(1-丙烯基)苯]是苯基丙烯化合物,是茴芹(*Pimpinella anisum*)、八角茴香(*Illicium verum*)、茴香(*Foeniculum vulgare*)和甘草(*Glycyrrhiza glabra*)的主要成分。在哺乳动物中,已经证明茴香脑具有抗肿瘤、抗氧化、抗炎和抗菌活性(Camurca-Vasconcelos 等,2007;De 等,2002;Freire 等,2005)。与未处理的对照相比,用 10 μg/mL 茴香脑处理 2 h 或 4 h 后,入侵的堆型

艾美耳球虫子孢子的存活率分别降低了45%和42%，并刺激了鸡脾细胞增殖6倍(Kim 等，2013)。从孵出开始连续饲喂含有15 μg/kg 茴香脑的日粮，并用活的堆型艾美耳球虫卵囊进行口服感染，与未添加茴香脑的感染鸡相比，试验组鸡体重增加，粪便卵囊排泄减少，以及抑制蛋白血清抗体反应增强。与未添加的对照组相比，日粮添加茴香脑时，寄生虫感染的鸡肠淋巴细胞中 IL-6、IL-8、IL-10 和 TN-FSF15 的转录水平增加。

植物源化学物质可以对禽球虫病发挥协同作用。使用姜黄(*C. longa*)、辣椒(*Capsicum annuum*)和香菇(*L. edodes*)的混合物对鸡进行饲料补充，在堆型艾美耳球虫感染后，与日粮中未添加植物添加剂或仅添加辣椒和香菇的鸡相比，增重改善明显，粪便卵囊含量减少，并提高了针对抑制蛋白的血清抗体滴度(Lee 等，2010b)。与标准日粮中仅添加姜黄或仅添加辣椒/香菇相比，日粮中添加姜黄/辣椒/香菇的组中肠道淋巴细胞中 IL-1β、IL-6、IL-15 和 IFN-γ 的转录水平更高。在后续研究中，给鸡饲喂添加香芹酚(5-异丙基-2-甲基苯酚)[一种来自牛至(*Origanum vulgar*)和百里香(*Thymus vulgaris*)的活性成分]、肉桂醛/辣椒油(精油和树脂的混合物)的混合物、辣椒油/姜黄油树脂，与未处理和免疫的对照组相比，用抑制蛋白免疫后增加了对禽艾美耳球虫感染的保护性免疫力(Lee 等，2011b)。与未添加植物添加剂的对照组相比，添加植物添加剂的日粮饲喂的鸡体重增加，抑制蛋白抗体水平升高，和/或淋巴细胞增殖增加。而与未处理的对照相比，给鸡饲喂添加香芹酚/肉桂醛/辣椒的日粮增加肠中巨噬细胞数量，饲喂添加辣椒/姜黄油树脂的日粮增加肠道 T 细胞数量。

4.5.3 植物营养素作用分子机制的基因组学

虽然许多研究表明，植物源化学物质具有疾病预防或免疫增强的作用，但很少有报道研究其潜在机制。一些植物化学物质通过靶向 PPRs 或其下游信号分子来抑制先天免疫应答。例如，在小鼠中，肉桂醛和姜黄素阻断 TLR4 受体二聚化，而白藜芦醇是一种由一些植物产生的抵抗病原感染的苯丙醇类，在 TRIF 复合体中通过靶向 TANK 结合激酶-1 和受体相互作用蛋白-1 抑制 TLR3 和 TLR4 信号传导(Zhao 等，2011)。在鸡中，使用高通量测序技术分析研究了香芹酚、肉桂醛和辣椒油树脂对与免疫学、生理学和代谢相关的基因表达的调节作用(Kim 等，2010)。这些研究表明，与日粮中未添加的对照组相比，日粮中添加辣椒油树脂刺激的基因变化最多，并且许多变化的基因与代谢和免疫相关。由肉桂醛日粮处理诱导的遗传网络与抗原呈递、体液免疫和炎性疾病的功能有关。此外，与对照组相比，基于堆型艾美耳球虫感染后体增重增加和粪便寄生虫含量减少，可见日粮中添加这三种植物化学物质与增加的保护性免疫相关。通过 mRNA 微阵列杂交进行进一步的研究受植物化学物质影响的肠道免疫途径(Kim 等，2010)。与日粮中未添加植物源化学物质的鸡相比，饲喂香芹酚的鸡在肠道淋巴细胞中显示74种基因转录水平的改变(26种增加，48种减少)，添加肉桂醛与62种基因的 mRNA 水平改变相关(31种增加，31种减少)，饲喂辣椒油树脂的鸡具有254个基因 mRNA 的水平改变(98 个增加,156 个减少)。表达水平改变超过 2 倍,大多数与代谢途径相关。例如辣椒油树脂主要影响包括脂质代谢、小分子生物化学和癌症的信号通路相关基因。在另一项研究中,与未添加的对照组相比,通过微阵列杂交进行的总体基因表达分析显示,日粮中添加茴香脑的鸡肠淋巴细胞中 1 810 个基因表达水平显著改变(677 个增加,1 133 个减少)(Kim 等,2013)。其中,576 个基因与炎症反应相关。

在实验中利用感染了柔嫩艾美耳球虫或巨型艾美耳球虫的鸡,对姜黄的有机提取物的转录组修饰特性进行了评估(Kim 等,2012b)。与未添加的对照组相比,通过微阵列杂交的差异基因表达鉴定出饲喂姜黄的鸡肠淋巴细胞中 601 个转录物表达改变(287 个增加,314 个减少)。基于相应哺乳动物基因的已知功能发现,姜黄改变的肠转录组与肠中的抗炎作用相关。对大蒜代谢产物 PTS 和 PTSO 进行了类似的分析(Kim 等,2012a)。在该研究中,与未添加的对照组相比,PTS/PTSO 饲喂的鸡肠道淋巴细胞中发现了 1 227 个转录物表达显著改变(552 个增加,675 个减少)。这些改变的转录体许多是由与先天免疫相关的基因编码,如 TLR3、TLR5 和 NF-κB 等。

4.6　针对禽球虫病的新型免疫策略

鉴于感染艾美耳球虫的鸡对同源寄生虫的再感染产生保护性免疫,用寄生虫衍生的疫苗进行免疫是控制球虫病的可行方法(Lillehoj 等,2000)。市售的几种不同的活毒或减毒的寄生虫疫苗含有多种艾美耳球虫种属(表 4.1)。然而,这些疫苗可能不一定对寄生虫的变异抗原有效,所述变异抗原可能在地理限制的选择压力下变异,而现有疫苗中无法囊括这些抗原变异。由多种球虫共有的基因或抗原重组 DNA 或蛋白质疫苗的研发不尽如人意,主要归因于它们在寄生虫生活史中的低抗原性或限制性表达(Ding 等,2004;Lillehoj 等,2005a)。寄生虫发育的每个阶段都与基因表达的独特模式相关联,并非所有艾美耳球虫蛋白质都在所有阶段表达。此外,尽管在开发针对球虫病的亚单位疫苗方面已经取得了一些进展,但关于宿主-寄生虫相互作用的免疫生物学信息有限,且艾美耳球虫基因组的信息相对缺乏以及球虫的复杂生活史阶段阻碍了针对禽球虫病疫苗的进一步开发。特别是在没有确定的球虫基因敲除菌株的情况下,鉴定与保护性免疫相关的艾美耳球虫的抗原成分非常困难。其他问题还包括缺乏用于鉴定候选疫苗的免疫测定,缺乏关于艾美耳球虫遗传学的信息,以及缺乏合适的模型系统来分析鸡免疫应答。所有这些问题都在先前的综述中进行了详细讨论,可以参考这些综述以获得进一步的信息(Blake 等,2006;Dalloul 和 Lillehoj,2006;Innes 和 Vermeulen,2006;McDonald 和 Shirley,2009;Peek 和 Landman,2011 ;Sharman 等,2010;Shirley 和 Lillehoj,2012;Shirley 等,2007;Wallach,2010)。以下部分特别关注新型佐剂和树突状细胞疫苗,以诱导针对禽球虫病的抗原特异性保护性免疫。

表 4.1 目前使用或注册用于鸡的抗球虫疫苗

疫苗	生产厂家	艾美耳球虫种属	减毒	家禽类别	给药方式	来源国家
Coccivac®-D	先灵葆雅	*Ea*，*Et*，*Em*，*Eb*，*Eh*，*Emi*，*En*，*Ep*	未减毒	种禽/蛋禽	喷洒或口服	美国
Coccivac®-B	先灵葆雅	*Ea*，*Et*，*Em*，*Emi*	未减毒	肉鸡	口服	美国
ADVENT®	诺伟司国际	*Ea*，*Et*，*Em*	未减毒	肉鸡	口服	美国
Inovocox	Embrex 公司/辉瑞制药	*Ea*，*Et*，*Em*	未减毒	肉鸡	卵内注射	美国
Nobilis® COX-ATM	英特威	*Ea*，*Et*，*Em*	未减毒	肉鸡	喷洒或口服	荷兰
Livacox® Q	Biopharm	*Ea*，*Et*，*Em*，*En*	减毒	种禽/蛋禽	口服	捷克
Livacox® T	Biopharm	*Ea*，*Et*，*Em*	减毒	种禽	口服	捷克
Paracox®	先灵葆雅	*Ea*，*Et*，*Em*，*Eb*，*Eh*，*Emi*，*En*，*Ep*	减毒	种禽/蛋禽	口服	英国
Paracox® 5	先灵葆雅	*Ea*，*Et*，*Em*，*Emi*	减毒	Breeders	口服	英国
Immucox® 鸡用 1 型	加拿大卫泰克	*Ea*，*Et*，*Em*，*En*	未减毒	种禽/蛋禽	饮水或凝胶	加拿大
Immucox® 鸡用 2 型	加拿大卫泰克	*Ea*，*Et*，*Em*，*En*	未减毒	种禽/蛋禽	饮水或凝胶	加拿大
CoxAbic	美国辉宝	*Em*	*Em* 配子母细胞	种禽	肌肉注射	美国
Supercox	齐鲁动保	*Ea*，*Et*，*Em*	减毒	种禽	口服	中国

[1] *Ea*：堆型艾美耳球虫；*Et*：柔嫩艾美耳球虫；*Em*：巨型艾美耳球虫；*Eb*：布氏艾美耳球虫；*Eh*：哈氏艾美耳球虫；*Emi*：和缓艾美耳球虫；*En*：毒害艾美耳球虫（*Eimeria necatrix*）；*Ep*：早熟艾美耳球虫（*Eimeria praecox*）。

4.6.1 增加禽球虫病疫苗免疫原性的佐剂

近年来，在新型佐剂的制备方面取得了很大进展，这些佐剂可增强蛋白质疫苗的免疫原性，尽管关于它们在家禽中的应用的信息很少。自 90 年前首次使用佐剂作为免疫增强剂（Ramon，1925）以来，已经证明许多不同类型的化合物和制剂可有效增强体液和细胞介导的免疫反应（Bowersock 和 Martin，1999；Gupta 等，1995；Newman 和 Powell，1995）。用于人和兽用疫苗的最常用的佐剂是铝盐（明矾）和油基乳液。明矾已被纳入几种人用疫苗中，是美国唯一批准的佐剂。虽然明矾的确切作用机制尚不完全清楚，但已知其与抗原的物理结合、注射部位抗原的保留以及抗原传递到淋巴结等都发挥了作用（Kool 等，2012）。

研究发现，Montanide ISA 系列佐剂（Seppic，Inc.，皮托，法国）对各种人和动物疫苗均显示出较好的疗效（Aucouturier 等，2006；Cox 等，2003）。ISA 佐剂由矿物油、其他油或二者的混合物组成，以及含有甘露醇油酸酯的特殊表面活性剂。ISA 佐剂可用于制造油包水（W/O）、水包油（O/W）或水包油包水（W/O/W）双重乳液。在最近的一项研究中，研究了四种 Montanide 佐剂（ISA 70、ISA 71、ISA 201 和 ISA 206）与重组抑制蛋白抗原疫苗联合用于预防禽球虫病的效果（Jang 等，2010）。ISA 70 和 ISA 71 是 W/O 乳液，而 ISA 201 和 ISA 206 是 W/O/W 乳液。虽然艾美耳球虫抑制蛋白具有高度免疫原性并且刺激了针对禽球虫病的保护性免疫，但在没有佐剂的情况下，抑制蛋白免疫未能完全阻止感染鸡中的艾美耳球虫生长，并且在接种疫苗的鸡中，与未免疫的对照组相比，仍然可检测到粪便卵囊含量，尽管含量降低（Ding 等，2004；Lillehoj 等，2005a，b；Ma 等，2011，2012；Min 等，2001a；Song 等，2000；Xu 等，2006）。在感染堆型艾美耳球虫后，与单独用抑制蛋白接种相比，使用抑制蛋白＋ISA 70 或 ISA 71 佐剂免疫的鸡体增重增加。与没有佐剂的疫苗接种相比，抑制蛋白＋ISA 71 佐剂能够减少粪便卵囊含量。所有测试的佐剂均增强了抑制蛋白血清抗体滴度。与单独使用抑制蛋白免疫的鸡相比，在用抑制蛋白＋所有四种 ISA 佐剂免疫的鸡的肠淋巴细胞中观察到 IL-2、IL-10、IL-17A 和 IFN-γ 的基因转录水平增加，但 IL-15 mRNA 水平降低。最后，与单独的抑制蛋白免疫相比，在使用抑制蛋白＋ISA 71 佐剂免疫的家禽中观察到免疫位点处 $CD8^{+}$ 淋巴细胞浸润增加。在随后的一项研究中，将 ISA 71 佐剂与抑制蛋白疫苗的辅助性扩展到了接种感染禽艾美耳球虫的鸡中（Jang 等，2011a）。

在实验条件下，油基佐剂能有效提高蛋白质亚单位免疫原性，而在田间条件下，疫苗接种到黏膜表面通常在水溶液中更有效。Montanide IMS 1313（Seppic Inc.）是一种水基纳米颗粒佐剂，已证明其在兽医应用中可提高对传染病的保护性免疫力（Magyar 等，2008）。IMS 1313 与艾美耳球虫抑制蛋白组合增强了鸡对多种艾美耳球虫感染的保护性免疫（Jang 等，2011b）。①用 IMS 1313 佐剂乳化的抑制蛋白通过口服、鼻腔或眼部途径免疫 2 日龄肉鸡；②通过皮下途径的 ISA 71 佐剂；③通过皮下途径免疫弗氏佐剂（CFA），并用堆型艾美耳球虫口服攻毒。与用抑制蛋白＋IMS 1313 佐剂通过鼻腔或眼部免疫或用抑制蛋白＋CFA 通过皮下免疫的鸡相比，用抑制蛋白＋IMS 1313 佐剂通过口服免疫或用抑制蛋白＋ISA 71 佐剂通过皮下免疫的鸡体重增加。与用抑制蛋白＋CFA 佐剂接种的鸡相比，用抑制蛋白＋IMS 1313 佐剂或 ISA 71 免疫的鸡在感染后其肠道中具有更高抑制蛋白反应性 IgY 和分泌 IgA 抗体。有趣的是，用抑制蛋白＋ISA 71 佐剂进行免疫一直比抑制蛋白＋IMS 1313 佐剂或抑制蛋白＋CFA 佐剂更多地增加肠淋巴细胞 $CD4^{+}$、$CD8^{+}$、$\alpha\beta\text{-}TCR^{+}$ 和 $\gamma\delta\text{-}TCR^{+}$。

为了更好地确定在 ISA 70 佐剂和 ISA 71 佐剂存在下用抑制蛋白免疫接种后

增强对抗禽球虫病保护的分子和细胞途径,他们进行了比较性微阵列杂交实验(Jang 等,2013)。实验结果表明,抑制蛋白+ISA 70 佐剂接种与抑制蛋白单独使用相比增加的总转录本数量,比抑制蛋白+ISA 71 佐剂接种与抑制蛋白单独使用相比增加的总转录本数量更多(509 vs 296)。然而,抑制蛋白+ISA70(或 ISA71)佐剂接种与单独使用抑制蛋白相比,具有更多独特基因和更多独特生物学功能。随后的体内疾病保护研究表明,与单独使用抑制蛋白免疫相比,使用抑制蛋白+ISA 71 佐剂接种促进堆型艾美耳球虫感染后体增重增加,且在巨型艾美耳球虫感染后减少粪便中寄生虫的含量。此外,与单独的抑制蛋白相比,用抑制蛋白+ISA 71 佐剂免疫的柔嫩艾美耳球虫或巨型艾美耳球虫感染的鸡,其抗抑制蛋白的血清抗体滴度更高。最后,与抑制蛋白单独免疫比较,接种抑制蛋白+ISA 71 佐剂的鸡在感染堆型艾美耳球虫、柔嫩艾美耳球虫或巨型艾美耳球虫后,其肠道淋巴细胞中 IL-2、IL-10、IL-17A 和 IFN-γ 基因转录水平增加。总之,这些结果表明用抑制蛋白和 ISA 71 佐剂接种可增强对禽球虫病的保护性免疫。

一种包含 Quil A、胆固醇、二甲基二十八烷基溴化铵(dimethyl dioctadecyl ammonium,DDA)和丙烯酸聚合物(卡波姆)(QCDC)的新型佐剂复合物与多种病原体疫苗一起使用时已被证明可增强免疫应答(Dominowski 等,2009)。目前使用的许多兽医疫苗含有 Quil A,这是一种纯化的皂苷成分,其来源自皂皮树(*Quillaja saponaria*)的树皮(Sun 等,2009a)。当与胆固醇和磷脂结合时,Quil A 形成免疫刺激复合物(ISCOM),可避免单独使用 Quil A 的一些有害作用(Ozel 等,1989;Sun 等,2009b)。向该复合物中添加 DDA,可以结合高亲水性蛋白质并增强细胞和体液介导的 Th1 型免疫应答(Gall,1966;Hilgers 和 Snippe,1992)。DDA 本身在接种感染性病原体期间具有免疫刺激性质,包括鸡的艾美耳球虫感染(Lillehoj 等,1993)。进一步加入聚合物如羧乙烯聚合物可改善 DDA 的溶解度,从而使最终制剂 QCDC 成为一种高效的佐剂。

实验研究了 QCDC 对抑制蛋白诱导的针对禽球虫病的保护性免疫的佐剂效应(Lee 等,2010c)。在鸡孵化后的第 1 天和第 7 天,用在 50 μL QCDC(12.0 μg/mL Quil A、12.0 μg/mL 胆固醇、0.6 μg/mL DDA 和 0.75 mg/mL 羧乙烯聚合物 974P)中乳化的 100 μg 艾美耳球虫抑制蛋白进行免疫,并在第 14 天用活的堆型艾美耳球虫口服感染。与单独使用抑制蛋白的鸡相比,用抑制蛋白+QCDC 免疫的鸡体增重增加,肠道损伤评分降低,抑制蛋白血清抗体滴度增加,抗原诱导的外周血淋巴细胞增殖增加,肠淋巴细胞 IL-10 和 IL-17A 的转录水平升高。然而,在抑制蛋白中添加 QCDC 和抑制蛋白单独组中的粪便卵囊含量是相同的,且两组中 IL-1β、IL-10、IL-12、IL-15、IL-17A 和/或 IL-17A 和 IFN-γ 在肠淋巴细胞表达升高相同水平。在随后的研究中,QCDC 佐剂的免疫增强作用扩展到用抑制蛋白免疫并感染大肠杆菌的鸡胚,其效果与在堆型艾美耳球虫感染的动物相同(Lee 等,

2010d)。

为了评估改进的 QCDC 制剂,又进行了两项研究,试图在抑制蛋白疫苗接种期间进一步增加其佐剂活性。在第一项研究中,研究了将 150 μg/mL Bay R1005 混入 QCDC 佐剂中的效果(Kim 等,2012c)。Bay R1005 是一种合成糖脂类似物,它使新的佐剂配方(QCDCR)能够刺激 Th1 和 Th2 型免疫。与单独使用抑制蛋白或用抑制蛋白+QCDC 免疫相比,用抑制蛋白+QCDCR 免疫鸡可减少感染堆型艾美耳球虫的鸡的肠道病变评分,并增加丝裂原诱导的淋巴细胞增殖。与单独用抑制蛋白接种的鸡相比,用抑制蛋白+QCDC 或抑制蛋白+QCDCR 免疫的鸡体重增加,但对感染鸡的粪便卵囊含量没有影响。通过 mRNA 微阵列杂交的全基因表达分析对来自未感染鸡的肠淋巴细胞进行分析,以鉴定受 QCDC 和 QCDCR 佐剂影响的分子途径。与仅用抑制蛋白免疫的鸡相比,免疫抑制蛋白+QCDC 的鸡有 164 个基因的转录水平改变(60 个增加,104 个减少),而用抑制蛋白+QCDCR 免疫的鸡有 233 个基因表达发生改变(103 个增加,130 个减少)。与用抑制蛋白+QCDC 接种的鸡相比,用抑制蛋白+QCDCR 接种的鸡有 397 个基因表达改变(193 个增加,204 个减少)。生物学功能和网络分析显示,与抑制蛋白+QCDC 相比,用抑制蛋白+QCDCR 免疫接种不仅改变大多数免疫相关基因编码的转录本,而且调节更多的 Th2 相关基因表达。

在第二项研究中,通过加入 10 μg/mL 胞嘧啶-磷酸-鸟苷寡脱氧核苷酸(CpG ODN)进一步修饰 QCDCR 佐剂以产生 QCDCRT 制剂(Lee 等,2012)。鸡未接种疫苗(对照组),或在孵出后第 2 天和第 9 天用抑制蛋白单独免疫,抑制蛋白+QCDC 或抑制蛋白+QCDCRT 免疫,并在第 16 天用堆型艾美耳球虫感染。与未免疫对照或与单独抑制蛋白免疫或抑制蛋白+QCDC 组相比,抑制蛋白+QCDCRT 组在寄生虫感染后具有更高的体增重,更低的肠损伤评分,更高的抑制蛋白血清抗体滴度,以及更高的 $CD4^+/CD8^+$ 和 $\gamma\delta$-$TCR^+/\alpha\beta$-TCR^+ 脾细胞比例。未来用于鉴定由 QCDCRT 激活的特定基因的研究将有助于更好地理解下一代佐剂在鸡免疫系统中的分子作用机制。总体而言,所有这些研究的结果表明,QCDC 佐剂以及其 Bay R1005 和 CpG ODN 衍生物对使用艾美耳球虫蛋白亚单位疫苗进行针对禽球虫病的现场疫苗接种是有益的。

4.6.2 针对禽球虫病的树突状细胞衍生的外泌体疫苗

目前,已经开发了使用寄生虫抗原负载的树突状细胞(dendritic cells,DCs)和树突状细胞衍生的外泌体免疫鸡的新方法。树突状细胞是专职的抗原呈递细胞,其调节免疫应答的诱导和结果。哺乳动物树突状细胞通过分泌外泌体产生抗原特异性的细胞和体液免疫反应,外泌体是次级内体与质膜融合后在细胞外释放的膜泡(Pant 等,2012)。在哺乳动物中,外泌体被证明富含与抗原呈递有关的分子,并刺激抗原特异性 T 细胞(Viaud 等,2010)。鉴于控制禽球虫病的主要保护性免疫应答主要依赖于细胞介导的免疫,树突状细胞衍生的外泌体疫苗是用于激活鸡寄生虫特异性效应T细胞的潜在有效载体。已经有研究报道了分离禽类肠道树突状细胞并在体外加载用可溶性艾美耳球虫抗原体的方法(Del Cacho 等,2008,2009)。采用细胞筛选、密度梯度离心和磁性细胞阴性选择相结合的方法,可从感染了禽艾美耳球虫的鸡的盲肠扁桃体中分离出活的和具有功能的 $CD45^+$ 树突状细胞。分离的树突状细胞在其表面 MHCⅠ类和Ⅱ类分子、IgG、IgM、补体因子C3和B、ICAM-1和VCAM-1上表达,但缺乏巨噬细胞、T细胞和B细胞特有的细胞表面标记物。纯化的鸡肠道树突状细胞与同种异体 $CD4^+$ T细胞的共培养使T细胞的增殖和IFN-γ分泌增加,而与同种异体或自体B细胞的共培养使细胞增殖和免疫球蛋白产生增加。

将柔嫩艾美耳球虫感染鸡肠道树突状细胞与原始孢子抗原进行体外加工,并纯化细胞体外外泌体(DelCachodeng 等,2011)。用寄生虫抗原致敏的树突状细胞或用其纯化的外泌体免疫的鸡,发现抗原染色细胞弥漫性地分布于淋巴组织中,且在盲肠扁桃体和脾中的浓度最高。与仅用艾美耳球虫抗原免疫的鸡相比,接种树突状细胞和外泌体的鸡在盲肠扁桃体和脾脏中表达IgG或IgA的抗原特异性B细胞数量增加,分泌IL-2、IL-16和IFN-γ的淋巴细胞数量增加,且抗原特异性淋巴细胞增殖增加。在随后的研究中,进行体内疫苗接种试验,以评估树突状细胞和树突状细胞衍生的外泌体对活禽艾美耳球虫感染的作用。与仅接种寄生虫抗原的动物相比,在接种树突状细胞或外泌体的鸡中观察到体重增加,粪便卵囊含量减少,肠损伤评分降低和死亡率降低。最后,研究评估了鸡树突状细胞和它们的外泌体刺激针对多种艾美耳球虫的保护性免疫的能力(Del Cacho 等,2012)。用来自堆型艾美耳球虫、柔嫩艾美耳球虫和巨型艾美耳球虫的孢子抗原离体脉冲分离出鸡肠道树突状细胞,并且在感染这三种寄生虫之前,用树突状细胞纯化的外泌体免疫鸡。与未免疫和感染的鸡相比,免疫和感染鸡的盲肠扁桃体和派伊尔淋巴结中分泌IL-2、IL-16和IFN-γ的细胞数量更多,寄生虫抗原刺激的T细胞增殖反应更多,和产生抗原反应性IgG和IgA的B细胞数量更多。相反,与未免疫和感染的对照组相比,免疫和感染的鸡中IL-4和IL-10-分泌细胞的数量减少。与未免疫和感染的对照组相比,用载有堆型艾美耳球虫、柔嫩艾美耳球虫和巨型艾美耳球虫抗原的外泌体免疫鸡,并用所有三种艾美耳球虫体内感染,结果表明其体增重增加,粪便卵囊含量减少,肠道病变评分降低,死亡率降低。

在哺乳动物中,用抗原负载的树突状细胞或其外泌体免疫诱导抗原特异性Th1免疫应答,表现为IL-2、IFN-γ、IgG和IgA的分泌增加(André 等,2004;Schnitzer 等,2010)。同样,树突状细胞或外泌体免疫的鸡具有优先的Th1应答,其表现为IL-2和IFN-γ的分泌增加(Del Cacho 等,2012)。有趣的是,与脾脏相比,在树突状细胞或外泌体免疫的鸡的盲肠扁桃体中观察到更多数量的抗体和细胞因子分泌细胞，且细胞增殖增加。鉴于盲肠扁桃体在体内防治柔嫩艾美耳球虫感染中起主要作用，这一发现与 Aline 等(2004)的先前报道一致。感染弓形虫的小鼠进行外泌体给药后，迁移到肠和淋巴结外泌体比例升高。与哺乳动物不同，鸡不具有包膜性淋巴结(Olah 和 Glick，1985)，提高了在禽类肠黏膜相关淋巴组织中发生原发性抗原加工的可能性。

然而，这些所有结果表明，未来可能生产出一种由树突状细胞衍生的外泌体，并能够应用于禽球虫病的商业疫苗中。

4.7　结论

越来越多的文献记载了在畜禽无抗生素生产过程中，减少细菌、病毒和寄生虫病原体的有效方法。本章对超免 IgY、植物源化学物质、疫苗佐剂和用于控制禽球虫病的树突状细胞外泌体相关的方法进行了综述。许多这些替代策略，以及本文未提及的其他策略，都有可能应用于除了感染鸡的艾美耳球虫之外的传染性病原体。然而，仍然需要更深入地了解这些非传统方法的潜在免疫机制。随着对动物性食品的需求增加，以满足日益增长的世界人口营养需求，开发和实施这些环境可持续、无抗生素的战略，预防和控制畜禽微生物疾病将变得越来越紧迫。

致谢

这项工作得到了美国农业部农业研究局、位于墨西哥普埃布拉的 IASA 公司、瑞士日内瓦的 Pancosma S A 公司和法国 Puteaux 的 Seppic 公司支持。作者对所有以前和现在的合作者和同事表示诚挚的感谢，他们为本文所述的研究做出了贡献，尤其是 D. K. Kim 博士、M. Nichols 女士、S. O'Donnell 女士、A. Cox 女士、M. S. Park 女士和 M. Jeong 女士。

参考文献

Abi-Ghanem, D., Waghela, S. D., Caldwell, D. J., Danforth, H. D. and Berghman, L. R., 2008. Phage display selection and characterization of single-chain recombinant antibodies against *Eimeria tenella* sporozoites. Veterinary Immunology and Immunopathology 121:58-67.

Aline, F., Bout, D., Amigorena, S., Roingeard, P. and Dimier-Poisson, I., 2004. *Toxoplasma gondii* antigen-pulsed-dendritic cell-derived exosomes induce a protective immune response against *T. gondii* infection. Infection and Immunity 72:4127-4137.

Andersson, M., Gunne, H., Agerberth, B., Boman, A., Bergman, T., Sillard, R., Jörnvall, H., Mutt, V., Olsson, B., Wigzell, H., Dagerlind, A., Boman, H. G. and Gudmundsson, G. H., 1995. NK-lysin, anovel effector peptide of cytotoxic T and NK cells. Structure and cDNA cloning of the porcine form, induction by interleukin 2, antibacterial and antitumour activity. European Molecular Biology Organization Journal 14:1615-1625.

André, F., Chaput, N., Schartz, N. E. C., Flament, C., Aubert, N., Bernard, J., Lemonnier, F., Raposo, G., Escudier, B., Hsu, D. H., Tursz, T., Amigorena, S., Angevin, E. and Zitvogel, L., 2004. Exosomes as potent cell-free peptide-based vaccine. I. Dendritic cell derived exosomes transfer functional MHCclass I/ peptide complexes to dendritic cells. Journal of Immunology 172: 2126-2136.

Appledorn, D. M., Aldhamen, Y. A., Depas, W., Seregin, S. S., Liu, C. J., Schuldt, N., Quach, D., Quiroga, D., Godbehere, S., Zlatkin, I., Kim, S., McCormick, J. J. and Amalfitano, A., 2010a. A new adenovirus based vaccine vector expressing an *Eimeria tenella* derived TLR agonist improves cellular immune responses to an antigenic target. PLoS ONE 5: e9579. Asea, A., 2008. Heat shock proteins and toll-like receptors. Handbook of Experimental Pharmacology 2008:111-127.

Aucouturier, J., Ascarateil, S. and Dupis, L., 2006. The use of oil adjuvants in therapeutic vaccines. Vaccine 24: S44-S45.

Belli, S. I., Mai, K., Skene, C. D., Gleeson, M. T., Witcombe, D. M., Katrib, M., Finger, A., Wallach, M. G. and Smith, N. C., 2004. Characterisation of the antigenic and immunogenic properties of bacterially expressed, sexual stage antigens of the coccidian parasite, *Eimeria maxima*. Vaccine 22:4316-4325.

Blake, D. P., Shirley, M. W. and Smith, A. L., 2006. Genetic identification of antigens protective against coccidia. Parasite Immunology 28:305-314.

Bowersock, T. L. and Martin, S., 1999. Vaccine delivery to animals. Advances in Drug Delivery Reviews 38:167-194.

Breed, D. G., Dorrestein, J., Schetters, T. P., Waart, L. V., Rijke, E. and Vermeulen A. N., 1997a. Peripheral blood lymphocytes from *Eimeria tenella* infected chickens produce γ-interferon after stimulation *in vitro*. Parasite Immunology 19:127-135.

Breed, D. G., Schetters, T. P., Verhoeven, N. A. and Vermeulen, A. N., 1997b. Characterization of phenotype related responsiveness of peripheral blood lymphocytes from *Eimeria tenella* infected chickens. Parasite Immunology 19:563-569.

Cabello, C. M., Bair, W. B., Lamore, S. D., Ley, S., Bause, A. S., Azimian, S. and Wondrak, G. T., 2009. The cinnamon-derived Michael acceptor cinnamic aldehyde impairs melanoma cell proliferation, invasiveness, and tumor growth. Free Radicals in Biology and Medine 46:220-231.

Camurca-Vasconcelos, A. L., Bevilaqua, C. M., Morais, S. M., Maciel, M. V., Costa, C. T., Macedo, I. T., Oliveira, L. M., Braga, R. R., Silva, R. A. and Vieira, L. S., 2007. Anthelmintic activity of *Croton zehntneri* and *Lippia sidoides* essential oils. Veterinary Parasitology 148:288-294.

Chapman, H. D., 2009. A landmark contribution to poultry science - prophylactic control of coccidiosis in poultry. Poultry Science 88:813-815.

Cheeseman, J. H., Lillehoj, H. S. and Lamont, S. J., 2008. Reduced nitric oxide production and iNOS mRNA expression in IFN-γ-stimulated chicken macrophages transfected with iNOS siRNAs. Veterinary Immunology and Immunopathology 125:375-380.

Choi, K. D. and Lillehoj, H. S., 2000. Role of chicken IL-2 on γδ T-cells and *Eimeria acervulina*-induced changes in intestinal IL-2 mRNA expression and γδ T-cells. Veterinary Immunology and Immunopathology 73:309-321.

Choi, K. D., Lillehoj, H. S. and Zalenga, D. S., 1999. Changes in local IFN-γ and TGF-β mRNA expression and intraepithelial lymphocytes following *Eimeria acervulina* infection. Veterinary Immunology and Immunopathology 71:263-275.

Cornelissen, J. B., Swinkels, W. J., Boersma, W. A. and Rebel, J. M., 2009. Host response to simultaneous infections with *Eimeria acervulina*, *maxima* and *tenella*: A cumulation of single responses. Veterinary Parasitology 162:58-66.

Cox, S. J., Aggarwal, N., Statham, R. J. and Barnett, P. V., 2003. Longevity of antibody and cytokine responses following vaccination with high potency emergency FMD vaccines. Vaccine 21:1336-1347.

Crane, M. S., Murray, P. K., Gnozzio, M. J. and MacDonald, T. T., 1988. Passive protection of chickens against *Eimeria tenella* infection by monoclonal antibody. Infection and Immunity 56:972-976.

Dalloul, R. A. and Lillehoj, H. S., 2006. Poultry coccidiosis: recent advancements in control measures and vaccine development. Expert Reviews in Vaccines 5:143-163.

Dalloul, R. A., Bliss, T. W., Hong, Y. H., Ben-Chouikha, I., Park, D. W., Keeler, C. L. and Lillehoj, H. S., 2007. Unique responses of the avian macrophage to different species of *Eimeria*. Molecular Immunology 44:558-566.

Dalloul, R. A., Lillehoj, H. S., Klinman, D. M., Ding, X., Min, W., Heckert, R. A. and Lillehoj, E. P., 2005. *In ovo* administration of CpG oligodeoxynucleotides and the recombinant microneme protein MIC2 protects against *Eimeria* infections. Vaccine 23:3108-3113.

Dalloul, R. A., Lillehoj, H. S., Okamura, M., Xie, H., Min, W., Ding, X. and Heckert, R. A., 2004. *In vivo* effects of CpG oligodeoxynucleotide on *Eimeria* infection in chickens. Avian Diseases 48:783-790.

De, M., De, A. K., Sen, P. and Banerjee, A. B., 2002. Antimicrobial properties of star anise (*Illicium verum* Hook f). Phytotherapy Research 16:94-95.

Del Cacho, E., Gallego, M., Lee, S. H., Lillehoj, H. S., Quilez, J., Lillehoj, E. P. and Sánchez-Acedo, C., 2011. Induction of protective immunity against *Eimeria tenella* infection using antigen-loaded dendritic cells (DC) and DC-derived exosomes. Vaccine 29:3818-3825.

Del Cacho, E., Gallego, M., Lee, S. H., Lillehoj, H. S., Quilez, J., Lillehoj, E. P. and Sánchez-Acedo, C., 2012. Induction of protective immunity against *Eimeria tenella*, *Eimeria maxima*, and *Eimeria acervulina* infections using dendritic cell-derived exosomes. Infection and Immunity 80:1909-1916.

Del Cacho, E., Gallego, M., Lillehoj, H. S., López-Bernard, F. and Sánchez-Acedo, C., 2009. Avian follicular and interdigitating dendritic cells: Isolation and morphologic, phenotypic, and functional analyses. Veterinary Immunology and Immunopathology 129:66-75.

Del Cacho, E., Gallego, M., López-Bernard, F., Sánchez-Acedo, C. and Lillehoj, H. S., 2008. Isolation of chicken follicular dendritic cells. Journal of Immunological Methods 334:59-69.

Dimier, I. H., Quere, P., Naciri, M., and Bout, D. T., 1998. Inhibition of *Eimeria tenella* development *in vitro* mediated by chicken macrophages and fibroblasts treated with chicken cell supernatants with IFN-γ activity. Avian Diseases 42: 239-247.

Ding, X., Lillehoj, H. S., Quiroz, M. A., Bevensee, E. and Lillehoj, E. P., 2004. Protective immunity against *Eimeria acervulina* following *in ovo* immunization with a recombinant subunit vaccine and cytokine genes. Infection and Immunity 72:6939-6944.

Dominowski, P. J., Mannan, R. M., Krebs, R. L., Thompson, J. R., Childers, T. A., Olsen, M. K., Yancey, Jr., R. P., Weeratna, R., Zhang, S. and Bagi, C. M., 2009. Adjuvant compositions. U. S. Patent number 8,580,280.

Fetterer, R. H., Miska, K. B., Jenkins, M. C. and Barfield, R. C., 2004. A conserved 19-kDa *Eimeria tenella* antigen is a profilin-like protein. Journal of Parasitology 90:1321-1328.

Freire, R. S., Morais, S. M., Catunda-Junior, F. E. and Pinheiro, D. C., 2005. Synthesis and antioxidant, anti-inflammatory and gastroprotector activities of anethole and related compounds. Bioorganic and Medicinal Chemistry 13:4353-4358.

Gall, D., 1966. The adjuvant activity of aliphatic nitrogenous bases. Immunology 11:369-386.

Gazzinelli, R. T. and Denkers, E. Y., 2006. Protozoan encounters with toll-like receptor signalling pathways: Implications for host parasitism. Nature Reviews in Immunology 6:895-906.

Geriletu, Xu, L., Xurihua and Li, X., 2011. Vaccination of chickens with DNA vaccine expressing *Eimeria tenella* MZ5-7 against coccidiosis. Veterinary Parasitology 177:6-12.

Gowen, B. B., Smee, D. F., Wong, M. H., Judge, J. W., Jung, K. H., Bailey, K. W., Pace, A. M., Rosenberg, B. and Sidwell, R. W., 2006. Recombinant *Eimeria* protozoan protein elicits resistance to acute phlebovirus infection in mice but not hamsters. Antimicrobial Agents and Chemotherapy 50: 2023-2039.

Gupta, R. K., Rost, B. E., Relyveld, E. and Siber, G. R., 1995. Adjuvant properties of aluminum and calcium compounds. Pharmaceutical Biotechnology 6: 229-248.

Hammond, D. M., 1982. Life cycles and development of coccidia. In: Hammond, D. M. and Long, P. L. (eds.) The coccidia. University Park Press, Baltimore, MA, USA, pp. 45-79.

Hedhli, D., Dimier-Poisson, I., Judge, J. W., Rosenberg, B. and Mévélec, M. N., 2009. Protective immunity against *Toxoplasma* challenge in mice by coadministration of *T. gondii* antigens and *Eimeria* profilin-like protein as an adjuvant. Vaccine 27:2274-2281.

Hilgers, L. A. and Snippe, H., 1992. DDA as an immunological adjuvant. Research in Immunology 143:494-503.

Hong, Y. H., Lillehoj, H. S., Dalloul, R. A., Min, W., Miska, K. B., Tuo, W., Lee, S. H., Han, J. Y. and Lillehoj, E. P., 2006a. Molecular cloning and characterization of chicken NK-lysin. Veterinary Immunology and Immunopathology 110:339-347.

Hong, Y. H., Lillehoj, H. S., Lee, S. H., Dalloul, R. A. and Lillehoj, E. P., 2006b. Analysis of chicken cytokine and chemokine gene expression following *Eimeria acervulina* and *Eimeria tenella* infections. Veterinary Immunology and Immunopathology 114:209-223.

Ikemori, Y., Kuroki, M., Peralta, R. C., Yokoyama, H. and Kodama, Y., 1992. Protection of neonatal calves against fatal enteric colibacillosis by administration of egg yolk powder from hens immunized with K99-piliated enterotoxigenic *Escherichia coli*. American Journal of Veterinary Research 53: 2005-2008.

Innes, E. A. and Vermeulen, A. N., 2006. Vaccination as a control strategy against the coccidial parasites *Eimeria*, *Toxoplasma* and *Neospora*. Parasitology 133: S145-S168.

Jang, S. I., Kim, D. K., Lillehoj, H. S., Lee, S. H., Lee, K. W., Bertrand, F., Dupuis, L., Deville, S., Arous, J. B. and Lillehoj, E. P., 2013. Evaluation of the ISA 71 VG adjuvant during profilin vaccination against experimental coccidiosis. PLoS ONE 8:e59786.

Jang, S. I., Lillehoj, H. S., Lee, S. H., Lee, K. W., Lillehoj, E. P., Bertrand, F., Dupuis, L. and Deville, S. 2011a. Montanide™ ISA 71 VG adjuvant enhances antibody and cell-mediated immune responses to profilin subunit antigen vaccination and promotes protection against *Eimeria acervulina* and *Eimeria tenella*. Experimental Parasitology 127:178-183.

Jang, S. I., Lillehoj, H. S., Lee, S. H., Lee, K. W., Lillehoj, E. P., Bertrand, F., Dupuis, L. and Deville, S., 2011b. Mucosal immunity against *Eimeria acervulina* infection in broiler chickens following oral immunization with profilin in Montanide™ adjuvants. Experimental Parasitology 129:36-41.

Jang, S. I., Lillehoj, H. S., Lee, S. H., Lee, K. W., Park, M. S., Bauchan, G. R., Lillehoj, E. P., Bertrand, F., Dupuis, L. and Deville, S., 2010. Immunoenhancing effects of Montanide ISA oil-based adjuvants on recombinant coccidia antigen vaccination against *Eimeria acervulina* infection. Veterinary Parasitology 172:221-228.

Juckett, D. A., Aylsworth, C. F. and Quensen, J. M., 2008. Intestinal protozoa are hypothesized to stimulate immunosurveillance against colon cancer. Medical Hypotheses 71:104-110.

Julander, J. G., Judge, J. W., Olsen, A. L., Rosenberg, B., Schafer, K. and Sidwell, R. W., 2007. Prophylactic treatment with recombinant *Eimeria* protein, alone or in combination with an agonist cocktail, protects mice from Banzi virus infection. Antiviral Research 75:14-19.

Karim, M. J., Basak, S. C. and Trees, A. J., 1996. Characterization and immunoprotective properties of a monoclonal antibody against the major oocyst wall protein of *Eimeria tenella*. Infection and Immunity 64:1227-1232.

Kim, D. K., Lilleho, j H. S., Lee, S. H., Dominowski, P., Yancey, R. J. and Lillehoj, E. P., 2012c. Effects of novel vaccine/adjuvant complexes on the protective immunity against *Eimeria acervulina* and transcriptome profiles. Avian Diseases 56:97-109.

Kim, D. K., Lillehoj, H. S., Lee, S. H., Jang, S. I. and Bravo, D., 2010. High-throughput gene expression analysis of intestinal intraepithelial lymphocytes after oral feeding of carvacrol, cinnamaldehyde, or *Capsicum* oleoresin. Poultry Science 89:68-81.

Kim, D. K., Lillehoj, H. S., Lee, S. H., Jang, S. I., Lillehoj, E. P. and Bravo, D., 2012b. Dietary *Curcuma longa* enhances resistance against *Eimeria maxima* and *Eimeria tenella* infections in chickens. Poultry Science 92:2635-2643.

Kim, D. K., Lillehoj, H. S., Lee, S. H., Jang, S. I., Park, M. S., Min, W., Lillehoj, E. P. and Bravo, D., 2013. Immune effects of dietary supplementation with the phytochemical, anethole, during experimental *Eimeria acervulina* infection. Poultry Science 92:2625-2634.

Kim, D. K., Lillehoj, H. S., Lee, S. H., Lillehoj, E. P. and Bravo, D., 2012a. Improved resistance to *Eimeria acervulina* infection in chickens due to dietary supplementation with garlic metabolites. British Journal of Nutrition 109: 76-88.

Kim, J. K., Min, W., Lillehoj, H. S., Kim, S., Sohn, E. J., Song, K. D. and Han, J. Y., 2001. Generation and characterization of recombinant ScFv antibodies detecting *Eimeria acervulina* surface antigens. Hybridoma 20:175-181.

Kool, M., Fierens, K. and Lambrecht, B. N., 2012. Alum adjuvant: some of the tricks of the oldest adjuvant. Journal of Medical Microbiology 61:927-934.

Kumar, H., Kawai, T. and Akira, S., 2011. Pathogen recognition by the innate immune system. International Reviews in Immunology 30:16-34.

Larsson, A., Bålöw, R. M., Lindahl, T. L. and Forsberg, P. O., 1993. Chicken antibodies: taking advantage of evolution—a review. Poultry Science 72:1807-1812.

Laurent, F., Mancassola, R., Lacroix, S., Menezes, R., Naciri, M., 2001. Analysis of chicken mucosal immune response to *Eimeria tenella* and *Eimeria maxima* infection by quantitative reverse transcription-PCR. Infection and Immunity 69:2527-2534.

Lee, S. H., Lillehoj, H. S., Cho, S. M., Chun, H. K., Park, H. J., Lim, C. I. and Lillehoj, E. P., 2009d. Immunostimulatory effects of oriental plum (*Prunus salicina* Lindl.). Comparative Immunology and Microbiology of Infectious Diseases 32:407-417.

Lee, S. H., Lillehoj, S. H., Cho, M. S., Park, D. W., Hong, Y. H., Lillehoj, E. P., Heckert, R. A., Park, H. J. and Chun, H. K., 2008b. Protective effects of dietary safflower (*Carthamus tinctorius*) on experimental coccidiosis. Journal of Poultry Science 46:155-162.

Lee, S. H., Lillehoj, H. S., Chun, H. K., Park, H. J., Cho, S. M. and Lillehoj, E. P., 2009c. *In vitro* effects of methanol extracts of Korean medicinal fruits (persimmon, raspberry, tomato) on chicken lymphocytes, macrophages, and tumor cells. Journal of Poultry Science 46:149-154.

Lee, S. H., Lillehoj, H. S., Chun, H. K., Tuo, W., Park, H. J., Cho, S. M., Lee, Y. M. and Lillehoj, E. P., 2007. *In vitro* treatment of chicken peripheral blood lymphocytes, macrophages and tumor cells with extracts of Korean medicinal plants. Nutrition Research 27:362-366.

Lee, S. H., Lillehoj, H. S., Heckert, R. A., Cho, S. M., Tuo, W., Lillehoj, E. P., Chun, H. K. and Park, H. J., 2008a. Immune enhancing properties of safflower leaf (*Carthamus tinctorius*) on chicken lymphocytes and macrophages. Journal of Poultry Science 45:147-151.

Lee, S. H., Lillehoj, H. S., Hong, Y. H., Jang, S. I., Lillehoj, E. P., Ionescu, C., Mazuranok, L. and Bravo, D., 2010a. *In vitro* effects of plant and mushroom extracts on immunological function of chicken lymphocytes and macrophages. British Poultry Science 51:213-221.

Lee, S. H., Lillehoj, H. S., Jang, S. I., Hong, Y. H., Min, W., Lillehoj, E. P., Yancey, R. J. and Dominowski, P., 2010d. Embryo vaccination of chickens using a novel adjuvant formulation stimulates protective immunity against *Eimeria maxima* infection. Vaccine 28:7774-7778.

Lee, S. H., Lillehoj, H. S., Jang, S. I., Kim, D. K., Ionescu, C. and Bravo, D.,

2010b. Effect of dietary *Curcuma*, *Capsicum*, and *Lentinus*, on enhancing local immunity against *Eimeria acervulina* infection. Journal of Poultry Science 47: 89-95.

Lee, S. H., Lillehoj, H. S., Jang, S. I., Lee, K. W., Bravo, D. and Lillehoj, E. P., 2011b. Effects of dietary supplementation with phytonutrients on vaccine-stimulated immunity against infection with *Eimeria tenella*. Veterinary Parasitology 181:97-105.

Lee, S. H., Lillehoj, H. S., Jang, S. I., Lee, K. W., Kim, D. K., Lillehoj, E. P., Yancey, R. J. and Dominowski, P. J., 2012. Evaluation of novel adjuvant *Eimeria* profilin complex on intestinal host immune responses against live *E. acervulina* challenge infection. Avian Diseases 56:402-405.

Lee, S. H., Lillehoj, H. S., Jang, S. I., Lee, K. W., Park, M. S., Bravo, D. and Lillehoj, E. P. 2011a. Cinnamaldehyde enhances *in vitro* parameters of immunity and reduces *in vivo* infection against avian coccidiosis. British Journal of Nutrition 106:862-869.

Lee, S. H., Lillehoj, H. S., Jang, S. I., Lee, K. W., Yancey, R. J. and Dominowski, P., 2010c. The effects of a novel adjuvant complex/*Eimeria* profilin vaccine on the intestinal host immune response against live *E. acervulina* challenge infection. Vaccine 28:6498-6504.

Lee, S. H., Lillehoj, H. S., Lillehoj, E. P., Cho, S. M., Park, D. W., Hong, Y. H., Chun, H. K. and Park, H. J., 2008c. Immunomodulatory properties of dietary plum on coccidiosis. Comparative Immunology and Microbiology of Infectious Diseases 31:389-402.

Lee, S. H., Lillehoj, H. S., Park, D. W., Jang, S. I., Morales, A., Garcia, D., Lucio, E., Larios, R., Victoria, G., Marrufo, D. and Lillehoj, E. P., 2009a. Induction of passive immunity in broiler chickens against *Eimeria acervulina* by hyperimmune egg yolk immunoglobulin Y. Poultry Science 88:562-566.

Lee, S. H., Lillehoj, H. S., Park, D. W., Jang, S. I., Morales, A., Garcia, D., Lucio, E., Larios, R., Victoria, G., Marrufo, D. and Lillehoj, E. P., 2009b. Protective effect of hyperimmune egg yolk IgY antibodies against *Eimeria tenella* and *Eimeria maxima* infections. Veterinary Parasitology 163:123-126.

Lemaitre, B., 2004. The road to toll. Nature Reviews in Immunology 4:521-527.

Li, G., Lillehoj, E. P. and Lillehoj, H. S., 2002. Interleukin-2 production in SC and TK chickens infected with *Eimeria tenella*. Avian Diseases 46:2-9.

Lillehoj, H. S. and Bacon, L. D., 1991. Increase of intestinal intraepithelial lymphocytes expressing CD8 antigen following challenge infection with *Eimeria acervulina*. Avian Diseases 35:294-301.

Lillehoj, H. S. and Chung, K. S., 1992. Postnatal development of T-lymphocyte subpopulations in the intestinal intraepithelium and lamina propria in chickens. Veterinary Immunology and Immunopathology 31:347-360.

Lillehoj, H. S., 1986. Immune response during coccidiosis in SC and FP chickens. I. *In vitro* assessment of T cell proliferation response to stage-specific parasite antigens. Veterinary Immunology and Immunopathology 13:321-330.

Lillehoj, H. S., 1987. Effects of immunosuppression on avian coccidiosis: Cyclosporin A but not hormonal bursectomy abrogates host protective immunity. Infection and Immunity 55:1616-1621.

Lillehoj, H. S., 1998. Role of T lymphocytes and cytokines in coccidiosis. International Journal of Parasitology 28:1071-1081.

Lillehoj, H. S., Choi, K. D., Jenkins, M. C., Vakharia, V. N., Song, K. D., Han, J. Y. and Lillehoj, E. P., 2000. A recombinant *Eimeria* protein inducing interferon-γ production: comparison of different gene expression systems and immunization strategies for vaccination against coccidiosis. Avian Diseases 44: 379-389.

Lillehoj, H. S., Ding, X., Dalloul, R. A., Sato, T., Yasuda, A. and Lillehoj, E. P., 2005b. Embryo vaccination against *Eimeria tenella* and *E. acervulina* infections using recombinant proteins and cytokine adjuvants. Journal of Parasitology 91: 666-673.

Lillehoj, H. S., Ding, X., Quiroz, M. A., Bevensee, E. and Lillehoj, E. P., 2005a. Resistance to intestinal coccidiosis following DNA immunization with the cloned 3-1E *Eimeria* gene plus IL-2, IL-15, and IFN-γ. Avian Diseases 49: 112-117.

Lillehoj, H. S., Kim, D. K., Bravo, D. M. and Lee, S. H., 2011. Effects of dietary plant-derived phytonutrients on the genome-wide profiles and coccidiosis resistance in the broiler chicken. BioMed Central Proceedings 5:S34.

Lillehoj, H. S., Lindblad, E. B. and Nichols, M., 1993. Adjuvanticity of dimethyl dioctadecyl ammonium bromide, complete Freund's adjuvant and *Coryne-bacterium parvum* with respect to host immune response to coccidial antigens. Avian Diseases 37:731-740.

Lillehoj, H. S., Min, W. and Dalloul, R. A., 2004. Recent progress on the cytokine regulation of intestinal immune responses to *Eimeria*. Poultry Science 83:

611-623.

Lowenthal, J. W., O'Neil, T. E., David, A., Strom, G. and Andrew, M. E., 1999. Cytokine therapy: A natural alternative for disease control. Veterinary Immunology and Immunopathology 72:183-188.

Ma, D., Ma, C., Gao, M., Li, G., Niu, Z. and Huang, X., 2012. Induction of cellular immune response by DNA vaccine coexpressing *E. acervulina* 3-1E gene and mature CHIL-15 gene. Journal of Parasitology Research 2012:654279.

Ma, D., Ma, C., Pan, L., Li, G., Yang, J., Hong, J., Cai, H. and Ren, X., 2011. Vaccination of chickens with DNA vaccine encoding *Eimeria acervulina* 3-1E and chicken IL-15 offers protection against homologous challenge. Experimental Parasitology 127:208-214.

Magyar, T., Donkó, T. and Kovács, F., 2008. Atrophic rhinitis vaccine composition triggers different serological profiles that do not correlate with protection. Acta Veterinaria Hungarica 56:27-40.

Matsubayashi, M., Kimata, I., Iseki, M., Lillehoj, H. S., Matsuda, H., Nakanishi, T., Tani, H., Sasai, K. and Baba, E., 2005. Cross-reactivities with *Cryptosporidium* spp. by chicken monoclonal antibodies that recognize avian *Eimeria* spp. Veterinary Parasitology 128:47-57.

McDonald, V. and Shirley, M. W., 2009. Past and future: Vaccination against *Eimeria*. Parasitology 136:1477-1489.

McMullin, P. F., 2008. Parasitic diseases. In: Pattison, M., McMullin, P. F., Bradbury, J. M. and Alexander, D. J. (eds.) Poultry diseases, 6th edition. Saunders Elsevier, Philadelphia, PA, USA, pp. 444-469.

Min, W., Kim, J. K., Lillehoj, H. S., Sohn, E. J., Han, J. Y., Song, K. D. and Lillehoj, E. P.. 2001b. Characterization of recombinant scFv antibody reactive with an apical antigen of *Eimeria acervulina*. Biotechnology Letters 23:949-955.

Min, W., Kim, W. H. and Lillehoj, H. S., 2013. Recent progress in host immunity to avian coccidiosis: IL-17 family cytokines as sentinels of the intestinal mucosa. Developmental and Comparative Immunology, 41:418-428.

Min, W., Lillehoj, H. S., Burnside, J., Weining, K. C., Staeheli, P. and Zhu, J. J., 2001a. Adjuvant effects of IL-1β, IL-2, IL-8, IL-15, IFN-α, IFN-β TGF-β4 and lymphotactin on DNA vaccination against *Eimeria acervulina*. Vaccine 20: 267-274.

Miyamoto, T., Min, W. and Lillehoj, H. S., 2002. Kinetics of interleukin-2 production in chickens infected with *Eimeria tenella*. Comparative Immunology and Microbiology of Infectious Diseases 25:149-158.

Newman, M. J. and Powell, M. F., 1995. Immunological and formulation design considerations for subunit vaccines. Pharmaceutical Biotechnology 6:1-42.

Ohta, M., Hamako, J., Yamamoto, S., Hatta, H., Kim, M., Yamamoto, T., Oka, S., Mizuochi, T. and Matsuura, F., 1991. Structures of asparagine-linked oligosaccharides from hen egg-yolk antibody (IgY). Occurrence of unusual glucosylated oligo-mannose type oligosaccharides in a mature glycoprotein. Glycoconjugate Journal 8:400-413.

Olah, I. and Glick, B., 1985. Lymphocyte migration through the lymphatic sinuses of the chicken's lymph node. Poultry Science 64:159-168.

Ovington, K. S., Alleva, L. M. and Kerr, E. A., 1995. Cytokines and immunological control of *Eimeria* spp. International Journal of Parasitology 25:1331-1351.

Ozel, M., Hoglund, S., Gelderblom, H. R. and Morein, B., 1989. Quaternary structure of the immunostimulating complex (ISCOM). Journal of Ultrastructure and Molecular Structure Research 102:240-248.

Pant, S., Hilton, H. and Burczynski, M. E., 2012. The multifaceted exosome: biogenesis, role in normal and aberrant cellular function, and frontiers for pharmacological and biomarker opportunities. Biochemical Pharmacology 83: 1484-1494.

Park, K. J., Park, D. W., Kim, C. H., Han, B. K., Park, T. S., Han, J. Y., Lillehoj, H. S. and Kim, J. K., 2005. Development and characterization of a recombinant chicken single-chain Fv antibody detecting *Eimeria acervulina* sporozoite antigen. Biotechnology Letters 27:289-295.

Park, S. S., Lillehoj, H. S., Allen, P. C., Park, D. W., FitzCoy, S., Bautista, D. A. and Lillehoj, E. P., 2008. Immunopathology and cytokine responses in broiler chickens coinfected with *Eimeria maxima* and *Clostridium perfringens* with the use of an animal model of necrotic enteritis. Avian Diseases 52:14-22.

Peek, H. W. and Landman, W. J., 2011. Coccidiosis in poultry: Anticoccidial products, vaccines and other prevention strategies. Veterinary Quarterly 31: 143-161.

Rader, J. S., Aylsworth, C. F., Juckett, D. A., Mutch, D. G., Powell, M. A., Lippmann, L. and Dimitrov, N. V., 2008. Phase I study and preliminary pharmacology of the novel innate immune modulator rBBX-01 in gynecologic cancers. Clinical Cancer Research 14:3089-3097.

Ramon, G., 1925. Sur l'augmentation anormale de l'antitoxine chez les chevaux producteurs de serum antidipherique. Bulletin de la Société Centrale de Médecine Vétérinaire 101:227-234.

Réfega, S., Cluzeaud, M., Péry, P., Labbé, M. and Girard-Misguich, F., 2004. Production of a functional chicken single-chain variable fragment antibody derived from caecal tonsils B lymphocytes against macrogamonts of *Eimeria tenella*. Veterinary Immunology and Immunopathology 97:219-230.

Rose, M. E., 1974. Protective antibodies in infections with *Eimeria maxima*: The reduction of pathogenic effects *in vivo* and a comparison between oral and subcutaneous administration of antiserum. Parasitology 68:285-292.

Rose, M. E., Hesketh, P. and Ogilvie, B. M., 1979. Peripheral blood leucocyte response to coccidial infection: a comparison of the response in rats and chickens and its correlation with resistance to reinfection. Immunology 36: 71-79.

Rosenberg, B., Juckett, D. A., Aylsworth, C. F., Dimitrov, N. V., Ho, S. C., Judge, J. W., Kessel, S., Quensen, J., Wong, K. P., Zlatkin, I. and Zlatkin, T., 2005. Protein from intestinal *Eimeria* protozoan stimulates IL-12 release from dendritic cells, exhibits antitumor properties *in vivo* and is correlated with low intestinal tumorigenicity. International Journal of Cancer 114:756-765.

Rosenow, C., Ryan, P., Weiser, J. N., Johnson, S., Fontan, P., Ortqvist, A. and Masure, H. R., 1997. Contribution of novel choline-binding proteins to adherence, colonization and immunogenicity of *Streptococcus pneumoniae*. Molecular Microbiology 25:819-829.

Sasai, K., Lillehoj, H. S., Hemphill, A., Matsuda, H., Hanioka, Y., Fukata, T., Baba, E. and Arakawa, A., 1998. A chicken anti-conoid monoclonal antibody identifies a common epitope which is present on motile stages of *Eimeria*, *Neospora*, and *Toxoplasma*. Journal of Parasitology 84:654-656.

Sasai, K., Lillehoj, H. S., Matsuda, H. and Wergin, W. P., 1996. Characterization of a chicken monoclonal antibody that recognizes the apical complex of *Eimeria acervulina* sporozoites and partially inhibits sporozoite invasion of $CD8^+$ T lymphocytes *in vitro*. Journal of Parasitology 82:82-87.

Schade, R., Calzado, E. G., Sarmiento, R., Chacana, P. A., Porankiewicz-Asplund, J. and Terzolo, H. R., 2005. Chicken egg yolk antibodies (IgY-technology): a review of progress in production and use in research and human and veterinary medicine. Alternatives to Laboratory Animals 33:129-154.

Schnitzer, J. K., Berze, S., Fajardo-Moser, M., Remer, K. A. and Moll, H., 2010.

Fragments of antigen-loaded dendritic cells (DC) and DC-derived exosomes induce protective immunity against *Leishmania major*. Vaccine 28:5785-5793.

Seregin, S. S., Aldhamen, Y. A., Appledorn, D. M., Aylsworth, C. F., Godbehere, S., Liu, C. J., Quiroga, D. and Amalfitano, A., 2011. TRIF is a critical negative regulator of TLR agonist mediated activation of dendritic cells *in vivo*. PLoS ONE 6:e22064.

Shah, M. A., Song, X., Xu, L., Yan, R. and Li, X., 2011. Construction of DNA vaccines encoding *Eimeria acervulina* cSZ-2 with chicken IL-2 and IFN-γ and their efficacy against poultry coccidiosis. Research in Veterinary Science 90: 72-77.

Shah, M. A., Xu, L., Yan, R., Song, X. and Li, X., 2010a. Cross immunity of DNA vaccine pVAX1-cSZ2-IL-2 to *Eimeria tenella*, *E. necatrix* and *E. maxima*. Experimental Parasitology 124:330-333.

Shah, M. A., Yan, R., Xu, L., Song, X. and Li, X., 2010b. A recombinant DNA vaccine encoding *Eimeria acervulina* cSZ-2 induces immunity against experimental *E. tenella* infection. Veterinary Parasitology 169:185-189.

Sharman, P. A., Smith, N. C., Wallach, M. G. and Katrib, M., 2010. Chasing the golden egg: vaccination against poultry coccidiosis. Parasite Immunology 32: 590-598.

Shaw, A. L., Van Ginkel, F. W., Macklin, K. S. and Blake, J. P., 2011. Effects of phytase supplementation in broiler diets on a natural *Eimeria* challenge in naive and vaccinated birds. Poultry Science 90:781-790.

Shirley, M. W. and Lillehoj, H. S., 2012. The long view: a selective review of 40 years of coccidiosis research. Avian Pathology 41:111-121.

Shirley, M. W., Ivens, A., Gruber. A., Madeira, A. M., Wan. K. L., Dear, P. H. and Tomley, F. M., 2004. The *Eimeria* genome projects: a sequence of events. Trends in Parasitology 20:199-201.

Shirley, M. W., Smith, A. L. and Blake, D. P., 2007. Challenges in the successful control of the avian coccidia. Vaccine 25:5540-5547.

Shirley, M. W., Smith, A. L. and Tomley, F. M., 2005. The biology of avian *Eimeria* with an emphasis on their control by vaccination. Avian Parasitology 60:285-330.

Smith, N. C., Wallach, M., Petracca, M., Braun, R. and Eckert, J., 1994. Maternal transfer of antibodies induced by infection with *Eimeria maxima* partially protects chickens against challenge with *Eimeria tenella*. Parasitology 109:

551-557.

Song, H., Qiu, B., Yan, R., Xu, L., Song, X. and Li, X., 2013. The protective efficacy of chimeric SO7/IL-2 DNA vaccine against coccidiosis in chickens. Research in Veterinary Science 94:562-567.

Song, H., Song, X., Xu, L., Yan, R., Shah, M. A. and Li, X., 2010. Changes of cytokines and IgG antibody in chickens vaccinated with DNA vaccines encoding *Eimeria acervulina* lactate dehydrogenase. Veterinary Parasitology 173: 219-227.

Song, K. D., Han, J. Y., Min, W., Lillehoj, H. S., Kim, S. W. and Kim, J. K., 2001. Molecular cloning and characterization of cDNA encoding immunoglobulin heavy and light chain variable regions from four chicken monoclonal antibodies specific to surface antigens of intestinal parasite, *Eimeria acervulina*. Journal of Microbiology 39:49-55.

Song, K. D., Lillehoj, H. S., Choi, K. D., Yun, C. H., Parcells, M. S., Huynh, J. T. and Han, J. Y., 2000. A DNA vaccine encoding a conserved *Eimeria* protein induces protective immunity against live *Eimeria acervulina* challenge. Vaccine 19:243-252.

Song, X., Xu, L., Yan, R., Huang, X., Shah, M. A. and Li, X., 2009. The optimal immunization procedure of DNA vaccine pcDNA-TA4-IL-2 of *Eimeria tenella* and its cross-immunity to *Eimeria necatrix* and *Eimeria acervulina*. Veterinary Parasitology 159:30-36.

Sumners, L. H., Miska, K. B., Jenkins, M. C., Fetterer, R. H., Cox, C. M., Kim, S. and Dalloul, R. A., 2011. Expression of Toll-like receptors and antimicrobial peptides during *Eimeria praecox* infection in chickens. Experimental Parasitoloy 127:714-718.

Sun, H. X., Xie, Y. and Ye, Y. P., 2009a. Advances in saponin-based adjuvants. Vaccine 27:1787-1796.

Sun, H. X., Xie, Y. and Ye, Y. P., 2009b. ISCOMs and ISCOMATRIX. Vaccine 27:4388-4401.

Temperley, N. D., Berlin, S., Paton, I. R., Griffin, D. K. and Burt, D. W., 2008. Evolution of the chicken Toll-like receptor gene family: a story of gene gain and gene loss. BioMed Central Genomics 9:62.

Trout, J. M. and Lillehoj, H. S., 1995. *Eimeria acervulina* infection: evidence for the involvement of $CD8^+$ T lymphocytes in sporozoite transport and host protection. Poultry Science 74:1117-1125.

Trout, J. M. and Lillehoj, H. S., 1996. T lymphocyte roles during *Eimeria acervulina* and *Eimeria tenella* infections. Veterinary Immunology and Immunopathology 53:163-172.

Vervelde, L., Vermeulen, A. N. and Jeurissen, SH., 1996. *In situ* characterization of leucocyte subpopulations after infection with *Eimeria tenella* in chickens. Parasite Immunology 18:247-256.

Viaud, S., Théry, C., Ploix, S., Tursz, T., Lapierre, V., Lantz, O., Zitvogel, L. and Chaput, N., 2010. Dendritic cell-derived exosomes for cancer immunotherapy: what's next? Cancer Research 70:1281-1285.

Wallach, M., 2010. Role of antibody in immunity and control of chicken coccidiosis. Trends in Parasitology 26:382-387.

Wallach, M., Halabi, A., Pillemer, G., Sar-Shalom, O., Mencher, D., Gilad, M., Bendheim, U., Danforth, H. D. and Augustine, P. C., 1992. Maternal immunization with gametocyte antigens as a means of providing protective immunity against *Eimeria maxima* in chickens. Infection and Immunity 60: 2036-2039.

Wallach, M., Smith, N. C., Petracca, M., Miller, C. M., Eckert, J. and Braun, R., 1995. *Eimeria maxima* gametocyte antigens: potential use in a subunit maternal vaccine against coccidiosis in chickens. Vaccine 13:347-354.

Wallach, M. G., Ashash, U., Michael, A. and Smith, N. C., 2008. Field application of a subunit vaccine against an enteric protozoan disease. PLoS ONE 3:e3948.

Wani, M. C., Taylor, H. L., Wall, M. E., Coggon, P. and McPhail, A. T., 1971. Plant antitumor agents. VI. Isolation and structure of Taxol, a novel antileukemic and antitumor agent from *Taxus brevifolia*. Journal of the American Chemical Society 93:2325-2327.

West, J., Anthony, P., Herr, A. B. and Bjorkman, P. J., 2004. The chicken yolk sac IgY receptor, a functional equivalent of the mammalian MHC-related Fc receptor, is a phospholipase A2 receptor homolog. Immunity 20:601-610.

Williams, R. B., 1999. A compartmentalised model for the estimation of the cost of coccidiosis to the world's chicken production industry. International Journal of Parasitology 29:1209-1229.

Xie, H., Raybourne, R. B., Babu, U. S., Lillehoj, H. S. and Heckert, R. A., 2003. CpG-induced immunomodulation and intracellular bacterial killing in a chicken macrophage cell line. Developmental and Comparative Immunology 27:823-834.

Xu, Q., Song, X., Xu, L., Yan, R., Shah, M. A. and Li, X., 2008. Vaccination of chickens with a chimeric DNA vaccine encoding *Eimeria tenella* TA4 and chicken IL-2 induces protective immunity against coccidiosis. Veterinary Parasitology 156:319-323.

Xu, S. Z., Chen, T. and Wang, M., 2006. Protective immunity enhanced by chimeric DNA prime-protein booster strategy against *Eimeria tenella* challenge. Avian Diseases 50:579-585.

Yarovinsky, F., Kanzler, H., Hieny, S., Coffman, R. L. and Sher, A., 2006. Toll-like receptor recognition regulates immunodominance in an antimicrobial $CD4^+$ T cell response. Immunity 25:655-664.

Yarovinsky, F., Zhang, D., Andersen, J. F., Bannenberg, G. L., Serhan, C. N., Hayden, M. S., Hieny, S., Sutterwala, F. S., Flavell, R. A., Ghosh, S. and Sher, A., 2005. TLR11 activation of dendritic cells by a protozoan profilin-like protein. Science 308:1626-1629.

Yokoyama, H., Peralta, R. C., Diaz, R., Sendo, S., Ikemori, Y. and Kodama, Y., 1992. Passive protective effect of chicken egg yolk immunoglobulins against experimental enterotoxigenic *Escherichia coli* infection in neonatal piglets. Infection and Immunity 60:998-1007.

Yokoyama, H., Peralta, R. C., Umeda, K., Hashi, T., Icatlo, Jr., F. C., Kuroki, M., Ikemori, Y. and Kodama, Y., 1998. Prevention of fatal salmonellosis in neonatal calves, using orally administered chicken egg yolk *Salmonella*-specific antibodies. American Journal of Veterinary Research 59:416-420.

Youn, H. S., Lim, H. J., Lee, H. J., Hwang, D., Yang, M., Jeon, R. and Ryu, J. H., 2008. Garlic (*Allium sativum*) extract inhibits lipopolysaccharide-induced Toll-like receptor 4 dimerization. Bioscience, Biotechnology, and Biochemistry 72: 368-375.

Zhang, L., Liu, R., Ma, L., Wang, Y., Pan, B., Cai, J. and Wang, M., 2012a. *Eimeria tenella*: Expression profiling of toll-like receptors and associated cytokines in the cecum of infected day-old and three-week old SPF chickens. Experimental Parasitology 130:442-448.

Zhang, L., Liu, R., Song, M., Hu, Y., Pan, B., Cai, J. and Wang, M., 2013. *Eimeria tenella*: Interleukin 17 contributes to host immunopathology in the gut during experimental infection. Experimental Parasitology 133:121-130.

Zhang, L., Ma, L., Liu, R., Zhang, Y., Zhang, S., Hu, C., Song, M., Cai, J. and Wang, M., 2012b. *Eimeria tenella* heat shock protein 70 enhances protection of recombinant microneme protein MIC2 subunit antigen vaccination against *E. tenella* challenge. Veterinary Parasitology 188:239-246.

Zhao, L., Lee, J. Y. and Hwang, D. H., 2011. Inhibition of pattern recognition receptor-mediated inflammation by bioactive phytochemicals. Nutrition Reviews 69:310-320.

Zhao, Y., Amer, S., Wang, J., Wang, C., Gao, Y., Kang, G., Bao, Y., He, H. and Qin, J., 2010. Construction, screening and identification of a phage display antibody library against the *Eimeria acervulina* merozoite. Biochemical and Biophysical Research Communications 393:703-707.

Zhao, Y., Bao, Y., Zhang, L., Chang, L., Jiang, L., Liu, Y., Zhang, L. and Qin, J., 2013. Biosafety of the plasmid pcDNA3-1E of *Eimeria acervulina* in chicken. Experimental Parasitology 133:231-236.

Zhou, Z., Wang, Z., Cao, L., Hu, S., Zhang, Z., Qin, B., Guo, Z. and Nie, K., 2013. Upregulation of chicken TLR4, TLR15 and MyD88 in heterophils and monocyte-derived macrophages stimulated with *Eimeria tenella in vitro*. Experimental Parasitology 133:427-433.

Zimmermann, J., Saalbach, I., Jahn, D., Giersberg, M., Haehnel, S., Wedel, J., Macek, J., Zoufal, K., Glünder, G., Falkenburg, D. and Kipriyanov, S. M., 2009. Antibody expressing pea seeds as fodder for prevention of gastrointestinal parasitic infections in chickens. BioMed Central Biotechnology 9:79.

第5章　食肉动物肠道健康

E. A. Hagen-Plantinga[1*] *and W. H. Hendriks*[1,2]

[1] *Faculty of Veterinary Medicine, Utrecht University, P. O. Box 80. 151, 3508 TD, Utrecht, the Netherlands;*

[2] *Animal Nutrition Group, Wageningen University, P. O. Box 338, 6700 AH Wageningen, the Netherlands; e. a. plantinga@uu. nl*

摘要：关于胃肠(GI)微生物群对人和动物健康状况影响的研究正逐步取得较大的进展。一个平衡的肠道微生物群可以为宿主提供多种好处，如触发和刺激免疫系统、作为抵抗致病微生物的屏障、为宿主提供能量和营养支持等。肠道微生物的培养方法和现代的分子技术的普及，都为犬、猫肠道微生物学的研究提供了一定的支持。犬、猫肠道中主要的细菌门类似乎与其他物种相似，厚壁菌门(Firmicutes)、拟杆菌门(Bacteroidetes)、变形杆菌门(Proteobacteria)、梭菌门(Fusobacteria)和放线菌门(Actinobacteria)组成了其肠道中99%以上的肠道微生物群。然而，微生物群的组成似乎在种/株水平上具有很大的差异，且个体间也具有很大的差异。此外，对患病和易感群体的研究显示，不同群体间肠道微生物群发生了显著的变化，最常见的变化是患病群体肠道微生物物种丰富度下降且生态失调。几项营养研究表明，当日粮中可溶性纤维和大量营养素的含量发生变化时，犬和猫的肠道微生物群也可能随之发生变化。有趣的是，给犬和猫饲喂高蛋白质，低碳水化合物的食物会使其肠道微生物产生明显变化，肠道微生物变化通常与对草食性和杂食性哺乳动物健康造成负面影响有关。然而，在犬和猫的研究中没有发现这些微生物变化的副作用，这可能表明物种间肠道微生物的差异确实存在，这种情况可能是在进化过程中受到营养策略的驱动而导致的。需要进一步的研究，尤其是对犬、猫等食肉动物肠道微生物群的研究，才能更彻底地揭开肠道微生物群的神秘面纱。

关键词：犬、猫、营养、微生物群

5.1　引言

目前，人们对于通过营养手段来维持动物的肠道健康具有很大兴趣，这种兴趣不仅仅局限于畜禽生产方面,也同时体现在伴侣动物方面。一般认为,影响肠道健康的日粮组成或因素会对动物整体的健康状况及随后的动物福利产生重大影响。

肠道菌群包括存在于胃肠道(GI)内的所有微生物(即细菌、原生动物、真菌和病毒)。采用基因测序方法和荧光原位杂交(FISH)等现代分子技术研究表明,肠道微生物群高度多样化,拥有数百种系统发育类型(Handl 等,2011;Suchodolski 等,2008)。这些定居于肠道的常驻微生物可以为宿主健康提供许多益处。肠道微生物群帮助机体进行消化,反过来,肠细胞利用食物和内源性的营养物质为其提供能量和营养支持。此外,肠道内微生物群的存在会触发免疫系统,并刺激其发育。最后还应值得注意的是,肠道微生物对机会病原体起着屏障作用,从而降低了宿主对疾病的易感性(Rastall 和 Maitin,2002)。肠道微生物群的组成在不同物种之间(Furet 等, 2009),甚至在个体之间(Ritchie 等, 2010)可能存在很大差异。这使得对肠道健康的评估更具有挑战性。因此,可以改善食草或杂食性动物肠道功能的措施不一定对犬、猫等食肉动物有效。有必要对感兴趣物种的"正常"肠道功能进行深入了解,以便能够制定有效措施来控制胃肠道系统的紊乱,并改善该物种的肠道功能。

肠道功能和组成非常复杂,如肠道结构和完整性、微生物群平衡、免疫状态及其相互作用等因素。这些相互作用反过来可能导致基因表达的改变,甚至改变内分泌调节,这可能会影响营养吸收、器官的发育、组织的生长和免疫系统的成熟(Hooper 和 Gordon,2001)。然而,需要注意的是,尽管肠道健康是当今研究的一个热点,但我们仍然缺乏对"肠道健康"的科学描述,且后续确定肠道健康状态的定义也没有定论(Bischoff,2011)。

本章通过对犬、猫的研究数据,与其他物种进行比较,总结了目前对食肉动物肠道健康和微生物群组成的认识。特别对食肉动物肠道微生物群和营养之间的联系进行了详细的描述。

5.2 肠道健康的定义

为了能够评估肠道健康,那么对这个术语有一个合理的定义是至关重要的。在人类医学领域,德国的一个研究肠道健康问题的科学委员会制定了五项标准,这可能可以作为客观定义肠道健康的基础(表 5.1)。这五项标准被进一步描述为可以用来监测肠道的具体活动迹象,以用来评估正常的肠道功能。

尽管这个科学委员会制定的标准是针对人类的肠道健康的,但这些指标也可以被用来描述(食肉动物)如犬、猫的肠道健康。然而,有些指标不能在动物上进行评估,因为有些指标是主观的,只能通过对受试者/个体询问来进行监测,尽管通过对行为的观察,可能会得到一些对这些指标的描述。

如表 5.1 所示,肠道健康包括不同的标准。首先,需要评估肠道在消化和吸收方面的功能是否正常。对于犬和猫,大便的质量和频率,以及是否出现呕吐,是否具有良好的食欲,是否具有缺乏营养的迹象,均有助于评估食物是否被有效消化和吸收。宿主是否患有胃肠道疾病,可以通过宠物的主人问卷中对粪便的质量、频率、呕吐、腹泻、进食行为等描述来判断,但只有通过诊断技术(如内窥镜检查、活组织检查、全血计数)才能最终确定。为了评估有效的免疫状态,已经有越来越多的免疫学参数可供使用,其中细胞数目、表型分析、免疫组织学抗体和细胞因子的定量等技术都是最为常用的。然而,需要注意的是,针对犬猫的这些免疫参数参考值的合理性可能存在问题。

表 5.1　肠胃健康的五项标准及其具体的特征(Bischoff,2011)

胃肠健康的主要标准	胃肠健康的具体标志
食物的消化和吸收正常	营养状况正常,能有效吸收水和矿物质
	正常排便,排便时间正常,无腹痛
	大便稠度正常,偶见恶心、呕吐、腹泻、便秘和腹胀
无胃肠疾病	无胃酸反流、消化疾病或其他胃肠疾病
	无酶缺乏或碳水化合物不耐受
	无 IBD,腹腔疾病或其他炎症状态
	无结直肠癌或其他胃肠癌症
正常稳定的肠道菌群	无细菌过度生长
	肠道菌群组成及活力正常
	无胃肠感染或抗生素相关腹泻
正常的免疫状态	胃肠屏障功能正常,黏液分泌正常
	IgA 水平正常,没有明显的细菌移位
	免疫耐受,没有过敏或黏膜过敏症
福利状态	生存状态良好
	胃肠感觉舒适
	产生的血清素均衡和肠神经系统功能正常

至于"正常和稳定的肠道菌群"的标准可能更难确定,因为不同的犬和猫的肠道菌群的组成可能有很大的差异(Richie 等,2010;Suchodolski 等,2008)。因为缺乏参考数据,即使通过现代分子技术,如基因测序方法和荧光原位杂交等技术的测定,我们还依然不能定义什么是最正常的或者是最优的标准(Bischoff,2011)。此外,尽管现代分子技术在研究微生物菌群方面很有用,但它们也具有其局限性。因为肠道具有非常丰富的细菌多样性,含量低的细菌在总细菌中所占的比例非常的低,以至于它们可能无法被识别,即使使用大范围引物的高通量测序技术(Suchodolski,2011)。此外,使用不同的 DNA 提取方法和 PCR 引物的研究,其研究结果之间也会略有不同。目前,还没有一种最佳的鉴定方法可以精确地鉴定所有肠道微生物种类,这使得对于"正常"微生物群进行常规的个体评估几乎是不可能的。无论如何,细菌过度生长、粪便稠度异常、排便时间异常等体征对判断肠道菌群是否存在异常都是有帮助的。

鉴于肠道菌群平衡对肠道健康的重要性,下一段我们将对目前犬、猫等食肉动物的肠道菌群的了解,以及营养对这些物种肠道菌的影响进行讨论。

5.3 食肉动物的肠道微生物

对于犬、猫,目前科学文献中关于其肠道微生物群构成的大部分信息都来自常规的研究(表 5.2)。这些研究为了解犬、猫胃肠的基本生态学提供了一定的理论基础。例如,犬、猫与其他物种相同,可以看到沿着消化道从胃到结肠的过程中微生物群丰度在逐渐增加 (Buddington,2003;Davis 等,1997)。厌氧菌主要分布在胃肠道的远端,而在肠道近端好氧菌和厌氧菌分布较为均匀(Mentula 等,2005)。其中拟杆菌(*Bacteroides*)、梭菌(*Clostridium*)、乳酸菌(*Lactobacilus*)、双歧杆菌(*Bifidobacterium*)和大肠杆菌(*Enterobacteriaceae*)是犬、猫肠道中的主要菌群(表 5.2)。一项基于猫的研究(Johnston 等,2001)表明,猫的小肠含有相对较多的细菌总数,与人和犬相比,猫的专性厌氧菌的比例更高。这一发现表明,小肠细菌过度生长(small intestinal bacterial overgrowth,SIBO)并非猫的一种常见临床症状,它常见于人类,并与胃肠道疾病有关。对于犬的研究最初定义小肠细菌过度生长(SIBO)的数值标准与人类相同(每毫升好氧菌数$>10^5$ cfu/g 或每毫升厌氧菌数$>10^4$ cfu/g)(Rutgers 等,1995)。然而,研究表明,健康犬的肠道菌群数量超过了人类的标准值(German 等,2003),这意味着对于人类小肠细菌过度生长(SIBO)的定义对描述犬的这种临床症状没有帮助。

表 5.2　根据培养结果鉴定的犬、猫消化道中的主要微生物

位置	细菌群	log cfu/g（区间）犬[2]	log cfu/g（区间）猫[3]
胃	总厌氧菌	4.3～6.2	N. A.
	拟杆菌	4.2*	N. A.
	双歧杆菌	3.8*	N. A.
	乳酸杆菌	5.4*	N. A.
	梭状芽孢杆菌	3.0*	N. A.
	总需氧菌	4.5～6.1	N. A.
	肠杆菌	5.0*	N. A.
	链球菌	5.9*	N. A.
	葡萄球菌	4.9*	N. A.
小肠	总厌氧菌	3.8～6.0	5.0～8.3
	拟杆菌	2.3～6.0	4.5～6.2
	双歧杆菌	3.6～5.2	N. D.
	乳酸杆菌	1.4～5.4	N. D. ～6.0
	梭状芽孢杆菌	2.5～4.5	3.8～7.5
	总需氧菌	5.1～5.8	2.0～7.5
	肠杆菌	3.8～4.9	2.0～6.0
	链球菌	3.0～4.9	N. D. ～8.3
	葡萄球菌	2.7～5.0	N. D. ～7.4
大肠	总厌氧菌	9.7～10.8	N. A.
	拟杆菌	7.3～10.6	N. D. ～5.6
	双歧杆菌	8.0～9.5	N. D.
	乳酸杆菌	5.6～9.1	N. D. ～8.4
	梭状芽孢杆菌	5.4～9.0	N. D. ～7.7
	总需氧菌	8.3～9.2	N. A.
	肠杆菌	7.0～8.2	4.7～8.2
	链球菌	8.8～9.1	N. D. ～8.0
	葡萄球菌	4.0～5.3	N. D. ～5.1

续表 5.2

位置	细菌群	log cfu/g（区间）犬[2]	log cfu/g（区间）猫[3]
粪便	总厌氧菌	10.6～11.0	N. A.
	拟杆菌	8.6～10.8	10.4*
	双歧杆菌	7.6～9.9	N. D.
	乳酸杆菌	6.8～9.5	8.5*
	梭状芽孢杆菌	6.8～10.3	10.0
	总需氧菌	9.5～10.0	N. A.
	肠杆菌	8.3～8.6	8.5*
	链球菌	8.9～10.0	8.8*
	葡萄球菌	3.8～5.6	5.2*

[1] cfu:菌落形成单位；N. A.：暂缺；N. D.：未检出。

[2] 数据来自 Benno 等，1992；Davis 等，1977；Mentula 等，2005；Simpson 等，2002。

[3] 数据来自 Johnston 等，2001；Osbaldiston 和 Stowe，1971；Papasouliotis 等，1998；Terada 等，1993。

* 平均值，基于单一参考标准。

5.3.1 分子技术

来自培养研究的数据存在一个问题，因为许多厌氧菌种无法使用这些技术培养。不可培养的微生物菌群只能通过现代分子技术来进行测定研究，如 FISH（荧光原位杂交）和基因测序方法（Greetham 等，2002；Harmsen 等，2000）。此外，基于培养的方法低估了细菌总数，并且不适用于鉴定胃肠道中的大多数细菌群（Minamoto 等，2012）。然而，在过去 10 年中，出现了用更先进的技术描述肠道微生物群的文献。在这些文献中使用了各种分子方法来表征肠道微生物群，所有这些方法都具有其自身的优势和局限性。这些技术利用基因探针或基因测序来表征甚至量化肠道中的不同菌群。在这些方法中，最靶向的基因是一个小的亚基核糖体 RNA（16S rRNA），因为它广泛地存在于所有细菌中，并包含跨物种的细菌和古生菌的保守区域和可变区域（Clarridge，2004）。

在研究伴侣动物相关的文献中，使用不同的技术来表征肠道微生物群。一些更常见的技术是 FISH（荧光原位杂交）、定量 PCR（qPCR）和基因焦磷酸测序。FISH（荧光原位杂交）和 qPCR（定量 PCR）等技术用于定量特定的细菌群。在 FISH（荧光原位杂交）中，使用与感兴趣的细菌群的 16S rRNA 基因结合的细菌群特异性荧光探针。荧光强度是检测目标菌群数量的指标，并且可以通过图像分析客观地测量（Langendijk 等，1995）。迄今为止，它被认为是用于量化特定细菌群的最准确方法。在 qPCR（定量 PCR）中，使用针对 16S rRNA 基因的特异性荧光引物。在每个 PCR 循环后测量荧光，并且达到特定荧光阈值的 PCR 循环数是对特定细菌群数量的测量（Ginzinger，2002）。为了鉴定样品中的细菌多样性，可以使用基因测序，其能够确定 16S rRNA 的一部分核苷酸序列。通过使用自动化高通量测序平台，可以在数小时内分析数千个序列，产生关于细菌群落的深层系统发育信息（Handl 等，2011；Ritchie 等，2010）。可以将这些序列与现有基因库进行比较，以检测出相应细菌菌株。

可以得出结论，需要综合使用多种技术来彻底描述肠道微生物群落的特征和数量。此外，在文献中使用不同的技术使得研究结果之间的比较不可靠。然而，通过综合分析不同研究的结果，可以对当前犬和猫中肠道微生物群进行一个概述性了解。

5.3.2　犬和猫的测序数据

表 5.3 总结了使用基因测序技术研究犬和猫微生物群的特征。从该表中可以得出结论，厚壁菌门、拟杆菌门、变形菌门、梭杆菌门和放线菌门占所有肠道微生物群的 99%以上。这与人类数据（Eckburg 等，2005）和小鼠数据（Ley 等，2005）非常一致。然而，这些细菌门在不同的犬和猫研究之间分布的百分比差别很大，可能是由于 DNA 提取方法，PCR 方案或测序方法的差异引起的（Suchodolski，2011）。此外，这些细菌门水平的丰度随着胃肠道的长度而变化。

对较高的系统发育水平（门和科水平）进行分析时，大多数哺乳动物似乎都拥有相似的细菌群（Ley 等，2008），但每种动物的微生物群似乎在物种/菌株水平上存在显著差异，通常在同一物种的个体之间仅有 5%～20%的重叠（Handl 等，2011）。

现代分子技术也为犬和猫肠道微生物群的生物多样性提供了一些见解。对瘘管犬的测序研究（Suchodolski 等，2009）显示，在犬空肠中，存在大约 200 种细菌和 900 种菌株。Handl 等（2011）报道，在犬和猫的粪便样品中存在数千种系统发育类型。在这项研究中，与犬相比，猫粪便细菌微生物群似乎更加多样化。在猫中观察到个体间差异较小，换句话说，与犬相比，更多的猫共享相同的肠道菌群。

分子指纹技术还证明，每只犬和猫都具有独特的微生物生态系统（Ritchie 等，2010；Simpson 等，2002；Suchodolski 等，2005）。例如，Ritchie 等（2010）一项研究显示，84%的猫含有双歧杆菌属。然而，只有一小部分猫拥有同一种双歧杆菌。值得注意的是，尽管动物个体之间肠道微生物群的细菌菌株的组成存在较大差异，但其产生的代谢终产物却非常相似。最近对犬和猫的宏基因组进行了研究，其中研究了犬和猫微生物组的功能，发现动物个体在胃肠道中存在相似的微生物基因阵列（Swanson 等，2011；Tun 等）。这表明稳定的 GI（肠胃）微生物群落可能拥有核心微生物组。虽然这些最近的宏基因组研究提供了一些有趣的新见解，但还需要更多的研究来进一步阐明数据的意义及其在疾病方面的作用。

表 5.3 犬和猫基因测序研究的特点[1]

参考文献	N[2]	样品	方法[3]	主要门类/%					主要的科[4]
				放线菌门	拟杆菌门	厚壁菌门	梭杆菌门	变形菌门	
Barry 等,2012	4 F	粪便	W	7	40	34	13	1	N. A.
Desai 等,2009	5 F	粪便	C	32	16	41	N. D.	1	1,2,3,12,14,15
Garcia-Mazcorro 等,2011	12 C	粪便	V	1.6	0.1	96.9	0.1	0.1	3,4,8,11,15
	12 F			4.0	0.1	95.1	0.1	0.1	3,4,8,11,15
Garcia-Mazcorro 等,2012	6 C	粪便	V	1.6	0.1	96.9	0.1	0.1	3,4,8,15
Handl 等,2011	12 C	粪便	V	1.8	2.3	95.4	0.3	N. D.	3,4,8,11,15
	12 F			7.3	0.5	92.1	0.04	N. D.	3,4,9,11,15
Handl 等,2013	22 C	粪便	V	2.7	1.2	87.2	6.4	2.6	3,7,8,15,17
Middelbos 等,2010	6 C	粪便	V	0.8~1.4	32~34	28	24~40	5~6	N. A.
Ritchie 等,2008	4 F	空肠	V	2.2	1.1	87.6	4.5	4.5	N. A.
		回肠		4.7	17.5	65.4	1.7	10.7	N. A.
		结肠		2.2	13.4	75.1	5.0	4.2	N. A.
Ritchie 等,2010	15 F	粪便	V	2.3	2.4	87.3	0.2	7.9	3,6,11,15,18
Suchodolski 等,2008	6 C	十二指肠	V	N. D.	N. D.	65.0	1.1	33.9	N. A.
		空肠		N. D.	5.9	49.8	19.9	24.4	N. A.
		回肠		N. D.	22.7	26.2	31.2	19.9	N. A.
		结肠		N. D.	26.1	47.9	17.6	8.5	N. A.
Suchodolski 等,2009	5 C	空肠	V	11.2	6.2	15.0	5.4	46.7	3,5,6,10,13,16
Suchodolski 等,2012	32 C	粪便	V	1.8	N. D.	96.6	0.1	0.3	3,4,8,15
Swanson 等,2011	6 C	粪便	W	1.0	37~38	35	7~9	13~15	N. A.
Tun 等,2012	5 F	粪便	W	1.2	67.5	13.0	0.7	5.9	N. A.

[1] N. A. ,暂缺;N. D. ;未检出。

[2] C=犬;F=猫。

[3] C=Cpn60 基因测序;V=V1-V3 区 16S rRNA 基因焦磷酸测序;W=宏基因组测序。

[4] 1=拟杆菌科;2=双歧杆菌科;3=梭菌科;4=红蝽菌科;5=棒状杆菌科;6=肠杆菌科;7=肠球菌科;8=韦荣球菌科;9=真杆菌科;10=梭杆菌科;11=毛螺菌科;12=乳杆菌科;13= Moaxellaceae(暂无中译名);14=普雷沃氏菌科;15=瘤胃球菌科;16=螺旋体菌科;17=链球菌科; 18=苏黎世杆菌科。

最后值得注意的是，犬和猫的大多数测序研究都使用了肠道样品来对肠道微生物群评估。研究表明，肠道不同区段的微生物群组成存在很大差异(表5.3)。然而，重要的是要认识到在同一肠道区段的黏膜内存在的肠道微生物群与微生物群之间也可能存在显著差异(Zoetendal 等，2002)。由于黏膜微生物群与宿主的防御系统接触最密切。因此，在研究肠道健康时，更密切地研究肠道黏膜微生物群以及不同因素对其组成造成的影响可能是至关重要的。肠道内微生物群的测序可以被认为是研究其组成的一种有效方法，但是，对肠道内微生物群进行测序是否能够真实反映肠道微生物组的多样性，这仍然是一个值得关注的问题。

5.3.3　患胃肠道疾病的犬、猫肠道菌群的变化

由于动物个体水平上微生物群组成的多样性，几乎不可能作为猫和犬肠道中稳定微生物群的“正常”参考数据。然而，从评估患有胃肠疾病动物的微生物群组成的研究中，我们可以了解到很多信息。例如，研究发现，患有炎性肠病(inflammatory bowel disease，IBD)犬的小肠中，细菌物种丰富度显著减少(Craven 等，2009；Xenoulis 等，2008)。在两项独立的研究中(Janeczko 等，2008；Xenoulis 等，2008)，与对照组相比，患有先天性小肠 IBD 的犬和猫显示其肠道中肠杆菌科数量增加。与人类相似，与没有临床疾病迹象的对照犬相比，发生先天性小肠 IBD(炎性肠病)的犬表现出类拟杆菌和梭菌的丰度减少(Jergens 等，2010)。Suchodolski 等(2012)一项研究显示，在患有各种胃肠道疾病的犬的粪便样本中，存在着菌群失调，且是重要的产短链脂肪酸的菌群普遍减少。

此外，一些研究表明，患有慢性胃肠疾病的犬和猫的免疫反应发生了改变。例如，在患有炎性肠病的猫和犬都表现出不同的细胞因子表达(Janeczko 等，2008；Luckschander 等，2010；Nguyen Van 等，2006)。另外，在患有 IBD(炎性肠病)的不同犬种中发现了 Toll 样受体(Toll-like receptors，TLR)2、4 和 9 的黏膜表达增加(Burgener 等，2008；McMahon 等，2010)。总之，这些数据清楚地证明了宿主的免疫力和肠道微生物群之间的复杂相互作用，以及这些相互作用可能在犬和猫 GI(肠胃)疾病的发病机理中起作用。然而，导致这些微生物群组成和先天免疫系统改变的原因仍不清楚。营养是可能需要考虑的一个重要因素。

5.4　营养对犬、猫胃肠微生物群及肠道健康的影响

如今，市场上出现了越来越多的犬粮和猫粮，利用所谓的益生元纤维、益生菌或二者的结合(合生元)来改善肠道健康和肠道功能。添加这些膳食成分的目的是试图增加“有益的”肠道微生物群的丰度。越来越多的研究表明，各种不同的饮食成分具有选择性地刺激这些有益菌的能力，从而改变犬或猫消化道中的微生物群组成(Barry 等，2009；Swanson 和 Fahey，2006)。Patra(2011)对饲喂益生元的犬

的粪便微生物群组成进行分析表明,随着益生元剂量的增加,双歧杆菌和乳酸菌等有益菌的数量显著增加。然而,益生元添加对产气荚膜梭菌和大肠杆菌等可能致病菌的数量没有显著影响。

尽管这些研究不可否认地表明,益生元和益生菌添加可能改变粪便样本中的犬和猫的微生物群,但这些研究中使用的方法有许多局限性。首先,这些研究选用的都是健康的动物,而不是用易受胃肠道微生物群紊乱影响的动物(新生儿、老龄或患病动物)。与患病动物相比,健康的动物似乎拥有相当稳定的微生物群。因此,问题仍然是,在健康动物上发现的影响是否同样适用于易感动物?

最重要的是,这些研究大多利用培养技术来检测日粮干预对粪便微生物群的定量影响。如上所述,培养的方法低估了细菌总数,无法准确鉴别消化道中的大多数细菌群。这意味着只有少数有作用菌群可以用培养技术来进行研究。此外,大多数研究对粪便样本进行了分析,测序研究显示,粪便微生物群的组成与消化道其他部位的微生物群存在差异(表 5.3)。但仍然存在的问题是,是否能够通过粪便样本中微生物群的变化准确衡量胃肠道其他部分肠道微生物的变化。

最后,值得注意的是,不同研究中使用的益生菌剂量和益生菌菌株有很大的差异,这使得难以对不同研究的结果进行比较。

最近,发表了许多使用基因测序技术来研究益生元和益生菌饲喂干预对犬、猫微生物的影响的文章。Middelbos 等(2010)对 6 只健康成年犬进行了交叉试验设计研究。两组都被饲喂添加 7.5%甜菜粕的日粮。对其粪便样本进行高变 V3 区 16S rRNA 测序,结果表明,饲用甜菜粕使梭菌总体减少、厚壁菌门增多。Garcia-Mazcorro 等(2011)研究了多种商业化合成益生菌对健康犬、猫粪便微生物群的影响。该合成益生元由 7 株菌种和低聚果糖与阿拉伯半乳糖组成。通过对粪便标本进行 qPCR 和 V1～V3 区 16S rRNA 基因组测序,发现益生菌菌株在 10/12 只犬和 11/12 只猫的粪便中可检测到,但在停止饲喂后消失。饲喂期间未观察到主要细菌门水平的变化,也未观察到胃肠道功能或免疫标记物的显著变化。

Barry 等(2012)用重复 3×3 拉丁方试验设计,给 4 只健康成年猫饲喂含有纤维素、低聚果糖(FOS)和果胶的日粮,持续 30 d。然后,对其粪便样本进行全基因组测序,可得到猫消化道中微生物基因全序列信息。虽然在不同的细菌门水平中发现了显著的百分比变化,但其肠道细菌总体的基因计数无显著变化。因此,主要微生物组本身并没有受到不同纤维来源的影响。作者的结论是,无论日粮如何,微生物组在微生物功能方面似乎都是高度保守的。然而,由于该研究的试验个体较少和微生物群组成的个体间差异大,因而无法从这些数据得出可靠的结论。

Swanson 等(2011)对犬进行了宏基因组研究,研究犬 GI(胃肠)菌群的系统发育和功能。试验选择 6 只健康的成年犬,饲喂低纤维日粮或含 7.5%甜菜浆的日粮。结果显示,对照组中梭杆菌门和变形菌门所占比例较大,而治疗组中厚壁菌门数量增加。这似乎在微生物组的功能方面的研究结果与 Middelbos 等(2010)研究结果非常一致。饲用甜菜粕对猫粪样品中基因产物序列表达没有显著影响，这与 Barry 等(2012)对猫粪样品的研究结果一致。

在文献中，大多数关于营养对犬、猫肠道微生物群影响的研究，都是基于膳食植物源纤维对其肠道菌群的影响开展的。然而，作为食肉动物，在进化过程中犬、猫进食的主要为高蛋白质、低碳水化合物食物，进食的植物源纤维在犬、猫自然饮食中的占比较低(Plantinga 等，2011；Bosch 等，未发表的数据)。在这方面，研究高蛋白质食物和饮食结构对其肠道菌群的影响，可能具有更重要的意义。

而 Lubbs 等(2009)选择 8 只成年猫进行了不同蛋白质对微生物组的影响研究，试验开始先饲喂基础日粮 4 周(37.6% CP)后，再饲喂中等蛋白质[MP，34%粗蛋白质(CP)]和高蛋白质[HP，53%粗蛋白质(CP)]干粉配方饲料。采用 qPCR 检测大肠杆菌、双歧杆菌、产气荚膜梭菌，并对 V3 区 16S rRNA 测序，研究其对猫体内微生物群组成的影响。试验结果显示：饲喂 MP 的猫体内的双歧杆菌数量比饲喂 HP 的猫体内的双歧杆菌数量要多。与饲喂 MP 的猫相比，饲喂 HP 的猫群中产气荚膜菌的数量有所增加。基因测序结果显示，猫的肠道菌群从碳分解细菌向蛋白质水解细菌转变，微生物多样性也略有增加，其他变化还反映在两种具有利用蛋白质发酵形成芳香终产物能力的菌株新鞘氨醇杆菌(*Novosphingobium taihuense*)和黄嗜盐囊菌(*Haliangium ochraceam*)上。

Vester 等(2009)研究了中等蛋白质(MP)与高蛋白质(HP)日粮(DM 基础上 CP 比例为 34%：53%)对断奶期间幼猫肠道微生物群的影响。对其粪便样品进行 qPCR 分析，以检测双歧杆菌、乳酸菌、产气荚膜杆菌和大肠杆菌的含量。结果显示：饲喂高蛋白质饲料的幼猫与饲喂中等蛋白质水平含量饲料的幼猫相比，乳酸菌和双歧杆菌的数量较低，而且细菌丰度似乎受到年龄的影响，但这些数据的相关性需要进一步深入研究。

Hooda 等(2013)选择 14 只雄性幼猫(每组 7 只)进行了一项平行研究，研究了蛋白质与碳水化合物比例的变化对断奶期间小猫粪便微生物群的影响。本研究采用 16S rRNA 测序技术，检测猫粪细菌群。结果显示：与中等水平蛋白质、中等水平碳水化合物日粮[34% CP 和 31%无氮提取物(NFE)]相比，在 DM 基础上饲喂高蛋白质、低碳水化合物饲料(53% CP 和 11% NFE)可以导致粪便中放线菌数量减少和梭菌数量增加。在属一级水平上的研究结果显示，最显著的变化是双歧杆菌、巨型球菌和乳酸菌丰度显著降低，梭菌(*Clostridium*)、瘤胃球菌(*Ruminococcus*)、粪杆菌(*Faecalibacterium*)、真杆菌(*Eubacterium*)和梭杆菌(*Fusobacterium*)丰度显著增加。

Bermingham 等(2013)采用交叉分组试验设计，将 16 只成年猫随机饲喂湿日粮或干日粮，试验期为 5 周。分离其粪便细菌 DNA，进行 16S rRNA 基因测序。

在干物质基础上，湿日粮中分别含有 41.9%粗蛋白质和 5.3%无氮浸出物，而干日粮中分别含有为 32.9%粗蛋白质和 45.9%无氮浸出物。研究结果显示：在门的水平上，饲喂湿日粮会导致放线菌丰度显著降低、梭菌和变形菌丰度显著升高。在属水平上试验结果显示，乳酸菌属、巨型球菌属、欧陆森氏菌属(*Olsenella*)、普雷沃菌属(*Prevotella*)和链球菌属的丰度显著降低，而在饲喂湿性食物时，消化性链球菌属、梭杆菌属、梭菌属和拟杆菌属的丰度同时增加。本研究的数据与 Hooda 等(2013)的数据非常吻合。

在最近的一项研究中，Beloshapka 等(2013)采用拉丁方设计，以 6 只健康成年犬为研究对象，研究添加或不添加菊粉或酵母细胞壁提取物的日粮(以生肉为基础)对犬粪便微生物群组成的影响。对粪便标本进行 16S rRNA 基因测序，对双歧杆菌进行 qPCR 分析。试验结果表明：与以往只饲喂犬粮(干物质基础)进行的研究相比(表 5.3)，作者发现梭杆菌和变形杆菌具有较高比例，这与上述对猫的研究结果一致。添加益生元补充剂对微生物群组成影响不大，添加菊粉组的乳酸菌数量略有增加，添加酵母细胞壁的日粮会导致犬粪便中的双歧杆菌数量有所增加。

在其他杂食性更强的物种中，如人类和猪，上述研究中发现的细菌属的变化可能对其健康产生负面影响。在对人类儿童研究中，试验表明超重儿童比正常体重儿童携带的双歧杆菌菌株数量要少得多，这意味着高含量双歧杆菌可能在以后的生活中对代谢性疾病具有保护作用(Kalliomaki 等，2008)。巨型球菌属是一种主要的产丁酸盐细菌，已被证明对断奶仔猪的肠道健康有积极的影响，其可以修复黏膜萎缩(吉田等，2009)。断奶仔猪肠道中乳酸菌含量较高，这降低了与断奶应激相关的胃肠道紊乱的发生概率(Siggers 等，2008)。虽然这些研究的结果可能表明，饲喂高蛋白质、低碳水化合物的日粮对健康是有害的，但事实上并没有发现饲喂高蛋白质日粮对犬或猫的健康产生负面影响，甚至在断奶期间也没有。这可能表明物种间差异确实存在，这可能是由进化过程中的日粮结构所导致的。因此，使用从杂食性更强的物种的试验中得到数据推断严格食肉性物种(如猫)的试验结果时，需极其谨慎。为了更好地了解日粮结构和日粮组成对食肉动物肠道微生物群的影响，因此有必要开展进一步的研究。

此外，虽然大多数关于日粮改变对犬和猫微生物群的影响的研究清楚地表明，在益生元或高蛋白质饲养期间犬、猫肠道中细菌门甚至属具有显著变化，但在功能水平上研究发现微生物组的基因表达似乎相当稳定(Barry 等，2012；Swanson 等，2011)。这一发现也同时提出了一个问题：日粮干预是否真正能够导致健康试验动物胃肠道功能发生显著改变。未来，这可能需要对患病和易感人群进行更多临床导向的宏基因组研究，以进一步揭开肠道微生物群的神秘面纱，尤其是食肉的犬和猫。

参考文献

Barry, K. A., Middelbos, I. S., Vester Boler, B. M., Dowd, S. E., Suchodolski, J. S., Henrissat, B., Coutinho, P. M., White, B. A., Fahey, G. C. and Swanson, K. S., 2012. Effects of dietary fiber on the feline gastrointestinal metagenome. Journal of Proteome Research 11(12):5924-5933.

Barry, K. A., Vester, B. M., and Fahey, Jr, G. C., 2009. Prebiotics in companion and livestock animal nutrition. In: Charalampopoulos, D. and Rastall, R. A. (eds.) Prebiotics and probiotics science and technology. Springer, New York, NY, USA, pp. 353-463.

Beloshapka, A. N., Dowd, S. E., Suchodolski, J. S., Steiner, J. M., Duclos, L. and Swanson, K. S., 2013. Fecal microbial communities of healthy adult dogs fed raw meat-based diets with or without inulin or yeast cell wall extracts as assessed by 454 pyrosequencing. FEMS Microbiology Ecology 84(3):532-541.

Benno, Y., Nakao, H., Uchida, K. and Mitsuoka, T., 1992. Impact of the advances in age on the gastrointestinal microflora of beagle dogs. The Journal of Veterinary Medical Science 54(4):703.

Bermingham, E. N., Young, W., Kittelmann, S., Kerr, K. R., Swanson, K. S., Roy, N. C. and Thomas, D. G., 2013. Dietary format alters fecal bacterial populations in the domestic cat (*Felis catus*). Microbiology Open 2(1):173-181.

Bischoff, S. C., 2011. Gut health: a new objective in medicine? BMC Medicine 9(1):24.

Buddington, R. K., 2003. Postnatal changes in bacterial populations in the gastrointestinal tract of dogs. American Journal of Veterinary Research 64(5):646-651.

Burgener, I. A., König, A., Allenspach, K., Sauter, S. N., Boisclair, J., Doherr, M. G. and Jungi, T. W., 2008. Upregulation of toll-like receptors in chronic enteropathies in dogs. Journal of Veterinary Internal Medicine 22(3):553-560.

Clarridge, J. E., 2004. Impact of 16S rRNA gene sequence analysis for identification of bacteria on clinical microbiology and infectious diseases. Clinical Microbiology Reviews 17(4):840-862.

Craven, M., McDonough, D. S. and Simpson, K. W., 2009. High throughput pyrosequencing reveals reduced bacterial diversity in the duodenal mucosa of dogs with IBD. Journal of Veterinary Internal Medicine 23:731.

Davis, C. P., Cleven, D., Balish, E. and Yale, C. E., 1977. Bacterial association in the gastrointestinal tract of beagle dogs. Applied and Environmental Microbiology 34(2):194-206.

Desai, A. R., Musil, K. M., Carr, A. P. and Hill, J. E., 2009. Characterization and quantification of feline fecal microbiota using *cpn*60 sequence-based methods and investigation of animal-to-animal variation in microbial population structure. Veterinary Microbiology 137(1):120-128.

Eckburg, P. B., Bik, E. M., Bernstein, C. N., Purdom, E., Dethlefsen, L., Sargent, M., Gill, S. R., Nelson, K. E. and Relman, D. A., 2005. Diversity of the human intestinal microbial flora. Science 308(5728):1635-1638.

Furet, J. P., Firmesse, O., Gourmelon, M., Bridonneau, C., Tap, J., Mondot, S., Doré, J. and Corthier, G., 2009. Comparative assessment of human and farm animal faecal microbiota using real-time quantitative PCR. FEMS Microbiology Ecology 68(3):351-362.

Garcia-Mazcorro, J. F., Dowd, S. E., Poulsen, J., Steiner, J. M. and Suchodolski, J. S., 2012. Abundance and short-term temporal variability of fecal microbiota in healthy dogs. Microbiology Open 1(3):340-347.

Garcia-Mazcorro, J. F., Lanerie, D. J., Dowd, S. E., Paddock, C. G., Grützner, N., Steiner, J. M., Ivanek, R. and Suchodolski, J. S.,, 2011. Effect of a multi-species synbiotic formulation on fecal bacterial microbiota of healthy cats and dogs as evaluated by pyrosequencing. FEMS Microbiology Ecology 78(3):542-554.

German, A. J., Day, M. J., Ruaux, C. G., Steiner, J. M., Williams, D. A. and Hall, E. J., 2003. Comparison of direct and indirect tests for small intestinal bacterial overgrowth and antibiotic-responsive diarrhea in dogs. Journal of veterinary internal medicine 17(1):33-43.

Ginzinger, D. G., 2002. Gene quantification using real-time quantitative PCR: an emerging technology hits the mainstream. Experimental Hematology 30(6):503-512.

Greetham, H. L., Giffard, C., Hutson, R. A., Collins, M. D. and Gibson, G. R., 2002. Bacteriology of the Labrador dog gut: a cultural and genotypic approach. Journal of Applied Microbiology 93(4):640-646.

Handl, S., Dowd, S. E., Garcia-Mazcorro, J. F., Steiner, J. M. and Suchodolski, J. S., 2011. Massive parallel 16S rRNA gene pyrosequencing reveals highly diverse fecal bacterial and fungal communities in healthy dogs and cats. FEMS Microbiology Ecology 76(2):301-310.

Handl, S., German, A. J., Holden, S. L., Dowd, S. E., Steiner, J. M., Heilmann, R. M., Grant, R. W., Swanson, K. S. and Suchodolski, J. S., 2013. Faecal microbiota in lean and obese dogs. FEMS Microbiology Ecology 84 (2): 332-343.

Harmsen, H. J. M., Gibson, G. R., Elfferich, P., Raangs, G. C., Wildeboer-Veloo, A. C. M., Argaiz, A., Roberfroid, M. B. and Welling, G. W., 2000. Comparison of viable cell counts and fluorescence in situ hybridization using specific rRNA-based probes for the quantification of human fecal bacteria. FEMS Microbiology Letters 183(1):125-129.

Hooda, S., Vester Boler, B. M., Kerr, K. R., Dowd, S. E. and Swanson, K. S., 2013. The gut microbiome of kittens is affected by dietary protein: carbohydrate ratio and associated with blood metabolite and hormone concentrations. British Journal of Nutrition 31:1-10.

Hooper, L. V. and Gordon, J. I., 2001. Commensal host-bacterial relationships in the gut. Science 292(5519):1115-1118.

Janeczko, S., Atwater, D., Bogel, E., Greiter-Wilke, A., Gerold, A., Baumgart, M., Brender, H., McDonough, P. L., McDonough, S. P., Goldstein, R. E. and Simpson, K. W., 2008. The relationship of mucosal bacteria to duodenal histopathology, cytokine mRNA, and clinical disease activity in cats with inflammatory bowel disease. Veterinary Microbiology 128(1):178-193.

Jergens A. E., Nettleton D., Suchodolski J. S., Wymore M., Wilke V., Dowd S. E., Steiner J. M., Wang, C. and Wannemuehler, M. J., 2010. Relationship of mucosal gene expression to microbiota composition in dogs with inflammatory bowel disease. Journal of veterinary internal medicine 24(3):725.

Johnston, K. L., Swift, N. C., Forster-Van Hijfte, M., Rutgers, H. C., Lamport, A., Ballàvre, O. and Batt, R. M., 2001. Comparison of the bacterial flora of the duodenum in healthy cats and cats with signs of gastrointestinal tract disease. Journal of the American Veterinary Medical Association 218(1):48-51.

Kalliomäki, M., Salminen, S. and Isolauri, E., 2008. Positive interactions with the microbiota: probiotics. In: Huffnagle, G. B. and Noverr, M. (eds.) GI microbiota and regulation of the immune system. Springer New York, New York, NY, USA, pp. 57-66.

Langendijk, P. S., Schut, F., Jansen, G. J., Raangs, G. C., Kamphuis, G. R.,

Wilkinson, M. H. and Welling, G. W., 1995. Quantitative fluorescence *in situ* hybridization of *Bifidobacterium* spp. with genus-specific 16S rRNA-targeted probes and its application in fecal samples. Applied and Environmental Microbiology 61(8): 3069-3075.

Ley, R. E., Bäckhed, F., Turnbaugh, P., Lozupone, C. A., Knight, R. D. and Gordon, J. I., 2005. Obesity alters gut microbial ecology. Proceedings of the National Academy of Sciences of the United States of America 102(31): 11070-11075.

Ley, R. E., Hamady, M., Lozupone, C., Turnbaugh, P. J., Ramey, R. R., Bircher, J. S., Schlegel, M. L., Tucker, T. A., Schrenzel, M. D., Knight, R. and Gordon, J. I., 2008. Evolution of mammals and their gut microbes. Science 320(5883): 1647-1651.

Lubbs, D. C., Vester, B. M., Fastinger, N. D. and Swanson, K. S., 2009. Dietary protein concentration affects intestinal microbiota of adult cats: a study using DGGE and qPCR to evaluate differences in microbial populations in the feline gastrointestinal tract. Journal of animal physiology and animal nutrition 93(1): 113-121.

Luckschander, N., Hall, J. A., Gaschen, F., Forster, U., Wenzlow, N., Hermann, P., Allenspach, K., Dobbelaere D., Burgener, I. A. and Welle, M., 2010. Activation of nuclear factor-κB in dogs with chronic enteropathies. Veterinary Immunology and Immunopathology 133(2): 228-236.

McMahon, L. A., House, A. K., Catchpole, B., Elson-Riggins, J., Riddle, A., Smith, K., Werling, D, Burgener, I. A. and Allenspach, K., 2010. Expression of Toll-like receptor 2 in duodenal biopsies from dogs with inflammatory bowel disease is associated with severity of disease. Veterinary Immunology and Immunopathology 135(1): 158-163.

Mentula, S., Harmoinen, J., Heikkilä, M., Westermarck, E., Rautio, M., Huovinen, P. and Könönen, E., 2005. Comparison between cultured small-intestinal and fecal microbiotas in beagle dogs. Applied and Environmental Microbiology 71(8): 4169-4175.

Middelbos, I. S., Boler, B. M. V., Qu, A., White, B. A., Swanson, K. S. and Fahey, Jr., G. C., 2010. Phylogenetic characterization of fecal microbial communities of dogs fed diets with or without supplemental dietary fiber using 454 pyrosequencing. PLoS ONE 5(3): e9768.

Minamoto, Y., Hooda, S., Swanson, K. S. and Suchodolski, J. S., 2012. Feline gastrointestinal microbiota. Animal Health Research Reviews 13(1):64-77.

Nguyen Van, N., Taglinger, K., Helps, C. R., Tasker, S., Gruffydd-Jones, T. J. and Day, M. J., 2006. Measurement of cytokine mRNA expression in intestinal biopsies of cats with inflammatory enteropathy using quantitative real-time RT-PCR. Veterinary Immunology and Immunopathology 113(3):404-414.

Osbaldiston, G. W. and Stowe, E. C., 1971. Microflora of alimentary tract of cats. American journal of veterinary research 32(9):1399.

Papasouliotis, K., Sparkes, A. H., Werrett, G., Egan, K., Gruffydd-Jones, E. A. and Gruffydd-Jones, T. J., 1998. Assessment of the bacterial flora of the proximal part of the small intestine in healthy cats, and the effect of sample collection method. American Journal of Veterinary Research 59(1):48-51.

Patra, A. K., 2011. Responses of feeding prebiotics on nutrient digestibility, faecal microbiota composition and short-chain fatty acid concentrations in dogs: a meta-analysis. Animal 5(11):1743-1750.

Plantinga, E. A., Bosch, G. and Hendriks, W. H., 2011. Estimation of the dietary nutrient profile of free-roaming feral cats: possible implications for nutrition of domestic cats. British Journal of Nutrition 106(1):S35-S48.

Rastall, R. A. and Maitin, V., 2002. Prebiotics and synbiotics: towards the next generation. Current Opinion in Biotechnology 13(5):490-496.

Ritchie, L. E., Burke, K. F., Garcia-Mazcorro, J. F., Steiner, J. M. and Suchodolski, J. S., 2010. Characterization of fecal microbiota in cats using universal

16S rRNA gene and group-specific primers for *Lactobacillus* and *Bifidobacterium* spp. Veterinary Microbiology 144(1):140-146.

Ritchie, L. E., Steiner, J. M. and Suchodolski, J. S., 2008. Assessment of microbial diversity along the feline intestinal tract using 16S rRNA gene analysis. FEMS Microbiology Ecology 66(3):590-598.

Rutgers, H. C., Batt, R. M., Elwood, C. M. and Lamport, A., 1995. Small intestinal bacterial overgrowth in dogs with chronic intestinal disease. Journal of the American Veterinary Medical Association 206(2):187.

Siggers, R. H., Siggers, J., Boye, M., Thymann, T., Mølbak, L., Leser, T., Jensen, B. B. and Sangild, P. T., 2008. Early administration of probiotics alters bacterial colonization and limits diet-induced gut dysfunction and severity of necrotizing enterocolitis in preterm pigs. The Journal of Nutrition 138(8): 1437-1444.

Simpson, J. M., Martineau, B., Jones, W. E., Ballam, J. M. and Mackie, R. I., 2002.

Characterization of fecal bacterial populations in canines: effects of age, breed and dietary fiber. Microbial Ecology 44(2):186-197.

Suchodolski, J., Dowd, S., Westermarck, E., Steiner, J., Wolcott, R., Spillmann, T. and Harmoinen, J., 2009. The effect of the macrolide antibiotic tylosin on microbial diversity in the canine small intestine as demonstrated by massive parallel 16S rRNA gene sequencing. BMC microbiology 9(1):210.

Suchodolski, J. S., 2011. Intestinal microbiota of dogs and cats: a bigger world than we thought. Veterinary Clinics of North America: Small Animal Practice 41 (2):261-272.

Suchodolski, J. S., Camacho, J. and Steiner, J. M., 2008. Analysis of bacterial diversity in the canine duodenum, jejunum, ileum, and colon by comparative 16S rRNA gene analysis. FEMS Microbiology Ecology 66(3):567-578.

Suchodolski, J. S., Markel, M. E., Garcia-Mazcorro, J. F., Unterer, S., Heilmann, R. M., Dowd, S. E., Kachroo, P., Ivanov, I., Minamoto, Y., Dillman, E. M., Steiner, J. M., Cook, A. K. and Toresson, L., 2012. The fecal microbiome in dogs with acute diarrhea and idiopathic inflammatory bowel disease. PloS ONE 7(12):e51907.

Suchodolski, J. S., Ruaux, C. G., Steiner, J. M., Fetz, K. and Williams, D. A., 2005. Assessment of the qualitative variation in bacterial microflora among compartments of the intestinal tract of dogs by use of a molecular fingerprinting technique. American Journal of Veterinary Research 66 (9): 1556-1562.

Swanson, K. S. and Fahey, G. J., 2006. Prebiotic impacts on companion animals. In: Gibson, G. R. and Rastall, R. A (eds.) Prebiotics: development and applications. Wiley, New York, NY, USA, pp. 213-236.

Swanson, K. S., Dowd, S. E., Suchodolski, J. S., Middelbos, I. S., Vester, B. M., Barry, K. A., Nelson, K. E., Torralba, M., Henrissat, B., Coutinho, P. M., Cann, I. K. O., White, B. A. and Fahey, G. C., 2011. Phylogenetic and gene-centric metagenomics of the canine intestinal microbiome reveals similarities with humans and mice. The ISME Journal 5(4):639-649.

Terada, A., Hara, H., Kato, S., Kimura, T., Fujimori, I., Hara, K., Maruyama, T. and Mitsuoka, T., 1993. Effect of lactosucrose (4G-beta-D-galactosylsucrose) on fecal flora and fecal putrefactive products of cats. The Journal of Veterinary Medical Science 55(2):291.

Tun, H. M., Brar, M. S., Khin, N., Jun, L., Hui, R. K. H., Dowd, S. E. and Leung,

F. C. C., 2012. Gene-centric metagenomics analysis of feline intestinal microbiome using 454 junior pyrosequencing. Journal of Microbiological Methods 88(3):369-376.

Vester, B. M., Dalsing, B. L., Middelbos, I. S., Apanavicius, C. J., Lubbs, D. C. and Swanson, K. S., 2009. Faecal microbial populations of growing kittens fed high-or moderate-protein diets. Archives of Animal Nutrition 63(3):254-265.

Xenoulis, P. G., Palculict, B., Allenspach, K., Steiner, J. M., Van House, A. M. and Suchodolski, J. S., 2008. Molecular-phylogenetic characterization of microbial communities imbalances in the small intestine of dogs with inflammatory bowel disease. FEMS Microbiology Ecology 66(3):579-589.

Yoshida, Y., Tsukahara, T. and Ushida, K., 2009. Oral administration of *Lactobacillus plantarum* Lq80 and *Megasphaera elsdenii* iNP-001 induces efficient recovery from mucosal atrophy in the small and the large intestines of weaning piglets. Animal Science Journal 80(6):709-715.

Zoetendal, E. G., Von Wright, A., Vilpponen-Salmela, T., Ben-Amor, K., Akkermans, A. D. and De Vos, W. M., 2002. Mucosa-associated bacteria in the human gastrointestinal tract are uniformly distributed along the colon and differ from the community recovered from feces. Applied and Environmental Microbiology 68(7):3401-3407.

第6章 断奶和日粮对仔猪肠道的影响

J. P. Lallès[1*] *and D. Guillou*[2]

[1] *INRA, UR 1341, ADNC, Domaine de la Prise, 35590 Saint-Gilles, France;*

[2] *Lallemand SAS, 19 rue des Briquetiers, 31700 Blagnac, France; jean-paul. lalles@rennes. inra. fr*

摘要：在饲料工业过去的几十年里，尽管对仔猪的研究从未止步，研究成果也得到广泛应用，但是仔猪断奶后的问题依然存在。本章从科学的观点强调指出，大量的饲用抗生素替代品具有减轻断奶仔猪肠道失调的潜力，并提供可能的潜在保护机制。在实际生产过程中，仅有数量有限的几种抗生素替代品（如氧化锌、喷雾干燥的动物血浆蛋白、指定的有机酸等）在使用。然而，许多研究是在高度可控的实验设备中进行的，并且观察次数很少。因此，许多其他可选的抗生素替代品的稳定性需要对大量猪只和在实际条件下进行测试，以确认其可靠性。本章的另一个重要观点涉及饲料组分或原料以及目前尚不明确的遗传和环境因素间的相互作用。现有的资料揭示了各组分间相互作用的真实性和复杂性。显然，单独评估两种或多种物质/组分的有益效果时，各组分间不仅具有叠加作用或协同作用，而且还有拮抗作用。因此，还要开展大量的工作去定义和优化抗生素替代品与开食料之间的关联规律。为了更好地掌握仔猪早期生存状态对肠道健康的长期影响，还需要进行长期的研究。

关键词：肠道功能、饲用抗生素替代品、断奶后

6.1 引言

在饲料工业过去的几十年里，尽管对仔猪的研究从未止步，研究成果也得到广泛应用，但是仔猪断奶后（post-weaning，PW）引起的问题依然存在。2006年1月1日欧洲全面禁用抗生素生长促进剂（anti-microbial growth promoters，AGP），兽医开具药物处方的后果是让饲料工业和养猪生产者对PW肠道疾病和腹泻束手无策，欧盟委员会已针对日益增加的抗生素耐药性带来的威胁制订了行动计划（15/11/2011）。然而，这个法律决议的一个主要好处是推动了大量抗生素替代方案的学术和应用研究。研究包括各种方案，从精准提供特定营养素（如*L*-谷氨酰

胺或 *L*-精氨酸）和保护性矿物元素（protective elements）（如锌、矿物质、有机形式矿物质）到开发全新替代品，如海藻提取物（seaweed extracts，SWE）。虽然这些替代品大多来源于植物，但一些动物来源的产品，如喷雾干燥的动物血浆蛋白（spray-dried animal plasma protein，SDAPP）已被证明同样有效，并且在教槽料中找到了商机。

从细胞和分子水平对 PW 肠道变化方面以及潜在抗生素替代品的作用机制取得的研究进展（和填补空白）已连续进行大量报道（Heo 等，2013；Lallès，2010a；Lallès 等，2004，2007，2009；Pluske，2013；Pluske 等，1997）。Lallès 等（2009）综述了 2003—2007 年发表的关于有机酸（包括丁酸钠）、特定氨基酸（*L*-谷氨酰胺、*L*-色氨酸、*L*-精氨酸、*L*-苏氨酸）、SDAPP 和牛初乳以及许多具有抗菌活性的植物提取物的文献。该综述的主要结论是，某些有机酸（如甲酸、二甲酸钾、苯甲酸）、混合物、*L*-谷氨酰胺和 SDAPP 与使用 AGP 获得的效果接近。报道的基本作用机制包括有机酸在胃和小肠近端诱导杀菌作用、刺激 *L*-谷氨酰胺的蛋白质合成和防御系统（如诱导性热休克蛋白；inducible heat shock proteins，HSP）以及免疫球蛋白介导的 SDAPP 和锌与肠道病原体的中和作用。近期的两篇报道揭示了 SDAPP 对回肠和结肠屏障功能的改善，以及炎症的减轻和肠道抗氧化能力的提高（Gao 等，2011；Peace 等，2011）。锌的保护机制是多种多样的（Lallès，2010a），本章就此进行综述。已经证明，中链脂肪/脂肪酸在保护猪肠道免受 PW 疾病中的功效（Decuypere Dierick，2003；Zentek 等，2011；Price 等，2013），这里不再赘述。与短链脂肪酸相比，正丁酸的效果取决于剂量、持续时间和饲喂时期（Lallès 等，2009）。例如，资料显示，在断奶前饲喂牛奶（3 g 正丁酸/kg DM）可促进断奶后仔猪体重增加和采食量。这种有益的效果与延迟胃的排空、减少肠黏膜重量和增加饲料消化率有关（Le Gall 等，2009）。最后，在体内进行植物提取物的评估试验结果表明，对肠道健康或生长性能方面并没有任何改善（Lallès 等，2009）。

本章回顾了 2007—2013 年初发表的资料，总结了在此期间对 PW 肠道疾病取得的新进展，并着重于对已知或全新抗生素替代物质保护机制的新观点。这里不考虑饲料中添加的酶制剂，因为关于这个问题已有综述（Kiarie 等，2013）。

6.2　断奶后失调的肠道生理及病理生理学研究进展

6.2.1　基础生理学

正如以往综述的那样，仔猪受到来自心理、环境和日粮方面压力的叠加，而这些压力与养猪业生产密切相关。这些压力包括受限的饲养环境，早期断奶，从易消化的母乳突然换到不易消化的以植物为主的混合日粮（一般是干粉末形式的），最后是混群饲养。所有这些应激通过神经、免疫、激素、营养和代谢途径强烈地影响胃肠道（gastrointestinal tract，GIT），造成的两个主要后果是：降低了肠道的重要功能和增加肠道对病原体的敏感性[如致病性大肠杆菌(entero-pathogenic *Escherichia coli*,EPEC),肠毒性大肠杆菌(entero-toxigenic *Escherichia Coli*,ETEC)],这些均导致自由采食量下降和生长受阻。断奶后胃肠道的改变包括小肠黏膜重量减少 20%～30%、绒毛萎缩、屏障功能受损、消化和吸收能力降低,最后刺激肠道分泌能力增强,继而导致腹泻(Montagne 等,2007;Pluske 等,1997)。这些变化对肠道菌群的组成与活性和黏膜免疫系统的发育也产生了长期的影响(Lallès 等,2007)。

与之前在实验室对啮齿动物的研究结果一样,仔猪对应激的高敏感性,神经系统、肠神经和肠黏膜肥大细胞对肠道生理改变起到主要作用。事实上,激素促肾上腺皮质激素释放因子(corticotropin releasing factor,CRF)和黏膜肥大细胞控制着"吸收-分泌"和"渗透"生理机制(Moeser 等,2007a,b)。这些疾病包括增加空肠和结肠 CRF-R1 受体浓度和肥大细胞脱颗粒、释放胰蛋白酶和炎症因子(如 TNF-α)(Moeser 等,2007a,b;Overman 等,2012;Smith 等,2010)。断奶引起肠道变化、抗氧化相关基因和消化酶活性降低,促使活性氧生成的酶(如肿瘤蛋白 53)趋于增加(Zhu 等,2012)。过氧化物酶体增殖激活受体 γ(PPARγ)辅助活化因子-1α(PGC-1α)通过调节线粒体抗氧化物的表达来降低抗氧化应激的保护作用(Zhu 等,2012)。最后,断奶后血浆超氧化物歧化酶活性降低,丙二醛、一氧化氮和过氧化氢浓度增加,这表明机体氧化还原平衡被打破,并趋向于更多的氧化反应(Zhu 等,2012)。

6.2.2 断奶日龄

重要的是,猪断奶时日龄越小,则对应激的敏感性越高(Moeser 等,2007a,b;Smith 等,2010),对随后的 ETEC 感染的先天免疫应答越低(McLamb 等,2013)。猪早期断奶改变了细胞因子和紧密连接蛋白的表达,并激活了丝裂原活化蛋白激酶(mitogen-activated protein kinases,MAPK)(Hu 等,2013)。断奶应激激活了肠内的 MAPK 信号通路,这可能是引起仔猪断奶相关肠道疾病的重要机制(Hu 等,2013)。

6.2.3 禁食与恢复采食

突然断奶使得仔猪采食量急剧下降,这是引起肠道变化的一个重要的因素(Lallès 等,2004,2007)。Bruininx 等(2001)研究了断奶仔猪采食随时间变化而变化,其结果与商业条件下仔猪急剧变化的禁食时间相一致。最近研究发现,禁食 36 h 加速了黏膜萎缩和应激蛋白上升,特别是在胃和结肠(Lallès 和 David,2011)。许多消化酶的活性显著降低,表明消化能力改变(Lallès 和 David,2011)。最近报道,断奶后仔猪肠道碱性磷酸酶(intestinal alkaline phosphatase,IAP)的基因表达和活性均下降(Lakeyram 等,2010)。这可能与 PW 的病理生理学和炎症有关,因为 IAP 表现出许多特异性功能,包括细菌促炎成分的解毒作用(如 lipopolysaccharide 脂多糖,LPS)(Lallès,2010b)。恢复采食 60 h 的仔猪几乎恢复了肠道质量和应激蛋白的生理水平,但胃恢复较慢(Lallès 和 David,2011)。此外,限制采食有时被视为缓解 PW 失调和腹泻的一种策略,其依据的是这样一种想法,即限制了这种交替饲喂方式(译者注:禁食-大量采食-禁食)。这似乎不是一个很好策略,特别是在卫生条件差的情况下,因为这增加了对猪生长性能和 PW 健康的负面影响(Pastorelli 等,2012)。

6.3　日粮营养(或前体物质)、动物蛋白质和矿物质

6.3.1　粗蛋白质

长期以来,人们一直建议降低断奶日粮中的粗蛋白质(crude protein,CP)含量以改善消化健康问题(Dirkzwager 等,2005)。然而,最近针对这一问题的研究没有提供确凿的证据,这种建议依赖于肠道生理学。Nyachoti 等(2012)研究了空肠和回肠(但不是十二指肠)的形态学改变(绒毛高度与隐窝深度的比值),当 CP 在 17%～23%变化时,遵循二次或三次线性模型。Bikker 等(2006)比较了 CP 从 21%降到 15%的日粮,在空肠中部没有发现形态学变化。Hermes 等(2009)发现当 CP 从 20%降低到 16%时,小肠和大肠重量减少,杯状细胞密度降低,上皮内淋巴细胞增加。无论是通过单独的氨基酸供给还是通过原料基本成分的相互作用,这些明显的差异均来自 CP 的间接影响。

6.3.2　葡萄糖、乳糖和淀粉

Vente-Spreeuwenberg 等(2003)比较了葡萄糖、乳糖和淀粉的等热量供给,发现日粮碳水化合物对器官重量和结构无作用。尤其是与葡糖糖或淀粉相比,乳糖未改善小肠完整性。

6.3.3　纤维与蛋白质

虽然 Pluske 等(1996)早期研究猪痢疾感染的试验中发现,谷物中的非淀粉多糖(non-starch polysaccharide,NSP)含量与痢疾(*Serpulina hyodysenteria*)的发病率增加有关,但仍有许多人试图证明断奶仔猪日粮中增加纤维的含量具有保护作用。Hedemann 等(2006)研究了纤维含量和类型(果胶)对肠道形态的影响,研究表明纤维含量降低了小肠隐窝深度而不改变绒毛高度,但结肠隐窝不受影响,果胶对小肠和结肠均有影响。同样,Gerritsen 等(2012)研究发现低蛋白品质的日粮中添加不溶性 NSP 的效果良好(如增加胃重量,改善粪便评分)。Bikker 等(2006)研究发现随着可发酵碳水化合物含量的增加,肠道长度增加,麦芽糖酶活性降低。最后,Hermes 等(2009)发现由于较高的日粮纤维含量,结肠组织(但不是小肠)重量增加(相对于体重)。

6.3.4　*L*-谷氨酰胺及其前体

L-谷氨酰胺是猪营养和肠道健康的一个重要氨基酸(Wu 等,2011)。给 21 日

龄断奶仔猪饲喂 7 d 的 *L*-谷氨酰胺(10 g/kg),增加了肠道与细胞生长和抗氧化系统相关基因的表达,同时降低了促进氧化应激和免疫激活的基因(Wang 等,2008)。在功能上,*L*-谷氨酰胺增加了肠道组织质量、谷胱甘肽含量和体增重(Wang 等,2008)。在另一项研究中,在 21 日龄的猪日粮中,添加更高剂量的 *L*-谷氨酰胺(20 g/kg),饲喂 3 d、7 d 和 14 d(Zhong 等,2011)。结论是平均日增重和采食量提高,腹泻率降低。肠道质量和绒毛高度与隐窝深度比率增加。添加 *L*-谷氨酰胺刺激了保护性 HSP70 在空肠中的表达,但在回肠无此现象(Zhong 等,2011)。*L*-谷氨酰胺通过刺激猪肠上皮细胞中 mTOR 信号通路来增加蛋白质合成(Xi 等,2012)。第三项研究,在为期 2 周的肠道试验中,研究了在 21 日龄猪的日粮中添加更高水平的 *L*-谷氨酰胺(44 g/kg)与大肠杆菌攻毒是否相关(Ewaschuk 等,2011)。结果表明添加 *L*-谷氨酰胺能够降低肠道组织中促炎性和抗炎性细胞因子(IL-1β、IL-6、TGF-β 和 IL-10)的基因表达水平,并减轻大肠杆菌攻毒引起的紧密连接蛋白基因表达的改变(Ewaschuk 等,2011)。

α-酮戊二酸是 *L*-谷氨酰胺代谢的关键中间体。有两项研究评估了 *α*-酮戊二酸(10 g/kg)对 21 日龄断奶仔猪肠黏膜的影响,并在第 10～16 天进行慢性 LPS(内毒素)攻毒,结果表明 LPS 攻毒增加了磷酸化的 mTOR 与 mTOR 的比率和 HSP70 的表达(Hou 等,2010)。*α*-酮戊二酸阻断 LPS 诱导反应(Hou 等,2010)。*α*-酮戊二酸还通过恢复肠细胞营养物质氧化能力、提高组织 AMP(一磷酸腺苷)与 ATP(三磷酸腺苷)比率和磷酸化 AMP 激酶水平,逆转 LPS 刺激对小肠黏膜的不利影响(Hou 等,2011)。作者认为在 LPS 刺激仔猪肠道时,添加 *α*-酮戊二酸可促进蛋白质合成和能量状态。最近,在机理上证明 *α*-酮戊二酸有助于猪肠道上皮细胞中 *L*-谷氨酰胺的保留,并通过 mTOR 信号通路刺激蛋白质合成(Yao 等,2012)。

给 21 日龄仔猪日粮中添加 N-氨甲基谷氨酸(0.8 g/kg)7 d,可使仔猪腹泻率降低,体重增加,肠道生长加快,绒毛高度和隐窝深度增加,小肠杯状细胞数目增加,HSP70 基因和蛋白过量表达(Wu 等,2010)。甘氨酰谷氨酰胺是一种二肽,能克服饲料中 *L*-谷氨酰胺稳定性的问题。将此二肽以 1.5 g/kg 加入乳猪(14 日龄)的日粮中,饲喂 3 周,在第 7 天和第 14 天后进行 LPS 刺激处理,结果表明补充甘氨酰谷氨酰胺改善了猪的生长性能、料重比和肠道结构,同时降低了全身炎症标记物水平(Jiang 等,2009)。

总之,这些研究证实并延伸了 *L*-谷氨酰胺及其前体对断奶仔猪小肠的保护作用。研究还表明,潜在的保护机制包括 *L*-谷氨酰胺通过 mTOR 信号途径调节肠道细胞中的蛋白转换,减少与细胞保护(HSP70)和抗氧化物(glutathione,谷胱甘肽)组分表达的相关组织炎症和氧化应激。*L*-谷氨酰胺添加剂量对这种保护作用有广泛的影响。

6.3.5　*L*-精氨酸

饲喂日粮中含有 7 或 12 g/kg *L*-精氨酸的小猪(体重 5 kg)10 d,结果表明,日粮 *L*-精氨酸缺乏会增加空肠中一氧化氮、亚硝酸盐和硝酸盐稳定代谢产物的浓度、增加肠绒毛高度、组织免疫反应性血管内皮生长因子(vascular endothelial growth factor,VEGF)和肠道黏膜 CD34(糖蛋白细胞-细胞黏附因子)的表达(Zhan 等,2008)。较高剂量的 *L*-精氨酸增加了空肠内皮素-1 浓度,但降低了十二指肠黏膜中的 VEGF 浓度(Zhan 等,2008)。因此,*L*-精氨酸的剂量可能是至关重要的。在另一项研究中,饲喂日粮中添加 5 或 10 g/kg *L*-精氨酸的仔猪 16 d,结果表明,*L*-精氨酸降低了 LPS 刺激引起的肠道结构改变(Liu 等,2008a)。这是因为 *L*-精氨酸刺激了肠上皮细胞增殖且减少了细胞凋亡。添加*L*-精氨酸可减轻 LPS 导致的体重减轻,并防止空肠(还有剂量增加)和回肠(*L*-Arg,5 g/kg)组织促炎细胞因子(IL-6 和 TNF-α)基因表达的增加,以及肠 PPARγ 基因表达的增加(Liu 等,2008a)。在第三项研究中,饲喂日粮中添加 *L*-精氨酸(6 g/kg)饲喂 21 日龄断奶的仔猪 7 d,结果表明,*L*-精氨酸促进肠道生长并刺激组织 HSP70 基因和蛋白的表达(Wu 等,2010)。在第四项研究中,向早期断奶仔猪的日粮中添加 *L*-精氨酸(10 g/kg) 7 d,可提高猪的生长速度和饲料转化效率,而不影响采食量,小肠的相对重量、各肠段的肠绒毛高度和 VEGF 表达均增加(Yao 等,2011)。添加*L*-精氨酸降低了血浆中氨、尿素和皮质醇的浓度,这表明 *L*-精氨酸改善了氮代谢并减少了应激(Yao 等,2011)。最后,在轮状病毒感染新生仔猪的情况下,Corl 等(2008)研究结果表明,虽然 *L*-精氨酸(0.5 g/kg BW/d)对新生仔猪病毒感染引起的腹泻没有作用,但是提高了肠道蛋白合成和改善肠道的通透性。总而言之,这些研究结果都表明 *L*-精氨酸在仔猪断奶后这一时期具有抗炎和抗应激特性,并且可能取决于*L*-精氨酸的添加剂量。

6.3.6　*L*-苏氨酸

饲喂日粮中缺乏 *L*-苏氨酸(6.5 g vs 9.3 g 苏氨酸/kg)7 日龄的小猪 2 周,并不影响其生长性能或肠杯状细胞的数量,却增加了回肠的通透性,降低了回肠绒毛的高度与隐窝深度比值和氨基肽酶 N 的活性(Hamard 等,2007)。*L*-苏氨酸缺乏还影响免疫和防御反应、能量代谢和蛋白质合成等许多基因的表达(214 种基因过量表达;110 种基因降低表达),包括紧密连接蛋白(ZO-1;cingulin)和肌球蛋白轻链激酶(myosin light chain kinase,MLCK)(Hamard 等,2010)。本研究表明,*L*-苏氨酸缺乏可能影响仔猪肠道的重要功能。然而,较高水平 *L*-苏氨酸的影响未见报道。

6.3.7　*L*-色氨酸

在基础日粮中添加 5 g/kg 的 *L*-色氨酸(可消化色氨酸为 2 g/kg)改善了肠绒

毛高度与隐窝深度的比值，但不影响肠旁细胞或细胞间的通透性（Koopmans 等，2006）。给 21 日龄断奶的猪饲喂添加 *L*-色氨酸（10 g/kg）的日粮 9 d，5 d 后接受 ETEC 攻毒，Trevisi 等（2009）报道了 *L*-色氨酸与猪遗传方面的复杂关系（肠道受体对 K88 菌毛的敏感性与大肠杆菌黏附性的关系）（参见以下段落）。

6.3.8 乳铁蛋白衍生物和溶菌酶

牛的乳铁蛋白表现出抗微生物的特性与其消化产物乳铁蛋白肽和乳铁蛋白有关。饲喂日粮中含有 100 mg/kg 融合蛋白（乳铁蛋白肽与乳铁蛋白的融合物）的仔猪（21 日龄断奶）3 周，并用 ETEC 攻毒，结果表明，这些多肽提高了猪的生长性能和肠道形态，同时减少了大肠杆菌的数量，并对回肠、盲肠和结肠中的乳酸杆菌和双歧杆菌有益（Tang 等，2009）。溶菌酶是另一种具有抗菌活性的小分子蛋白质，以 1 或 2 g/L 的含量（4 000 溶菌酶单位/mL）给断奶仔猪饮水 7 d 或 14 d（Nyachoti 等，2012）。ETEC 攻毒 8 d，发现溶菌酶可减少回肠 ETEC 的数量，在浓度为 1 g/L 时增加回肠绒毛数量（Nyachoti 等，2012）。血浆促炎细胞因子（TNF-α、IL-6）水平在溶菌酶浓度为 1 g/L 时最高，2 g/L 时最低，猪的生长性能不受溶菌酶的影响（Nyachoti 等，2012）。这两项研究表明，牛乳来源的具有抗菌特性的蛋白质对猪的小肠形态和微生物组成是有益的。

6.3.9 钙和磷

低水平和高水平的钙（Ca）和磷（P）（Ca 和 P 需要量分别是 65% vs 125%、65% vs 115%）饲喂断奶仔猪 2 周，结果表明，高 Ca 和高 P 水平降低了十二指肠促炎细胞因子 IL-1β 和盲肠隐窝深度基因的表达（Metzler-Zebeli 等，2012）。近期在大鼠上报道肠碱性磷酸酶（IAP）的刺激活性（Brun 等，2012）。IAP 是细菌性 LPS 解毒和肠道炎症消炎的关键酶（Lallès，2010b）。此外，已经证实高水平的 Ca 和 P 可以减轻因化学诱导引起的大鼠结肠炎症（Schepens 等，2012）。

6.3.10 锌

缺锌对肠道通透性和紧密连接蛋白有不利影响（Finamore 等，2008）。相反，高水平的锌对猪的生长和肠道健康有益。Ou 等（2007）使用两种剂量的氧化锌（100 和 3 000 mg/kg 日粮）饲喂猪 10 d，研究对生产性能和肠道肥大细胞的影响。结果表明，虽然最高剂量的锌减少了腹泻的发生率，同时也降低了 mRNA、干细胞因子（stem cell factor，SCF）蛋白水平、小肠黏膜和黏膜下层肥大细胞的数量以及肥大细胞的组胺释放。浆膜（但不是黏膜）中的锌能够减少肠道氯的分泌（Carlson 等，2008），这表明可吸收锌在保护效应中的作用。饲喂日粮中含有 80 mg/kg 有机锌（螯合锌）的小猪（21 日龄）2 或 3 周，结果表明，在 3 周的时间内，改善了料重比和粪便评分（Castillo 等，2008）。在另一项研究中，将两种形式的锌，氧化锌或碱式氯化锌加入日粮（Zn 2 000 mg/kg）中，饲喂 24 日龄的仔猪 2 周，正如预期的那样，补锌提高了猪的生长速度、采食量和饲料效率，并改善了 PW 粪便评分（Zhang 和 Guo，2009）。碱式氯化锌在回肠中降低肠通透性、增加紧密连接蛋白和 ZO-1 基因及蛋白表达方面均优于氧化锌（Zhang 和 Guo，2009）。锌还可以改善肠道氧化还原状态并防止细胞凋亡（Wang 等，2009）。最后，锌还可以防止大肠杆菌对猪上皮细胞的黏附和侵害（Roselli 等，2003），最新的资料表明锌可以降低体内大肠杆菌 K88 受体的肠道表达（Sargeant 等，2010）。

总而言之，关于日粮中锌的最新资料表明，锌在多种生理过程中具有活性，并有助于在猪 PW 的全面保护作用。

6.4　日粮组成

6.4.1　体外饲料组分试验

各种饲料组分，包括小麦麸、酪蛋白糖巨肽、甘露寡糖、刺槐豆（长角豆属）提取物和米曲霉发酵提取物，均可降低大肠杆菌 K88 与猪空肠上皮细胞的结合力。其中酪蛋白糖巨肽和甘露低聚糖（MOS）对大肠杆菌 K88 有很强的抑制作用（Hermes 等，2011）。

重要的是，在本研究中，日粮中的小麦麸是降低促炎细胞因子和趋化因子基因的唯一的也是最强的饲料组分（Hermes 等，2011）。

6.4.2　谷物中的 β-葡聚糖

含有 89.5 g/kg 燕麦 β-葡聚糖的日粮，饲喂断奶仔猪 2 周，结果表明，燕麦 β-葡聚糖增加结肠 IL-6 和盲肠 MCT1 转运体基因的表达，并分别与肠道内的正丁酸和总 SCFA 浓度相关（Metzler-Zebeli 等，2012）。大麦 β-葡聚糖以低、中、高水平（17、35.5 和 73.5 g/kg）加入小麦型基础日粮中，饲喂 21 日龄仔猪 2 周，结果表明，大麦 β-葡聚糖除了修饰细胞免疫的各种特性外，还在以甘露醇作为标记的情况下表现出增强肠组织电导率和通透性（Ewaschuk 等，2012）。与肠细胞结合的大肠杆菌 K88 也随日粮 β-葡聚糖加入而成比例增加（Ewaschuk 等，2012）。因此，尽管大麦 β-葡聚糖具有免疫调节特性，但对肠道功能和微生物菌群有不利影响。

6.4.3　低聚糖

饲喂日粮中含有 2 g/kg MOS 的仔猪（21 日龄）2 或 3 周，在 3 周的时间内，改善了料重比和粪便评分。MOS 还降低了空肠中的肠道细菌数量（Castillo 等，2008）。饲喂日粮中添加不同水平壳寡糖（Chitooligosaccharides，COS）（100、200 和 400 mg/kg）的仔猪（16 日龄）3 周，结果表明，COS 改善 PW 腹泻粪便评分，100 和 200 mg/kg 的 COS 改善了猪的生长、采食量和料重比（Liu 等，2008b）。添加

100 mg(DM 中含 Ca 和 P)和 200 mg(DM 中含 CP、GE、CF、Ca 和 P)COS/kg 的日粮,饲料组分的全肠道消化率提高(Liu 等,2008b)。COS 有利于粪便中的乳酸杆菌,当 COS 添加 200 mg/kg 时,可增加回肠绒毛高度,减少粪便大肠杆菌数量(Liu 等,2008b)。在另一项研究中,饲喂日粮中添加 160 mg/kg COS 的猪(17 日龄)7 d 和 14 d,试验处理为大肠杆菌 K88 攻毒与否,结果表明,COS 降低了攻毒后的腹泻发生率,而对生长性能没有影响(Liu 等,2010)。因此,日粮中添加 100~200 mg/kg COS 可减少 PW 腹泻,并且 200 mg/kg 是改善早期断奶仔猪生长性能和肠道功能的最佳剂量。

6.4.4 大米

事实证明,在断奶仔猪日粮中加入熟米可有效提高淀粉消化率,减少 PW 猪粪便中 ETEC 和腹泻(Montagne 等,2004;Pluske 等,2007)。将含有熟玉米和压片玉米(500 g/kg)的混合日粮饲喂 37 日龄的仔猪,淀粉糊化度为 840 g/kg(Vicente 等,2009)。用大米代替玉米淀粉,糊化度为 110(生米)、520 和 760(熟米)g/kg,与玉米日粮相比,饲喂大米提高了饲料组分的消化率和回肠的形态。含有熟米的日粮干物质(但不是氮)消化率最高(Vicente 等,2009)。适度熟化的大米日粮有较高的回肠绒毛高度与隐窝深度比值和较高的消化率,而高度熟化的大米日粮有不良的影响(Vicente 等,2009)。因此,本研究的最佳结果是大米适度熟化。Torrallardona 等(2012)进行了两个比较谷物的试验:第一个试验是将生的大米、裸燕麦和大麦在加入饲料前比较;第二个试验是将以上谷物挤压后比较,研究发现谷物来源影响回肠和结肠微生物组内的相似性,但不影响肠道形态。

6.4.5 海藻成分

最近,爱尔兰的一个研究机构对 SWE(海藻提取物)进行了研究,用含有 2.8 g/kg SWE 的日粮饲喂母猪(从妊娠第 107 天至断奶 26 天)、仔猪或母子同喂,研究发现,饲喂 SWE 的母猪及其后代 PW 仔猪肠道内 MUC2 mRNA 丰度有短暂提升,并且结肠内大肠杆菌数量较低(Leonard 等,2011b)。

在另一项研究中,SWE 单独使用或与鱼油一起使用(Leonard 等,2011a)。SWE 含有海带多糖(100 g/kg)、褐藻糖胶(80 g/kg)和灰分(820 g/kg),饲喂水平为每头母猪 10 g/d。结果表明,SWE 在断奶后 3 周对后代仔猪生长性能有利以及降低盲肠大肠杆菌数量,并增加回肠和空肠的绒毛高度与隐窝深度比值。此外,饲喂 SWE 的母猪产出的仔猪回肠中 TNF-α 和结肠中 TFF3 mRNA 的表达量增加(Leonard 等,2011a)。重要的是,最近研究表明,SWE 在体外与 LPS 共同培养时,在猪结肠表现出抗炎特性(Bahar 等,2012)。

6.4.6　油脂和脂肪

在母猪妊娠期和哺乳期(与含猪油的日粮相比;分别是 5 和 55 g/kg 日粮)补充亚麻籽油(富含 α-亚麻酸,18:3*n*-3),在 28 日龄未断奶的后代仔猪中表现出增加回肠通透性和调节神经免疫(Boudry 等,2009;De Quelen 等,2011)。母猪饲喂包被的鱼油或二十二碳五烯酸(DHA)(在妊娠和哺乳期间添加 1.4 g/kg 日粮),出生 14～17 日龄的后代仔猪禁食 1 d(模拟断奶),表现出 AMP 激酶激活肠钠依赖性葡萄糖吸收增加(Gabler 等,2007,2009)。虽然这些研究中没有研究 PW 期,但可以预见母猪日粮中的长链多不饱和脂肪酸(LC-PUFA)对后代肠道功能的一些长期影响。Cera 等(1988a,b,1990)和 Li 等(1990)对猪 PW 的研究表明,脂肪来源对肠道形态和脂肪酶活性有影响。玉米油本身的不稳定性会降低肠道健康指数。大豆油和椰子油的组合添加比单独添加某一种更好。对于长链脂肪酸,从妊娠第 107 天起至断奶 26 d,饲喂含 100 g/d 鱼油的日粮[含 40%二十碳五烯酸(EPA)和 25%DHA],并分析仔猪的肠道指标。结果表明,给母猪添加鱼油(FO)可以提高 PW 7 d 和 14 d 后代仔猪生长速度和饲料效率,提高结肠中 IL-1α 和 IL-6 的 mRNA 水平(Leonard 等,2011a)。用含鱼油日粮(50 g/kg 日粮)饲喂断奶仔猪 21 d,在试验结束时接受 ETEC 攻毒,结果表明,鱼油通过增强紧密连接蛋白(occludin 和 claudin-1)来改善肠道形态和屏障功能,还能减少肠道炎症、细胞凋亡和应激(Liu 等,2012)。

现有资料均表明,母猪日粮的脂肪酸组成对仔猪的肠道功能有影响,可能是仔猪应对断奶的一种方式。然而,还需要长期做更多的研究工作。

6.4.7　纤维源

在一项研究中,饲喂日粮中含有 4 g/kg 菊粉的小猪 4 周,结果表明,添加菊粉可降低结肠中两种细胞因子(TNF-α、TGF-β)基因的表达,而对小肠无影响(Mair 等,2010)。重要的是,在本研究中观察到菊粉和益生菌之间的相互拮抗作用(参见下面关于相互作用的段落)。

麦麸是一种富含纤维素和半纤维素的不溶性纤维源,饲喂日粮中添加 30 g/kg 的仔猪 37 d。结果表明,麦麸日粮增加了小肠绒毛高度与隐窝深度比值,增加了胃和空肠中 NFκB mRNA 基因的表达,增加了仔猪空肠中 TGF-β、TNF-α 和半胱氨酸蛋白酶 3(caspase 3)的表达(Schedle 等,2008)。在另一项研究中,饲喂日粮中含有 40 或 80 g/kg 小麦麸的仔猪 13 d,结果表明,日粮小麦麸含量 40 g/kg 时,对有机物和干物质消化率没有影响,而小麦麸含量在 80 g/kg 时,降低了有机物和干物质消化率(Molist 等,2011)。因此,适量添加小麦麸对猪小肠有一定的有益作用,而较高水平添加对猪小肠的消化率有负面影响。作为不溶性纤维的另一个来源,中国马尾松(*Pinus massoniana*)的花粉以 12.7 或 25.5 g/kg 加入仔猪的日粮中,并饲喂 37 d,结果表明,花粉降低了结肠中许多基因的表达(如 NFκB、TNF-α、

TGF-β、caspase 3、CDK4 和 IGF-1），并具有抗炎特性（Schedle 等，2008）。

6.4.8 抗氧化物质

将富含多酚的苹果渣或红酒渣添加到日粮中，仔猪饲喂 3 周至断奶的前 3 d（译者注：仔猪第 18、19 和 20 日龄），这 3 d 连续屠宰仔猪，结果表明，这两种添加物均能最大限度地减少由于断奶引起的绒毛改变和派尔集合淋巴结（Peyer's patch）扩大，并刺激结肠隐窝的发育（Sehm 等，2007）。然而，与苹果渣相比，红酒渣抑制了空肠绒毛生长（Sehm 等，2007）。与之类似的试验，葡萄籽渣和富含多酚的水果渣以 10 g/kg 日粮添加 4 周，能够提高猪的生长性能、肠道完整性和减少肠道炎症（Gessner 等，2013）。含有抗氧化物质混合物（含有维生素 C、维生素 E、茶多酚、硫辛酸、由细菌和酵母发酵产生的微生物抗氧化物质）6.75 g/kg 的日粮饲喂 21 日龄仔猪 2 周，结果表明，这种抗氧化物质混合物能够减轻断奶引起的肠道消化酶的变化，降低参与 ROS 产生酶的活性（如肿瘤蛋白 53），并刺激抗氧化因子（如 PPARγ 辅活化因子-1α，PGC-1α）（Zhu 等，2012）。

因此，抗氧化复合物在缓解 PW 肠道疾病方面似乎很有前景。然而，由于一些多酚化合物具有很强的蛋白结合能力，因此，对日粮蛋白质消化率有负面影响。

6.5 益生菌

6.5.1 细菌

益生菌大肠杆菌 Nissle 1917 菌株通过减少空肠氯化物分泌来消除 PW 腹泻，并恢复由 ETEC 诱导的肠通透性改变（Schroeder 等，2006）。嗜淀粉乳杆菌（旧称清醒乳杆菌）在猪肠道内可减少大肠杆菌感染并改善受感染猪的生长（Konstantinov 等，2008）。这些有益效果可以减少 ETEC 黏附和改善肠道屏障，如猪肠道上皮 IPEC-1 细胞系（cell line）（Roselli 等，2007）。将益生菌发酵乳酸杆菌（菌株 I5007）饲喂断奶仔猪 13 d，结果表明，益生菌可降低肠上皮细胞凋亡和应激反应相关蛋白的表达，增加胃肠道解毒相关蛋白的表达；同时，发酵乳酸杆菌促进了能量和脂质代谢、细胞结构和活力、蛋白质合成和免疫相关蛋白的表达；重要的是，AGP（金霉素）对照组没有观察到后一种效应（Wang 等，2012）。在另一项研究中，一种益生菌混合物（含有肠球菌、乳酸杆菌和双歧杆菌）饲喂断奶仔猪 4 周，刺激了绒毛高度，并增加空肠中产生中性黏蛋白的杯状细胞的密度，这种益生菌混合物对小肠或结肠中的促炎基因（NF κB、TNF-α）标记物没有影响（Mair 等，2010）。单独提供植物乳杆菌（*Lactobacillus plantarum*）Lq80（10^{10} 个菌株/d）或与埃氏巨型球菌（*Megasphaera elsdenii*）iNP-001（10^{9} 个菌株/d）联合研究对 20～28 日龄仔猪的影响，为期 2 周，结果表明，埃氏巨型球菌利用乳酸产生丁酸，在乳酸杆菌存在时活性可能增强，植物乳杆菌限制 PW 绒毛萎缩并刺激结肠产生 IgA，这两种细菌的结合刺激了结肠正丁酸酯的产生和黏膜厚度，并增加了结肠 IgA 的浓度（Yoshida 等，2009）。

在哺乳期（每周 3 d，灌服）和 21 日龄断奶后，对添加了乳酸片球菌（*Pediococcus acidilacti*）的仔猪进行试验，这种方法减少了在 52 日龄 ETEC 攻毒后细菌向肠系膜淋巴结的转移（Lessard 等，2009）。相比之下，添加粪肠球菌的日粮不能影响 TFF 家族基因的肠道表达（Scholven 等，2009）。最后，报道了鼠李糖乳杆菌 GG（*Lactobacillus rhamnosus* GG）引起猪 PW 非自发性的不良影响（Bosi 和 Trevisi，2010）。

6.5.2　酵母及其衍生物

饲喂日粮中含有 1.25 g/kg 酵母培养物的 27 日龄仔猪 5 周，结果表明，改善了猪的料重比，但并不影响饲料采食量和空肠绒毛-隐窝结构（Van der Peet-Schwering 等，2007）。Bontempo 等（2006）饲喂日粮中含有 2 g/kg 另一种酵母（酿酒酵母 CNCM-I 1079“布拉迪”）的 PW 仔猪 30 d 却得到不同的结论，其生长性能和回肠形态得到改善，黏膜厚度减少，黏膜巨噬细胞数量增加。在另一项研究中，评估日粮增加酵母剂量（2.5、5、10、20 g/kg 日粮）的效果，饲喂 28 日龄仔猪 21 d（shen，2009），结果表明，虽然料重比不受酵母添加量的影响，但分别添加 5 g/kg 和 10 g/kg 酵母使猪的生长速度和饲料采食量最大（Shen 等，2009）。在第二个试验中，用 5 g/kg 酵母的日粮饲喂 21 日龄仔猪 3 周，研究发现添加酵母可改善饲料消化率（DM、CP、总能）和肠道结构（Shen 等，2009）。在饲喂添加酵母的日粮 14 d 后，肠道 IFNγ 和 T $CD4^+$ 淋巴细胞浸润也较低（Shen 等，2009）。在 Lessard 等（2009）的研究中，补充布拉迪酵母减少了在 52 日龄进行 ETEC 攻毒后细菌向肠系膜淋巴结的转移，并增加了回肠 IgA 的产生（Lessard 等，2009）。因此，益生菌在猪 PW 的有益作用取决于益生菌菌株、添加水平以及使用的持续时间和使用阶段。

6.6　饲料添加物与饲养环境的相互作用

6.6.1　饲料添加物之间的相互作用

一些研究已经解决了断奶日粮中不同物质之间相互作用的重要问题。似乎拮抗作用要大于协同作用。饲喂 21 日龄仔猪 2 周，其日粮中添加有机锌（80 mg/kg）和 MOS（2 g/kg），结果表明，二者之间有协同作用，并且降低了空肠隐窝的深度（Castillo 等，2008）。然而，这二者对粪便评分的拮抗作用不再有改善作用（Castillo 等，2008）。此外，报道了小麦麸和氧化锌对粪便中大肠杆菌数量的拮抗作用：单独添加小麦麸细菌数量减少，但是添加锌细菌数量增加（Molist 等，2011）。据报道，菊粉(40 g/kg 日粮)与益生菌混合物(肠球菌、乳酸杆菌和双歧杆菌)之间的拮抗作用涉及许多参数(Mair 等,2010)。菊粉的添加抵消了益生菌混合物的有益效果。Leonard 等(2011b)观察到 SWE(每头母猪 10 g/d)和 LC-PUFA(鱼油,40% EPA,25% DHA;每头母猪 100 g/d)之间的拮抗相互作用。SWE 对大肠杆菌数量和绒毛结构的改善作用随着鱼油(FO)添加而消失(Leonard 等,2011b)。最后,观察到断奶日粮中粗蛋白质和纤维含量之间几乎没有相互作用(Bikker 等,2006;Gerritsen 等,2012;Hermes 等,2009)。Van der Peet-Schwering 等(2008)报道在酵母培养物上添加富含 MOS 的酵母细胞壁产物没有叠加效果。Lessard 等(2009)在研究中也没有观察到乳酸片球菌(*P. acidilacti*)和布拉迪酿酒酵母(*S. cerevisia boulardii*)之间的叠加作用。燕麦 β-葡聚糖与钙/磷水平之间的相互作用对猪生产性能没有显著影响,但燕麦 β-葡聚糖的摄入趋向于降低饲喂低钙-磷水平猪的十二指肠 IL-1β 基因表达(Metzler-Ze 等,2012)。Manzanilla 等(2009)报道精炼油混合物在 CP 为 18% 比 20% 影响更为显著,并且还取决于蛋白质来源(鱼粉和大豆粕)。

6.6.2 日粮组成、遗传和环境的相互作用

Trevisi 等(2009)研究了添加 *L*-色氨酸和大肠杆菌对猪肠粘连易感性的相互作用。结果发现,易感 ETEC 的猪通过增加饲料(添加 *L*-色氨酸)的采食量部分抵消了 ETEC 的不利影响。此外,补充 *L*-色氨酸可减少 ETEC 易感猪的小肠和大肠长度(不影响组织总重量)并增加近端肠绒毛高度(Trevisi 等,2009)。不良的卫生环境通常会减少自由采食量,并限制 PW 猪的生产性能。最近的一项研究中,研究了纤维含量与饲养环境之间的相互作用(Montagne 等,2012)。出乎意料的是,恶劣的卫生条件更有利于建立肠道有益微生物群(Montagne 等,2012)。然而,较高的日粮纤维水平(对照组日粮 169 vs 121 g/kg)使微生物生态系统平衡趋向于不利,这表明在卫生条件差的情况下,纤维是致病菌的底物(Montagne 等,2012)。

因此,在已知的具有有益效果的其他组分存在的情况下,特定日粮组分的有益效果可能消失或甚至变得有害,其结果也可能取决于遗传和环境因素。显然,需要对所有这些因素之间的相互作用进行更多的研究。这可能有助于理解已发表研究文献之间的明显差异。

6.7 早期营养干预的长期影响

众所周知,不平衡日粮或环境压力对母猪产前和产后以及仔猪早期饲喂管理有影响,并对随后各种器官和组织的新陈代谢和功能有长期影响。最近的研究把胃肠道也提上日程,尽管在猪中的资料仍然很少(Lallès,2012)。

最近研究了在母猪妊娠期和哺乳期饲喂 SWE 对其后代的影响，结果发现，补充 SWE 的母猪所产出的仔猪在 PW 3 周具有较高的体重(Leonard 等，2011b)。然而，直接给这些仔猪添加 SWE 并没有叠加效果。长期试验效果表明，在添加 SWE 的猪中，粪便中肠杆菌的数量在第 117 天时开始减少(Leonard 等，2011b)。给母猪饲喂 2 g/kg 的酵母(酿酒酵母 CNCM-I 1079“布拉迪”)对后代仔猪 PW 的绒毛高度与隐窝深度比值有后续效应(carry-over effect)(Di Giancamillo 等，2007)。在哺乳期，给仔猪提供益生菌短乳杆菌(菌株 1E1)能够减少小肠中的大肠杆菌和大肠菌群的数量，并提高 9 日龄仔猪回肠和 22 日龄仔猪十二指肠中的绒毛与隐窝比值(Gebert 等，2011)。显然，今后对这一领域的研究还要继续。

6.8 结论与展望

本章从科学角度强调指出，饲料中大量抗生素替代品具有缓解 PW 仔猪肠道疾病的潜力，并提供了潜在的保护机制。然而，许多这些研究都是在高度可控的实验设备中进行的，并且常常观察次数较少。除了已经得到广泛认可的数量有限的替代品(如氧化锌、SDAPP、有机酸)之外，许多潜在替代品的稳定性需要对大量的猪和在实际条件下进行测试，以确认其保护作用。本章的另一个重要观点涉及目前鲜为人知的饲料组分或原料之间的相互作用。少数可用的资料揭示了这些相互作用的真实性和复杂性。显然，两种或两种以上物质/组分的有益作用不仅具有叠加作用和协同作用，同时也存在拮抗作用。因此，该领域还有大量工作需要开展，以便定义和优化这些替代品与开食料之间的联系。为了更好地了解仔猪早期生存状况对肠道健康的长期影响，还需要进行长期研究。

参考文献

Bahar, B., O'Doherty, J. V., Hayes, M. and Sweeney, T., 2012. Extracts of brown seaweeds can attenuate the bacterial lipopolysaccharide-induced pro-inflammatory response in the porcine colon *ex vivo*. Journal of Animal Science 90 (Supplement 4): 46-48.

Bikker, P., Dirkzwager, A., Fledderus, J., Trevisi, P., Le Hüerou-Luron, I., Lallès, J. P. and Awati, A., 2006. The effect of dietary protein and fermentable carbohydrates levels on growth performance and intestinal characteristics in newly weaned piglets. Journal of Animal Science 84: 3337-3345.

Bontempo, V., Di Giancamillo, A., Savoini, G., Dell'Orto, V. and Domeneghini,

C., 2006. Live yeast dietary supplementation acts upon intestinal morpho-functional aspects and growth in weaned piglets. Animal Feed Science and Technology 129:224-236.

Bosi, P. and Trevisi, P., 2010. New topics and limits related to the use of beneficial microbes in pig feeding. Beneficial Microbes 1:447-454.

Boudry, G., Douard, V., Mourot, J., Lallès, J. P. and Le Huërou-Luron, I., 2009. Linseed oil in the maternal diet during gestation and lactation modifies fatty acid composition, mucosal architecture, and mast cell regulation of the ileal barrier in piglets. Journal of Nutrition 139:1110-1117.

Bruininx, E. M. A. M., Van der Peet-Schwering, C. M. C., Schrama, J. W., Vereijken, P. F. G., Vesseur, P. C., Everts, H., Den Hartog, L. A. and Beynens, A. C., 2001. Individually measured feed intake characteristics and growth performance of group-housed weanling pigs: effects of sex, initial body weight and body weight distribution within groups. Journal of Animal Science 79: 301-308.

Brun, L. R., Brance, M. L. and Rigalli, A., 2012. Lumenal calcium concentration controls intestinal calcium absorption by modification of intestinal alkaline phosphatase activity. British Journal of Nutrition 108:229-233.

Carlson, D., Sehested, J., Feng, Z. and Poulsen, H. D., 2008. Serosal zinc attenuate serotonin and vasoactive intestinal peptide induced secretion in piglet small intestinal epithelium *in vitro*. Comparative Biochemistry and Physiology, A Molecular and Integrated Physiology 149:51-58.

Castillo, M., Martín-Orúe, S. M., Taylor-Pickard, J. A., Pérez, J. F. and Gasa, J., 2008. Use of mannan-oligo-saccharides and zinc chelate as growth promoters and diarrhea preventative in weaning pigs: Effects on microbiota and gut function. Journal of Animal Science 86:94-101.

Cera, K. R., Mahan, D. C. and Reinhart, G. A., 1988a. Weekly digestibilities of diets supplemented with corn oil, lard or tallow by weanling swine. Journal of Animal Science 66:1430-1437.

Cera, K. R., Mahan, D. C. and Reinhart, G. A., 1988b. Effects of dietary dried whey and corn oil on weanling pig performance, fat digestibility and nitrogen utilization. Journal of Animal Science 66:1438-1445.

Cera, K. R., Mahan, D. C. and Reinhart, G. A., 1990. Evaluation of various extracted vegetable oils, roasted soybeans, medium-chain triglyceride and an animal-vegetable fat blend for postweaning swine. Journal of Animal Science 68:2756-2765.

Corl, B. A., Odle, J., Niu, X., Moeser, A. J., Gatlin, L. A., Phillips, O. T., Blikslager, A. T. and Rhoads, J. M., 2008. Arginine activates intestinal p70 (s6k) and protein synthesis in piglet rotavirus enteritis. Journal of Nutrition 138:24-29.

De Quelen, F., Chevalier, J., Rolli-Derkinderen, M., Mourot, J., Neunlist, M. and Boudry, G., 2011. *n*-3 polyunsaturated fatty acids in the maternal diet modify the postnatal development of nervous regulation of intestinal permeability in piglets. Journal of Physiology 589:4341-4352.

Decuypere, J. A. and Dierick, N. A., 2003. The combined use of triacylglycerols containing medium-chain fatty acids and exogenous lipolytic enzymes as an alternative to in-feed antibiotics in piglets: concept, possibilities and limitations. An overview. Nutrition Research Reviews 16:193-210.

Di Giancamillo, A., Bontempo, V., Savoini, G., Dell' Orto, V., Vitari, F. and Domeneghini, C., 2007. Effects of live yeast dietary supplementation to lactating sows and weaning piglets. International Journal of Probiotics and Prebiotics 2:55-66.

Dirkzwager, A., Veldmann, B. and Bikker, P., 2005. A nutritional approach for the prevention of post weaning syndrome in piglets. Animal Research 54:231-236.

Ewaschuk, J. B., Johnson, I. R., Madsen, K. L., Vasanthan, T., Ball, R. and Field, C. J., 2012. Barley-derived β-glucans increases gut permeability, *ex vivo* epithelial cell binding to *E. coli*, and naive T-cell proportions in weanling pigs. Journal of Animal Science 90:2652-2662.

Ewaschuk, J. B., Murdoch, G. K., Johnson, I. R., Madsen, K. L. and Field, C. J., 2011. Glutamine supplementation improves intestinal barrier function in a weaned piglet model of *Escherichia coli* infection. British Journal of Nutrition 106:870-877.

Finamore, A., Massimi, M., Conti Devirgiliis, L. and Mengheri E., 2008. Zinc deficiency induces membrane barrier damage and increases neutrophil transmigration in Caco-2 cells. Journal of Nutrition 138:1664-1670.

Gabler, N. K., Radcliffe, J. S., Spencer, J. D., Webel, D. M. and Spurlock, M. E., 2009. Feeding long-chain *n*-3 polyunsaturated fatty acids during gestation increases intestinal glucose absorption potentially via the acute activation of

AMPK. Journal of Nutritional Biochemistry 20:17-25.

Gabler, N. K., Spencer, J. D., Webel, D. M. and Spurlock, M. E., 2007. *In utero* and postnatal exposure to long chain (*n*-3) PUFA enhances intestinal glucose absorption and energy stores in weanling pigs. Journal of Nutrition 137: 2351-2358.

Gao, Y. Y., Jiang, Z. Y., Lin, Y. C., Zheng, C. T., Zhou, G. L. and Chen, F., 2011. Effects of spray-dried animal plasma on serous and intestinal redox status and cytokines of neonatal piglets. Journal of Animal Science 89:150-157.

Gebert, S., Davis, E., Rehberger, T. and Maxwell, C. V., 2011. *Lactobacillus brevis* strain 1E1 administered to piglets through milk supplementation prior to weaning maintains intestinal integrity after the weaning event. Beneficial Microbes 2:35-45.

Gerritsen, M., Van der Aar, P. and Molist, F., 2012. Insoluble nonstarch polysaccharides in diets for weaned piglets. Journal of Animal Science 90: 318-320.

Gessner, D. K., Fiesel, A., Most, E., Dinges, J., Wen, G., Ringseis., R. and Eder K., 2013. Supplementation of a grape seed and grape marc meal extract decreases activities of the oxidative stress-responsive transcription factors NF-κB and Nrf2 in the duodenal mucosa of pigs. Acta Veterinaria Scandinavica 55: 18.

Hamard, A., Mazurais, D., Boudry, G., Le Huërou-Luron., I., Sève., B. and Le Floc' h, N., 2010. A moderate threonine deficiency affects gene expression profile, paracellular permeability and glucose absorption capacity in the ileum of piglets. Journal of Nutritional Biochemistry 21:914-921.

Hamard, A., Sève, B. and Le Floc' h, N., 2007. Intestinal development and growth performance of early-weaned piglets fed a low-threonine diet. Animal 1:1134-1142.

Hedemann, M. S., Eskildsen, M., Laerke, H. N., Pedersen, C., Lindberg, J. E., Laurinen, P. and Knudsen, K. E., 2006. Intestinal morphology and enzymatic activity in newly weaned pigs fed contrasting fiber concentrations and fiber properties. Journal of Animal Science 84:1375-1386.

Heo, J. M., Opapeju, F. O., Pluske, J. R., Kim, J. C., Hampson, D. J. and Nyachoti, C. M., 2013. Gastrointestinal health and function in weaned pigs: a review of feeding strategies to control post-weaning diarrhoea without using in-feed antimicrobial compounds. Journal of Animal Physiology and Animal Nutrition (Berlin) 97:207-237.

Hermes, R. G., Manzanilla, E. G., Martín-Orúe, S. M., Pérez, J. F. and Klasing, K. C., 2011. Influence of dietary ingredients on *in vitro* inflammatory response of intestinal porcine epithelial cells challenged by an enterotoxigenic *Escherichia coli* (K88). Comparative Immunology Microbiology and Infectious Diseases. 34:479-488.

Hermes, R. G., Molist, F., Ywazaki, M., Nofrarías, M., Gomez de Segura, A., Gasa, J. and Pérez, J. F., 2009. Effect of dietary level of protein and fiber on the productive performance and health status of piglets. Journal of Animal Science 87:3569-3577.

Hou, Y., Wang, L., Ding, B., Liu, Y., Zhu, H., Liu, J., Li, Y., Wu, X., Yin, Y. and Wu, G., 2010. Dietary alpha-ketoglutarate supplementation ameliorates intestinal injury in lipopolysaccharide-challenged piglets. Amino Acids 39:555-564.

Hou, Y., Yao, K., Wang, L., Ding, B., Fu, D., Liu, Y., Zhu, H., Liu, J., Li, Y., Kang, P., Yin, Y. and Wu, G., 2011. Effects of α-ketoglutarate on energy status in the intestinal mucosa of weaned piglets chronically challenged with lipopolysaccharide. British Journal of Nutrition 106:357-363.

Hu, C. H., Xiao, K., Luan, Z. S. and Song, J., 2013. Early weaning increases intestinal permeability, alters expression of cytokine and tight junction protein, and activates mitogen-activated protein kinases in pigs. Journal of Animal Science 91(3):1094-1101.

Jiang, Z. Y., Sun, L. H., Lin, Y. C., Ma, X. Y., Zheng, C. T., Zhou, G. L., Chen, F. and Zou, S. T., 2009. Effects of dietary glycyl-glutamine on growth performance, small intestinal integrity, and immune responses of weaning piglets challenged with lipopolysaccharide. Journal of Animal Science 87:4050-4056.

Kiarie, E., Romero, L. F. and Nyachoti, C. M., 2013. The role of added feed enzymes in promoting gut health in swine and poultry. Nutrition Research Reviews 26:71-88.

Konstantinov, S. R., Smidt, H., Akkermans, A. D., Casini, L., Trevisi, P., Mazzoni, M., De Filippi, S., Bosi, P. and De Vos, W. M., 2008. Feeding of *Lactobacillus sobrius* reduces *Escherichia coli* F4 levels in the gut and promotes growth of infected piglets. FEMS Microbiological Ecology 66:599-607.

Koopmans, S. J., Guzik, A. C., Van der Meulen, J., Dekker, R., Kogut, J., Kerr, B. J. and Southern, L. L., 2006. Effects of supplemental L-tryptophan on serotonin, cortisol, intestinal integrity and behavior in weanling piglets. Journal of Animal Science 84:963-971.

Lackeyram, D., Yang, C., Archbold, T., Swanson, K. C. and Fan, M. Z., 2010. Early weaning reduces small intestinal alkaline phosphatase expression in pigs. Journal of Nutrition 140:461-468.

Lallès, J. P. and David, J. C., 2011. Fasting and refeeding modulate the expression of stress proteins along the gastrointestinal tract of weaned pigs. Journal of Animal Physiology and Animal Nutrition (Berlin) 95:478-488.

Lallès, J. P., 2010a. Basis and regulation of gut barrier function and epithelial cytoprotection: applications to the weaned pig. In: Doppenberg, J. and Van der Aar, P. J. (eds.) Dynamics in animal nutrition. Wageningen Academic Publishers, Wageningen, the Netherlands, pp. 31-51.

Lallès, J. P., 2010b. Intestinal alkaline phosphatase: multiple biological roles in maintenance of intestinal homeostasis and modulation by diet. Nutrition Reviews 68:323-332.

Lallès, J. P., 2012. Long term effects of pre and early postnatal nutrition and environment on the gut. Journal of Animal Science 90 (Supplement 4): 421-429.

Lallès, J. P., Bosi, P., Janczyk, P., Koopmans, S. J. and Torrallardona, D., 2009. Impact of bioactive substances on the gastrointestinal tract and performance of weaned piglets: a review. Animal 3:1625-1643.

Lallès, J. P., Bosi, P., Smidt, H. and Stokes, C. R., 2007. Nutritional management of gut health in pigs around weaning. Proceedings of the Nutrition Society 66: 260-268.

Lallès, J. P., Boudry, G., Favier, C., Le Floc'h, N., Luron, I., Montagne, L., Oswald, I. P., Pié, S., Piel, C. and Sève, B., 2004. Gut function and dysfunction in young pigs: physiology. Animal Research 53:301-316.

Le Gall, M., Gallois, M., Sève, B., Louveau, I., Holst, J. J., Oswald, I. P., Lallès, J. P. and Guilloteau, P., 2009. Comparative effect of orally administered sodium butyrate before or after weaning on growth and several indices of gastrointestinal biology of piglets. British Journal of Nutrition 102:1285-1296.

Leonard, S. G., Sweeney, T., Bahar, B., Lynch, B. P. and O'Doherty, J. V., 2011a. Effect of dietary seaweed extracts and fish oil supplementation in sows on performance, intestinal microflora, intestinal morphology, volatile fatty acid concentrations and immune status of weaned pigs. British Journal of Nutrition 105:549-560.

Leonard, S. G., Sweeney, T., Bahar, B., Lynch, B. P. and O'Doherty, J. V., 2011b. Effects of dietary seaweed extract supplementation in sows and post-weaned pigs on performance, intestinal morphology, intestinal microflora and immune status. British Journal of Nutrition 106:688-699.

Lessard, M., Dupuis, M., Gagnon, N., Nadeau, E., Matte, J. J., Goulet, J. and Fairbrother, J. M., 2009. Administration of *Pediococcus acidilactici* or *Saccharomyces cerevisiae boulardii* modulates development of porcine mucosal immunity and reduces intestinal bacterial translocation after *Escherichia coli* challenge. Journal of Animal Science 87:922-934.

Li, D. F., Thaler, R. C., Nelssen, J. L., Harmon, D. L., Allee, G. L. and Weeden, T. L., 1990. Effect of fat sources and combinations on starter pig performance, nutrient digestibility and intestinal morphology. Journal of Animal Science 68: 3694-3704.

Liu, P., Piao, X. S., Kim, S. W., Wang, L., Shen, Y. B., Lee, H. S. and Li, S. Y., 2008b. Effects of chito-oligosaccharide supplementation on the growth performance, nutrient digestibility, intestinal morphology, and fecal shedding of *Escherichia coli* and *Lactobacillus* in weaning pigs. Journal of Animal Science 86:2609-2618.

Liu, P., Piao, X. S., Thacker, P. A., Zeng, Z. K., Li, P. F., Wang, D. and Kim, S. W., 2010. Chito-oligosaccharide reduces diarrhea incidence and attenuates the immune response of weaned pigs challenged with *Escherichia coli* K88. Journal of Animal Science 88:3871-3879.

Liu, Y., Chen, F., Odle, J., Lin, X., Jacobi, S. K., Zhu, H., Wu, Z. and Hou, Y., 2012. Fish oil enhances intestinal integrity and inhibits TLR4 and NOD2 signaling pathways in weaned pigs after LPS challenge. Journal of Nutrition 142:2017-2024.

Liu, Y., Huang, J., Hou, Y., Zhu, H., Zhao, S., Ding, B., Yin, Y., Yi, G., Shi, J. and Fan, W., 2008a. Dietary arginine supplementation alleviates intestinal mucosal disruption induced by *Escherichia coli* lipopolysaccharide in weaned pigs. British Journal of Nutrition 100:552-560.

Mair, C., Plitzner, C., Pfaffl, M. W., Schedle, K., Meyer, H. H. and Windisch, W., 2010. Inulin and probiotics in newly weaned piglets: effects on intestinal morphology, mRNA expression levels of inflammatory marker genes and haematology. Archives of Animal Nutrition 64:304-321.

Manzanilla, E. G., Pérez, J. F., Martín, M., Blandón, J. C., Baucells, F., Kamel, C. and Gasa, J., 2009. Dietary protein modifies effect of plant extracts in the intestinal ecosystem of the pig at weaning. Journal of Animal Science 87:2029-2037.

McLamb, B. L., Gibson, A. J., Overman, E. L., Stahl, C. and Moeser, A. J., 2013. Early weaning Stress in pigs impairs innate mucosal immune responses to enterotoxigenic *E. coli* ehallenge and exacerbates intestinal injury and clinical disease. PLoS ONE 8:e59838.

Metzler-Zebeli, B. U., Gänzle, M. G., Mosenthin, R. and Zijlstra, R. T., 2012. Oat β-glucan and dietary calcium and phosphorus differentially modify intestinal expression of proinflammatory cytokines and monocarboxylate transporter 1 and cecal morphology in weaned pigs. Journal of Nutrition 142:668-674.

Moeser, A. J., Klok, C. V., Ryan, K. A., Wooten, J. G., Little, D., Cook, V. L. and Blikslager, A. T., 2007a. Stress signaling pathways activated by weaning mediate intestinal dysfunction in the pig. American Journal of Physiology Gastrointestinal and Liver Physiology 292:G173-G181.

Moeser, A. J., Ryan, K. A., Nighot, P. K. and Blikslager, A. T., 2007b. Gastrointestinal dysfunction induced by early weaning is attenuated by delayed weaning and mast cell blockade in pigs. American Journal of Physiology Gastrointestinal and Liver Physiology 293:G413-G421.

Molist, F., Hermes, R. G., De Segura, A. G., Martín-Orúe, S. M., Gasa, J., Manzanilla, E. G. and Pérez, J. F., 2011. Effect and interaction between wheat bran and zinc oxide on productive performance and intestinal health in post-weaning piglets. British Journal of Nutrition 105:1592-1600.

Montagne, L., Boudry, G., Favier, C., Le Huërou-Luron, I., Lallès, J. P. and Sève, B., 2007. Main intestinal markers associated with the changes in gut architecture and function in piglets after weaning. British Journal of Nutrition 97:45-57.

Montagne, L., Cavaney, F. S., Hampson, D. J., Lallès, J. P. and Pluske, J. R., 2004.

Effect of diet composition on postweaning colibacillosis in piglets. Journal of Animal Science 82:2364-2374.

Montagne, L., Le Floc'h, N., Arturo-Schaan, M., Foret, R., Urdaci, M. C. and Le Gall, M., 2012. Comparative effects of level of dietary fiber and sanitary conditions on the growth and health of weanling pigs. Journal of Animal Science 90:2556-2569.

Nyachoti, C. M., Kiarie, E., Bhandari, S. K., Zhang, G. and Krause, D. O., 2012. Weaned pig responses to *Escherichia coli* K88 oral challenge when receiving a lysozyme supplement. Journal of Animal Science 90:252-260.

Ou, D., Li, D., Cao, Y., Li, X., Yin, J., Qiao, S. and Wu, G., 2007. Dietary supplementation with zinc oxide decreases expression of the stem cell factor in the small intestine of weanling pigs. Journal of Nutritional Biochemistry 18:820-826.

Overman, E. L., Rivier, J. E. and Moeser, A. J., 2012. CRF induces intestinal epithelial barrier injury via the release of mast cell proteases and TNF-α. PLoS ONE 7:e39935.

Pastorelli, H., Le Floc'h, N., Merlot, E., Meunier-Salaün, M. C., Van Milgen, J. and Montagne, L., 2012. Feed restriction applied after weaning has different effects on pig performance and health depending on the sanitary conditions. Journal of Animal Science 90:4866-4875.

Peace, R. M., Campbell, J., Polo, J., Crenshaw, J., Russell, L. and Moeser, A., 2011. Spray-dried porcine plasma influences intestinal barrier function, inflammation, and diarrhea in weaned pigs. Journal of Nutrition 141:1312-1317.

Pluske, J. R., 2013. Feed-and feed additives-related aspects of gut health and development in weanling pigs. Journal of Animal Science and Biotechnology 4:1.

Pluske, J. R., Hampson, D. J. and Williams, I. H., 1997. Factors influencing the structure and function of the small intestine in the weaned pig: a review. Livestock Production Science 51:215-236.

Pluske, J. R., Montagne, L., Cavaney, F. S., Mullan, B. P., Pethick, D. W. and Hampson, D. J., 2007. Feeding different types of cooked white rice to piglets after weaning influences starch digestion, digesta and fermentation characteristics and the faecal shedding of beta-haemolytic *Escherichia coli*.

British Journal of Nutrition 97:298-306.

Pluske, J. R., Siba, P. M., Pethick, D. W., Durmic, Z., Mullan, B. P. and Hampson, D. J., 1996. The incidence of swine dysentery in pigs can be reduced by feeding diets that limit the amounts of fermentable substrate entering the large intestine. Journal of Nutrition 126:2920-2933.

Price, K. L., Lin, X., van Heugten, E., Odle, R., Willis, G. and Odle, J., 2013. Diet physical form, fatty acid chain length, and emulsification alter fat utilization and growth of newly weaned pigs. Journal of Animal Science 91:783-792.

Roselli, M., Finamore, A., Britti, M. S., Konstantinov, S. R., Smidt, H., De Vos, W. M. and Mengheri, E., 2007. The novel porcine *Lactobacillus sobrius* strain protects intestinal cells from enterotoxigenic *Escherichia coli* K88 infection and prevents membrane barrier damage. Journal of Nutrition 137:2709-2716.

Roselli, M., Finamore, A., Garaguso, I., Britti, M. S. and Mengheri, E., 2003. Zinc oxide protects cultured enterocytes from the damage induced by *Escherichia coli*. Journal of Nutrition 133:4077-4082.

Sargeant, H. R., McDowall, K. J., Miller, H. M. and Shaw, M. A., 2010. Dietary zinc oxide affects the expression of genes associated with inflammation: transcriptome analysis in piglets challenged with ETEC K88. Veterinary Immunology and Immunopathology 137:120-129.

Schedle, K., Pfaffl, M. W., Plitzner, C., Meyer, H. H. and Windisch, W., 2008. Effect of insoluble fibre on intestinal morphology and mRNA expression pattern of inflammatory, cell cycle and growth marker genes in a piglet model. Archives of Animal Nutrition 62:427-438.

Schepens, M. A., Ten Bruggencate, S. J., Schonewille, A. J., Brummer, R. J., Van der Meer, R. and Bovee-Oudenhoven, I. M., 2012. The protective effect of supplemental calcium on colonic permeability depends on a calcium phosphate-induced increase in lumenal buffering capacity. British Journal of Nutrition 107:950-956.

Scholven, J., Taras, D., Sharbati, S., Schön, J., Gabler, C., Huber, O., Meyer zum Büschenfelde, D., Blin, N. and Einspanier, R., 2009. Intestinal expression of TFF and related genes during postnatal development in a piglet probiotic trial. Cell Physiology and Biochemistry 23:143-156.

Schroeder, B., Duncker, S., Barth, S., Bauerfeind, R., Gruber, A. D., Deppenmeier, S. and Breves, G., 2006. Preventive effects of the probiotic

Escherichia coli strain Nissle 1917 on acute secretory diarrhea in a pig model of intestinal infection. Digestive Disease and Science 51:724-731.

Sehm, J., Lindermayer, H., Dummer, C., Treutter, D. and Pfaffl, M. W., 2007. The influence of polyphenol rich apple pomace or red-wine pomace diet on the gut morphology in weaning piglets. Journal of Animal Physiology and Animal Nutrition (Berlin) 91:289-296.

Shen, Y. B., Piao, X. S., Kim, S. W., Wang, L., Liu, P., Yoon, I. and Zhen, YG., 2009. Effects of yeast culture supplementation on growth performance, intestinal health, and immune response of nursery pigs. Journal of Animal Science 87:2614-2624.

Smith, F., Clark, J. E., Overman, B. L., Tozel, C. C., Huang, J. H., Rivier, J. E., Blikslager, A. T. and Moeser, A. J., 2010. Early weaning stress impairs development of mucosal barrier function in the porcine intestine. American Journal of Physiology Gastrointestinal and Liver Physiology 298:G352-363.

Tang, Z., Yin, Y., Zhang, Y., Huang, R., Sun, Z., Li, T., Chu, W., Kong, X., Li, L., Geng, M. and Tu, Q., 2009. Effects of dietary supplementation with an expressed fusion peptide bovine lactoferricin-lactoferrampin on performance, immune function and intestinal mucosal morphology in piglets weaned at age 21 d. British Journal of Nutrition 101:998-1005.

Torrallardona, D., Andrés-Elias, N., López-Soria, S., Badiola, I. and Cerdà-Cuéllar, M., 2012. Effect of feeding piglets with different extruded and non-extruded cereals on the gut mucosa and microbiota during the first postweaning week. Journal of Animal Science 90:7-9.

Trevisi, P., Melchior, D., Mazzoni, M., Casini, L., De Filippi, S., Minieri, L., Lalatta-Costerbosa, G. and Bosi, P., 2009. A tryptophan-enriched diet improves feed intake and growth performance of susceptible weanling pigs orally challenged with *Escherichia coli* K88. Journal of Animal Science 87:148-156.

Van der Peet-Schwering, C. M., Jansman, A. J., Smidt, H. and Yoon, I., 2007. Effects of yeast culture on performance, gut integrity, and blood cell composition of weanling pigs. Journal of Animal Science 85:3099-3109.

Vente-Spreeuwenberg, M. A. M., Verdonk, J. M. A. J., Verstegen, M. W. A. and Beynen, A. C., 2003. Villus height and gut development in weaned piglets receiving diets containing either glucose, lactose or starch. British Journal of Nutrition 90:907-913.

Vicente, B., Valencia, D. G., Serrano, M. P., Lázaro, R. and Mateos, G. G., 2009. Effects of feeding rice and the degree of starch gelatinisation of rice on nutrient digestibility and ileal morphology of young pigs. British Journal of Nutrition 101:1278-1281.

Wang, J., Chen, L., Li, P., Li, X., Zhou, H., Wang, F., Li, D., Yin, Y. and Wu, G., 2008. Gene expression is altered in piglet small intestine by weaning and dietary glutamine supplementation. Journal of Nutrition 138:1025-1032.

Wang, X., Ou, D., Yin, J., Wu, G. and Wang, J., 2009. Proteomic analysis reveals altered expression of proteins related to glutathione metabolism and apoptosis in the small intestine of zinc oxide-supplemented piglets. Amino Acids 37:209-218.

Wang, X., Yang, F., Liu, C., Zhou, H., Wu, G., Qiao, S., Li, D. and Wang, J., 2012. Dietary supplementation with the probiotic *Lactobacillus fermentum* I5007 and the antibiotic aureomycin differentially affects the small intestinal proteomes of weanling piglets. Journal of Nutrition 142:7-13.

Wu, G., Bazer, F. W., Johnson, G. A., Knabe, D. A., Burghardt, R. C., Spencer, T. E., Li, X. L. and Wang, J. J., 2011. Triennial growth symposium: important roles for *L*-glutamine in swine nutrition and production. Journal of Animal Science 89:2017-2030.

Wu, X., Ruan, Z., Gao, Y., Yin, Y., Zhou, X., Wang, L., Geng, M., Hou, Y. and Wu, G., 2010. Dietary supplementation with *L*-arginine or *N*-carbamylglutamate enhances intestinal growth and heat shock protein-70 expression in weanling pigs fed a corn-and soybean meal-based diet. Amino Acids 39:831-839.

Xi, P, Jiang, Z, Dai, Z, Li, X, Yao, K, Zheng, C, Lin, Y, Wang, J and Wu, G., 2012. Regulation of protein turnover by *L*-glutamine in porcine intestinal epithelial cells. Journal of Nutritional Biochemistry 23:1012-1017.

Yao, K., Guan, S., Li, T., Huang, R., Wu, G., Ruan, Z. and Yin, Y., 2011. Dietary *L*-arginine supplementation enhances intestinal development and expression of vascular endothelial growth factor in weanling piglets. British Journal of Nutrition 105:703-709.

Yao, K., Yin, Y., Li, X., Xi, P., Wang, J., Lei, J., Hou, Y. and Wu, G., 2012. Alpha-ketoglutarate inhibits glutamine degradation and enhances protein synthesis in intestinal porcine epithelial cells. Amino Acids 42:2491-2500.

Yoshida, Y., Tsukahara, T. and Ushida, K., 2009. Oral administration of

Lactobacillus plantarum Lq80 and *Megasphaera elsdenii* iNP-001 induces efficient recovery from mucosal atrophy in the small and the large intestines of weaning piglets. Animal Science Journal 80:709-715.

Zentek, J., Buchheit-Renko, S., Ferrara, F., Vahjen, W., Van Kessel, A. G. and Pieper, R., 2011. Nutritional and physiological role of medium-chain triglycerides and medium-chain fatty acids in piglets. Animal Health Research and Reviews 12:83-93.

Zhan, Z., Ou, D., Piao, X., Kim, S. W., Liu, Y. and Wang, J., 2008. Dietary arginine supplementation affects microvascular development in the small intestine of early-weaned pigs. Journal of Nutrition 138:1304-1309.

Zhang, B. and Guo, Y., 2009. Supplemental zinc reduced intestinal permeability by enhancing occludin and zonula occludens protein-1 (ZO-1) expression in weaning piglets. British Journal of Nutrition 102:687-693.

Zhong, X., Zhang, X. H., Li, X. M., Zhou, Y. M., Li, W., Huang, X. X., Zhang, L. L. and Wang, T., 2011. Intestinal growth and morphology is associated with the increase in heat shock protein 70 expression in weaning piglets through supplementation with glutamine. Journal of Animal Science 89:3634-3642.

Zhu, L. H., Zhao, K. L., Chen, X. L. and Xu, J. X., 2012. Impact of weaning and an antioxidant blend on intestinal barrier function and antioxidant status in pigs. Journal of Animal Science 90:2581-2589.

第 7 章　饲料污染物对单胃家畜肠道健康的影响

I. Alassane-Kpembi[1,2,3] and I. P. Oswald1,[2 *]

[1] INRA, UMR 1331, Toxalim, Research centre in Food Toxicology, 31027 Toulouse, France;

[2] Université de Toulouse, INP, UMR 1331, Toxalim, 31027 Toulouse, France;

[3] Hôpital d'Instruction des Armées, Camp Guézo 01BP517 Cotonou, Bénin; iakpembi@gmail.com, isabelle.oswald@toulouse.inra.fr

摘要：肠黏膜是体内暴露最广泛的表面，面临着严峻的化学和生物学挑战。肠黏膜具有三个主要的生理功能：一是在动物机体内环境和肠道内容物之间构建起物理屏障。二是负责肠道内营养物质的消化及吸收。三是由于肠黏膜上皮位于免疫系统和肠道内容物（包括饲料抗原和微生物产物）之间，这种局部防御机制调节需要整合来自外部和内部的所有信息，以保持免疫稳态。这些肠道生理功能中的任何一个，都可能被饲料污染物作为作用靶点。这些污染物可以是天然存在的化合物，也可以是人为来源的污染物。在本章中，我们介绍了霉菌毒素和二噁英，它们是两类污染物的典型代表。大量资料研究表明，这些污染物在饲料中的实际剂量会损害肠道功能及其完整性。本章阐明了以胃肠道为靶点的霉菌毒素和二噁英的作用机制，并提供了它们对单胃动物肠道健康损害的证据。

关键词：霉菌毒素，二噁英，屏障功能，吸收消化，免疫

7.1　引言

胃肠道是体内暴露最广泛的表面，并且经常暴露于各种饲料来源中的潜在有害物质（Yegani 和 Korver，2008）。这些污染物可能引起肠道损伤，导致肠道健康状况不佳。饲料污染物对肠黏膜的危害主要有 3 个方面（Rescigno，2011；Turner，2009）。首先，肠黏膜在内环境与可能有害的肠道内容物之间构建起物理屏障。肠黏膜还作为选择性渗透屏障，负责营养物质消化及吸收。对于这两种功能而言，黏膜上皮实际上是位于免疫系统和肠道内容物（包括饲料抗原和微生物产物）之间的界面。这就引出了肠黏膜的第 3 个功能：即整合来自外部和内部的所有信息，以保持肠道免疫稳态。因此，饲料污染物对肠黏膜的危害主要体现在对以上三个功能的破坏方面。

天然污染物和人为来源的污染物是饲料中可能存在的两类污染物。饲料中可能会存在来自植物和真菌的特异性初级与次级代谢的天然污染物。这些物质可能对家畜具有抗营养或特定的毒性作用。真菌和植物来源的毒素包括但不限于霉菌毒素、凝集素、氰化物、棉酚、硫代葡萄糖苷（硫苷）和植物雌激素（D'Mello，2004）。环境中天然存在的污染物（如重金属和类金属）分布广泛，从痕量到宏量水平均可存在。污染物通过受到污染的土壤"传递"给作物和果实，再饲喂给动物，从而导致慢性中毒。人为来源的污染物通常是为工业用途而制造的非天然物质，但可能无意或故意进入环境，并导致环境、农业、工业或其他污染。在其他情况下，工业活动可能会增加天然污染物的扩散，或增加环境中循环量，从而导致更高水平的饲料污染。这些人为污染物包括：持久性有机污染物（特别是二噁英）、杀虫剂和放射性核素。

本章我们将着重介绍两种代表性饲料污染物：霉菌毒素和二噁英，介绍它们对胃肠道的作用机制，以及对单胃家畜肠道健康的潜在危害。

7.2　饲料中霉菌毒素

霉菌毒素是在特定的环境条件下，由各种霉菌感染破坏农产品后所产生的次级真菌代谢产物。作为次级代谢产物，其并非真菌生命所必需，但可以在某些环境中为真菌提供生态优势。导致霉菌毒素存在的因素包括生态环境和储存条件，这些条件往往是人类无法控制的。已知产毒霉菌可产生一种或多种霉菌毒素，并且饲料可被多种霉菌感染破坏。大约有300种化合物被认定为霉菌毒素，其中有十几种会对人类和动物健康构成威胁。据估计，全球每年粮食产量中至少有25%受到污染（CAST，2003）。在畜牧业中具有生物学和经济重要性的霉菌毒素，如黄曲霉毒素、伏马菌素、单端孢霉烯族毒素、玉米赤霉烯酮和赭曲霉毒素已有大量评述，本章仅作简要介绍（Bennett和Klich，2003；Bryden，2012）。

7.2.1　黄曲霉毒素

20世纪60年代早期，黄曲霉毒素在英国被分离和鉴定，认为其是数千只家禽异常肝坏死暴发的原因。随后，在养猪生产中也报道了类似的事件。调查显示，毒性与饲料中存在的黄曲霉（*Aspergillus flavus*）有关，并且其真菌培养的提取物能够诱导这种症状。随后*Flavi*（曲霉属黄绿组的一个产毒新种），*Nidulantes*（曲霉属巢状亚属的一个产毒新种）和*Ochraceorosei*（曲霉属发现的一个新种）的许多其他物种也被认定为黄曲霉毒素生产者（详见Varga等，2011）。从结构上讲，黄曲霉毒素是在紫外光下发荧光的二呋喃环香豆素衍生物。黄曲霉毒素中毒力最强和发生率最高的是黄曲霉毒素B_1（AFB_1），被国际癌症研究中心（IARC）列入1类致癌物。AFB_1可引起肝中毒和引发肝癌，但许多其他不良影响也与其毒性有关，如免疫抑制，生长速度和繁殖性能下降，以及产奶量和产蛋量降低（Rawal 等，2010）。

7.2.2 伏马毒素

伏马毒素是聚酮化合物和氨基酸代谢的产物，具有胺和三羧酸酯官能团的线性结构，是由串珠镰刀菌（*Fusarium verticillioides*）和许多其他镰刀菌属（*Fusarium*）产生。目前已分离出大约 12 种伏马毒素，但其中 FB_1（fumonisin B_1）的数量和毒性最大。FB_1 对肠道的毒性主要表现在对鞘脂代谢的破坏（Bouhet 和 Oswald，2007）。国际癌症研究中心将 FB_1 列入人类致癌物（2B 类）。该毒素也可能与人食道癌和神经管缺陷的发病有关。FB_1 还会引起马的脑白质软化病，猪的肺水肿和胸腔积液，以及许多动物的肾中毒和肝中毒。

7.2.3 单端孢霉烯族毒素

单端孢霉烯族毒素是一组结构相似的倍半萜类霉菌毒素，具有 12，13-环氧环和数量可变的羟基、乙酰氧基或其他取代基。根据 C-4 和 C-15 之间形成的大酯环或酯醚桥，分为大环类和非大环类。食物和饲料中的单端孢霉烯族毒素主要是由镰刀菌属（*Fusarium*）的真菌所产生的非大环化合物。它们可以分为 A 型（在 C-8 位具有氢或酯型侧链）和 B 型（C-8 位为酮基）。单端孢霉烯族毒素是蛋白质和核酸合成的典型抑制剂。在急性毒性试验中，发现 A 型中如 T-2 毒素，比 B 型中如脱氧雪腐镰刀菌烯醇（deoxynivalenol，DON）和雪腐镰刀菌烯醇（nivalenol，NIV）毒性更大。然而，长期摄入 DON 所产生的影响和症状可能更严重。在动物研究中，长期被单端孢霉烯族毒素污染会导致体增重缓慢、厌食、血液毒性和免疫失调。

7.2.4 玉米赤霉烯酮

玉米赤霉烯酮（zearalenone，ZEA）常和某些 B 型单端孢霉烯族毒素由同一真菌同时产生，因此这两种毒素经常同时出现。ZEA 是一种非甾体雌激素，其醇类代谢产物（α-玉米赤霉烯醇和 β-玉米赤霉烯醇）对肝脏、子宫、乳腺和下丘脑雌激素受体具有结合亲和力，进而增强雌激素的活性。日粮中含有低剂量的 ZEA 会导致猪的高雌激素综合征和生殖功能障碍。

7.2.5 赭曲霉毒素

赭曲霉毒素是由曲霉菌属和青霉菌属的真菌产生的。其化学结构为 3，4-二氢甲基异香豆素衍生物，通过酰胺键与 L-β-苯丙氨酸的氨基连接。最常见且毒性最强的是赭曲霉毒素 A（ochratoxin A，OTA），其毒理学特征包括肾毒性、肝毒性、致畸性和免疫毒性。此外，OTA 已被证实对实验动物具有致癌性，IARC 已将 OTA 列为人类可能致癌物（2B 类）。在生猪养殖中，因为 OTA 有很长的血清半衰期和肠肝再循环效应，所以猪对其体组织内累积的这种毒素特别敏感。饲料中的赭曲霉毒素不仅对动物健康和生产性能有重要影响，而且还会通过动物源性食品的消费，对人类造成潜在危害。

7.3 饲料中二噁英

二噁英和二噁英类化学物质在结构上相似，在环境中稳定存在，并且具有相同作用机制和生物反应作用范围。“二噁英”通常指氯代二苯并-对-二噁英(polychlorinated dibenzo-p-dioxins，PCDDs)和多氯代二苯并呋喃(polychlorinated dibenzofurans，PCDFs)，绝大多数情况下在燃烧和工业化学加工过程(包括木浆的氯漂白以及有机氯农药、苯氧羧酸类除草剂和杀菌剂的制造)中产生的副产品。PCDDs和PCDFs可作为多氯联苯(PCBs)污染物的形式存在，PCBs也被认为是二噁英类化合物。虽然PCDDs和PCDFs是无意产生的有害副产品，但PCBs是为变压器、绝缘体和许多其他技术应用而人为制造的。2001年《关于持久性有机污染物的斯德哥尔摩公约》中，已禁止生产多氯联苯。其毒性水平用毒性最强的同系物2,3,7,8-四氯代二苯并-对-二噁英(2,3,7,8-TCDD)的毒性当量(TEQ)表示。与二噁英相关的主要健康问题已在别处进行了介绍(Schecter等，2006)。这些化合物与芳香烃受体(AhR)具有较高亲和力，AhR是一种细胞内配体激活的转录因子，参与调节大量基因的表达，参与调节蛋白(如特异性细胞激酶)的相互作用，还参与一些细胞周期调控以及凋亡蛋白的调节。即使微量的二噁英也会导致某些实验动物和野生动物物种的死亡，2,3,7,8-TCDD被认为是毒性最强的人造化学物质。其对豚鼠的LD_{50}(半数致死量)为1 μg/kg体重。其对人类和实验动物的影响包括：免疫系统毒性，生殖和生长发育异常，以及引起糖尿病和甲状腺疾病的内分泌紊乱(Bursian等，2013a，b；Pavuk等，2003；Weisglas-Kuperus等2000)。IARC将2,3,7,8-TCDD列为人类1类致癌物。一般认为，靠近工业区的放牧反刍动物有暴露于二噁英的风险(Kamphues和Schulz，2006)，但发生在比利时的PCB/二噁英事件显示家禽和猪也可能面临同样风险(Bernard等，2002；Covaci等，2008)。例如，1999年1月底发生的一起事件中，被二噁英污染的PCBs混合物被无意地添加到用于生产动物饲料的油脂产品中。到1999年2月发生了家禽中毒的现象，此时，比利时、法国和荷兰有超过2 500个农场使用了受污染的饲料。针对此次重大事故，比利时建立了联邦食品安全局，并在1999年制定了饲料和食品中PCBs的相关规定，随后于2002年建立了欧洲动物饲料和动物源性食品中PCDD/Fs统一规范。比利时事件几年后，爱尔兰也发生了猪肉PCB/二噁英污染事件，污染原因是在饲料生产过程中，使用了受污染的燃油燃烧产生的热空气来干燥的饲料(Marnane，2012)。

7.4 饲料污染物对肠上皮细胞更新和肠道屏障功能的影响

7.4.1 肠道细胞增殖

肠上皮是成年哺乳动物最具活跃的自我更新组织(Heath,1996)。哺乳动物肠上皮细胞每 4～5 d 更新 1 次。这种快速的细胞更新,使得肠道上皮屏障在受到损伤或损害后快速重新修复。而饲料污染物会影响肠上皮的自我更新能力,从而损害其正常生理稳态。未转化的猪肠上皮细胞系 IPEC-1 和 IPEC-J2(第 8 章;Lallès 和 Oswald,2015)被用于评估霉菌毒素对猪肠道的毒性(Bouhet 等,2004;Diesing 等,2011;Vandenbroucke 等,2011)。结果显示,增殖肠上皮细胞似乎比分化细胞对单端孢霉烯族毒素更敏感,这表明暴露于这些饲料污染物可能会显著损害肠上皮再生的生理稳态。此外,同时暴露于不同低浓度的单端孢霉烯族毒素,将导致肠上皮细胞协同细胞毒性(Alassane-Kpembi 等,2013)。

7.4.2 肠道屏障功能

在两种肠细胞系上的试验发现,高浓度的 DON(2 000 ng/mL)会导致紧密连接蛋白 ZO-1(zonula occludens-1)的崩解,细胞周期 G2/M 期(译者注:有丝分裂准备期/有丝分裂期)的阻滞,以及半胱氨酸蛋白酶-3(caspase-3)的过早激活,而低浓度 DON(200 ng/mL)对这些没有影响(Diesing 等,2011)。有报道称在暴露于 DON 时,IPEC-1 单层上皮细胞的其他紧密连接蛋白 claudin 3 和 claudin 4 的表达下降(Pinton 等,2009,2010)。其他霉菌毒素如 T-2 毒素、FB_1 和 ZEA 也通过改变细胞活力和降低跨上皮电阻(trans-epithelial electrical resistance,TEER),从而破坏 IPEC-J2 上皮细胞的完整性,并促进抗生素的跨上皮通过(Goossens 等,2012)。另有研究发现,长期暴露于 FB_1 会降低 TEER,并改变已建立的 IPEC-1 单层上皮细胞的抗性(Bouhet 等,2004)。

肠道细胞和肠道外植体培养方法被用来研究霉菌毒素对猪肠道屏障功能的影响机制。DON 及其乙酰基衍生物通过激活 p44/42 ERK 信号通路,抑制紧密连接蛋白 claudin 4 的表达,导致肠道屏障功能受损(Pinton 等,2012)。OTA 也被证实会选择性地去除 claudin 亚型,通过抑制 claudin 3 和 claudin 4(而非 claudin 1)的表达来降低肠道屏障功能(McLaughlin 等,2004)。有关霉菌毒素影响鸡肠道屏障功能的资料有限,但短期急性暴露于 AFB_1 会对 TEER 产生一定影响(Yunus 等,2011b)。

除霉菌毒素外,PCBs 是另一类常见的饲料污染物,尽管这类化合物的特异敏感性还未在家畜动物模型上有研究报道,但已确定 PCBs 会对肠上皮的完整性产生破坏作用。目前已在人结肠腺癌细胞(Caco-2)和小鼠 C57BL/6 中证实了高氯化的 PCBs 对肠道完整性的破坏作用(Choi 等,2010)。作者指出,暴露于任一 PCB 同系物(如 PCB153、PCB118、PCB104 和 PCB126),都会增加肠道屏障对异硫氰酸荧光素(FITC)标记葡聚糖(4 kDa)的通透性,并破坏紧密连接蛋白 ZO-1 和闭合蛋白(occludin)的表达。

7.5 饲料污染物诱导肠道的组织形态学变化

大量的肠道组织形态学变化都与饲料中存在的污染物有关。DON 及其乙酰基衍生物,FB_1 和 ZEA 与家禽和猪的黏膜形态异常有关。经常有关于其导致胃肠道绒毛高度降低或萎缩以及肠绒毛融合和其他退化性病变的报道(Awad 等,2006;Kolf-Clauw 等,2009;Sklan 等,2003;Yunus 等,2012;Zielonka 等,2009)。另外,在 1 日龄肉鸡自由采食 2 周 300 mg/kg FB_1 污染的日粮时,观察到杯状细胞的增生(Brown 等,1992)。当罗斯 308 公雏鸡长期采食受 AFB_1 污染日粮时,十二指肠和空肠重量随 AFB_1 剂量升高而递减(Yunus 等,2011a)。有趣的是,在暴露于高浓度毒素 4 周后,发现十二指肠和空肠长度有代偿性增加。与肉鸡中的观察结果相反,随着蛋鸡日粮中 AFB_1 剂量升高,空肠后段的隐窝深度呈线性增加(Applegate 等,2009)。

氯代二苯并-对-二噁英(PCDDs)也与退化性肠道病变有关。在对 2,3,7,8-TCDD 和其他 PCDDs 环境污染的调查表明,两个大蓝鹭(*Ardea herodias*)群落中,大蓝鹭的肠道重量与 TCDD 剂量呈负相关(Sanderson 等,1994)。

7.6 饲料污染物对肠消化功能的影响

7.6.1 吸收功能

当暴露于几种饲料污染物时,可观察到动物营养物吸收减少,这可能是导致频繁退化性肠道病变的一部分原因。Smith 等(2012)总结了来自人类和动物研究的证据,结果显示,霉菌毒素可能通过靶向调控肠道和诱导环境性肠病的下游通路,从而导致儿童发育迟缓。无论是否存在贫血症,黄曲霉毒素均会降低鸡对铁的吸收(Lanza 等,1981)。令人意外的是,饲喂含有 10 mg/kg AFB_1 日粮 1 周后,肉鸡体内葡萄糖介导和蛋氨酸的吸收均有增加,长时间(3 周)饲喂低剂量 AFB_1(1.25～5 mg)组与对照组(无 AFB_1)肉鸡相比却没有影响(Ruff 和 Wyatt,1976)。

有研究评估了 DON 对产蛋鸡空肠上皮细胞葡萄糖摄取的影响(Awad 等,2007)。结果发现,DON 降低葡萄糖摄取的效果几乎与根皮苷同样有效。当根皮苷[一种钠-葡萄糖连接转运蛋白 1(SGLT-1)的药理学抑制剂]存在时,DON 对葡萄糖摄取没有额外的影响。SGLT-1 是小肠摄取葡萄糖的主要顶端转运蛋白。它的作用类似于利用 Na^+ 的电化学梯度来驱动葡萄糖吸收的转运体。根皮苷和 DON 对葡萄糖摄取影响的这种相似性,证明了它们都具有抑制 Na^+-*D*-葡萄糖共转运的能力。这些研究人员还评估了饲喂被 DON 自然污染(1 和 5 mg/kg)的日粮对肉鸡中 SGLT-1 的 mRNA 表达的影响(Awad 等,2011)。结果为 5 周后添加 DON 组的十二指肠和空肠组织中 SGLT-1 的 mRNA 表达下调。同时进行的尤斯室(Ussing chamber,也叫尤斯灌流室,是研究跨上皮转运的工具,可用于包括离子转运、营养物质转运及药物转运等的研究)实验证实了葡萄糖可诱导肠组织中的电流抑制。总之,这些结果表明 DON 对肠葡萄糖摄取的基因表达具有抑制作用。基于转录组学方法,Dietrich 等(2012)研究表明,DON 不仅会损害肉鸡肠道对糖(葡萄糖和果糖)的吸收,而且 DON 在实际剂量为 2.5～5 mg/kg 的情况下,也可能改变空肠中棕榈酸盐和单羧酸盐的摄取(Lessard 等,2009)。

与上述相反,在急性或长期暴露于 FB_1 情况下,猪的钠依赖性葡萄糖吸收反而可能上调(Lalles 等,2009;Lessard 等,2009)。对小鼠的研究发现,子宫内的伏马菌素会增加发育缺陷的发生率,而补充叶酸或复合鞘脂可起到预防作用(Marasas 等,2004)。叶酸摄取由叶酸受体介导,叶酸受体与许多糖基化磷脂酰肌醇锚定蛋白一样,富含胆固醇和鞘脂。在人肠上皮 Caco-2 模型中,伏马菌素诱导的鞘脂损耗证明该毒素会损害叶酸受体功能(Stevens 和 Tang,1997)。作者认为,饲料暴露于 FB_1 可能会对叶酸的摄取产生不利影响,并可能影响依赖于叶酸的细胞过程。在对猪的研究中,按照每千克体重饲喂 1.5 mg FB_1 并持续 7 d 后,在肠上皮中观察到了鞘脂损耗(Loiseau 等,2007)。

当口服 2,3,7,8-TCDD 或 PCBs 后,葡萄糖和亮氨酸的肠道主动吸收也可能受损(Ball 和 Chhabra,1981;Madge,1976a,b)。

7.6.2 消化酶的活性

调节消化酶的产量和/或活性,是饲料污染物对动物胃肠道造成的不良生物学效应之一。一些研究得出结论,霉菌毒素会改变酶的活性,但也有报道得出了相反的结论。在一项给猪饲喂 9 d 含伏马菌素玉米培养提取物的试验中发现,氨基肽酶 N 的活性(而非蔗糖酶的活性)显著降低(Lessard 等,2009)。对产蛋鸡进行为期 2 周的饲喂研究表明,当摄入达到 1.2 mg/kg 的黄曲霉毒素时,肠道麦芽糖酶的比活力呈二次曲线增加,而在黄曲霉毒素为 2.5 mg/kg 时出现下降(Applegate 等,2009)。在鸭的为期 6 周的饲养试验中,AFB_1 处理组中十二指肠中的消化酶(包括蛋白酶、胰凝乳蛋白酶、胰蛋白酶和淀粉酶)活性增加(Han 等,2008)。与之相反,给母鸡饲喂受黄曲霉毒素污染的日粮时,其十二指肠中的 α-淀粉酶和脂肪酶活性降低,而胰淀粉酶、胰蛋白酶和胰凝乳蛋白酶活性增加(Matur 等,2010)。当饲料中含1.25 μg/g或更高的黄曲霉毒素时，脂肪酶活性降低，肉仔鸡粪便中脂肪排泄量显著增加（在10 μg/g时增加3倍）（Osborne和Hamilton，1981）。胰酶分泌的反常上升趋势原因可能是胰腺细胞损伤，因为急性和慢性胰腺炎与大量的酶原释放有关（Han等，2008；Matur等，2010）。值得注意的是，Osborne和Hamilton（1981）报道了鸡暴露于含有2.5 μg/g及以上黄曲霉毒素的饲料后出现了胰腺肿大。

肠黏膜可以被认为是体内最大的内分泌器官，拥有大约100个已鉴定的信使（messengers）（Ahlman和Nilsson，2001；Furness等，1999）。肠嗜铬细胞构成了胃肠道中最大的内分泌细胞群。在肠内分泌细胞顶端具有微绒毛，可感受肠道内环境（Newson等，1982）。例如，胆囊收缩素（cholecystokinin，CCK），也被称为胆囊收缩素——促胰酶素，是在动物采食饲料后由十二指肠内分泌细胞释放。该激素由分布在整个近端肠道上皮的Ⅰ型肠内分泌细胞产生。它可以介导胰腺的消化酶产生并激活胆囊壁神经元，随后排空胆汁，分解饲料中的脂肪和蛋白质。CCK还抑制胃排空，并通过迷走神经传导引起饱腹感。

长期暴露于不同类型的常见环境多氯芳烃[如PCBs，二噁英和2，3，4，7，8-五氯二苯并呋喃（PeCDF）]，可能对肠CCK产生内分泌干扰作用（Lee等，2000）。一些研究者证实了长期单独摄入PCB-126、PeCDF或TCDD，或这三种化学物质的混合物，或者PCB-126和PCB-153的混合物，将以特定模式减少大鼠CCK肽在肠中的储存。此外，经TCDD处理后的肠CCK细胞，降低了前激素转化酶-1和前激素转化酶-2的水平，而这两种转化酶将参与胆囊收缩素原（pro-CCK）转化为成熟的、有活性的CCK的过程。

7.7 饲料污染物对肠道菌群的影响

作为其他真菌的次级代谢产物，特别是抗生素，有几种霉菌毒素已经显示出其抗菌潜力（Ali-Vehmas等，1998；Burmeister和Hesseltine，1966）。因此，霉菌毒素可能会改变肠道微生物菌群。单端孢霉烯族毒素中的DON和T-2毒素可影响猪肠道菌群的动态变化，导致了好氧菌数量的增加（Tenk等，1982；Waché等，2009）。饲料中含有15和83 μg/kg T-2毒素时，猪盲肠内容物中存在的鼠伤寒沙门氏菌数量显著减少，且在空肠、回肠、盲肠和结肠内容物中有减少的趋势（Verbrugghe等，2012）。基因芯片分析显示，T-2毒素导致鼠伤寒沙门氏菌中毒，表现为运动性和代谢能力降低，以及沙门氏菌致病岛基因1（*Salmonella* Pathogenicity Island 1 genes）的下调。然而，体外试验显示，T-2毒素促进肠上皮细胞对鼠伤寒沙门氏菌侵袭的易感性，及其在完整的猪肠道单层上皮细胞上的易位。用非细胞毒性剂量的DON也观察到肠上皮IPEC-1和IPEC-J2细胞中沙门氏菌侵袭和易位增强

(Pinton 等,2009;Vandenbroucke 等,2011)。除了单端孢霉烯族毒素外,还有研究报道了 OTA 和棒曲霉毒素(patulin)可增加共生细菌在完整上皮细胞中易位的能力(Maresca 等,2008)。

7.8 饲料污染物对某些肠道防御物质分泌的影响

7.8.1 黏液

为了保护黏膜,宿主生成了覆盖胃肠道的复杂黏液层(Johansson 等,2011;McGuckin 等,2011)。黏液层分为两层,围绕在高度糖基化的 MUC2 黏蛋白组织周围,形成大的网状聚合物。黏液凝胶为在黏膜环境中保留抗菌分子提供了基质。此外,作为形成黏液的主要大分子成分的黏蛋白,其自身具有直接的抗菌特性,并抑制黏液中微生物的生长。黏蛋白由杯状细胞产生。饲料污染物可以影响黏液分泌。

有研究发现 ZEA 和 FB_1 对猪和鸡的杯状细胞及其黏蛋白原囊泡的含量有增殖作用或增加活力作用(Brown 等,1992;Obremski 等,2005)。与之相反,另一研究发现,低剂量的 T-2 毒素、DON 和 ZEA 的混合物,降低了猪杯状细胞的数量和肠道多糖-蛋白质复合物(糖萼,glycocalyx)的紧密性(Obremski 等,2008)。

7.8.2 抗菌肽

胃肠道内的另一类主要分泌细胞是潘氏细胞(Paneth cells),可通过特征性的细胞内颗粒对其进行鉴定,这些细胞内颗粒含有一系列分泌到黏液中的抗菌分子,以确保干细胞微环境的无菌状态。潘氏细胞中具有防御素,是一类阳离子抗菌肽,含有由上皮细胞产生的特异性六半胱氨酸基序(译者注:基序,又称模序、模体、结构域。是指 DNA、蛋白质等生物大分子中的保守序列,介于二级和三级结构之间的另一种结构层次)(Yang 等,2007)。在猪 IPEC-J2 细胞上,观察到单独暴露于 DON,NIV,ZEA 和其混合物之后,β-防御素 1 和 β-防御素 2 的 mRNA 表达上调(Wan 等,2013)。然而,当 IPEC-J2 细胞暴露于一种或者多种毒素时,其上清液对大肠杆菌的抗菌活性显著低于未经处理组的上清液。这些结果表明,当细胞暴露于霉菌毒素组合时具有交互作用。

7.8.3 分泌型免疫球蛋白 A

免疫球蛋白 A(immunoglobulin A,IgA)和 IgG 是黏膜屏障非常重要的组成部分,是上皮细胞分泌到黏液中的抗体(Strugnell 和 Wijburg,2010)。这些抗体影响微生物共生菌群,并具有促进黏液保留和清除潜在病原体的能力。特异性免疫球蛋白(Ig)受体通过调节各种组织中的 Ig 转运和细胞浓度来调控免疫应答。这些受体将特异性免疫球蛋白跨越上皮组织转运至其作用位点。Fc 受体(FcRn)对

IgG具有特异性,而多聚免疫球蛋白受体(pIgR)可特异性识别二聚体IgA和五聚体IgM。pIgR基因在黏膜和腺体组织上皮细胞中的表达,是获得黏膜免疫的绝对先决条件,而FcRn在免疫激活和耐受中可能具有重要的作用(Dickinson等,1999;Verbeet等,1995)。给绵羊饲喂被霉菌毒素霉酚酸(mycophenolic acid,MPA)(译者注:mycophenolic acid译作霉酚酸或麦考酚酸,是一种青霉菌代谢物,于20世纪30年代首次报道,可能是一种霉菌毒素)污染的饲草,降低了肝脏中FcRn的表达并且可能导致较低的IgG血清-胆汁转运水平,却激活了回肠中pIgR的表达(Dzidic等,2004)。对于通过黏膜途径侵入的病毒,IgA和IgG均可提供保护并介导病毒清除。在小鼠模型中,T-2毒素阻碍了肠道呼肠孤病毒1号血清型在胃肠道内的清除,并增加其通过粪便排出(Li等,2006)。这些效应与粪便中特异性IgA诱导的暂时抑制,以及派尔集合淋巴结(Peyer's patch)和固有层片段培养物中呼肠孤病毒特异性IgA和IgG_{2a}分泌的减少有关。

同样在小鼠模型中,发现单次口服低剂量2,3,7,8-TCDD导致肠道中IgA分泌显著减少,表明相对低剂量的二噁英也可能损害肠道黏膜免疫功能(Ishikawa,2009;Kinoshita等,2006)。总之,这些结果强有力地证明饲料污染物可能调节分泌抗体依赖性的肠道免疫反应。

7.9 饲料污染物影响肠道免疫反应

肠黏膜作为与外界保持隔离的屏障,必须整合内部和外部信号,以协调先天性和/或适应性免疫应答(Maldonado-Contreras和McCormick,2011)。肠黏膜免疫调节功能的失调可能导致肠道炎症,或无法应对暂驻和/或常驻肠道微生物菌群的持续挑战。肠黏膜的几个细胞系之间精妙的交互调节作用决定了稳态平衡。这种交互作用是由作为小肽分子的细胞因子和趋化因子介导的。而饲料污染物能够影响这些分子的产生。已有研究制作出了单独或者组合暴露于DON、FB_1、AF、T-2毒素和OTA时家畜或实验动物肠细胞因子和趋化因子调节频率的热图(Grenier和Applegate,2013)。肠促炎细胞因子尤其是白细胞介素-6(IL-6)和白细胞介素-8(IL-8)的显著上调,与暴露于霉菌毒素有关。DON上调趋化因子IL-8产生的双重机制,被认为涉及通过MAP激酶和蛋白激酶R途径,激活IL-8基因的NF-κB依赖性转录,以及IL-8 mRNA与HuR/ELAVL1 RNA蛋白结合的稳定(Pestka,2010)。与之相反,FB_1会降低猪肠道中IL-8趋化因子的基础表达和合成(Bouhet等,2006)。这就解释了为什么在肠道感染期间炎症细胞募集减少,至少在一定程度上解释了食入FB_1的猪具有更高的易感性(Oswald等,2003)。在暴露于TCDD或其同系物的动物模型中,也可观察到炎症反应下调的情况(Monteleone等,2011,2012)。

暴露于饲料污染物也会导致肠道适应性免疫的损害。当暴露于单端孢霉烯毒素的动物用肠道呼肠孤病毒口服攻毒时,可观察到肠 IFN-γ(即 Th1 标记细胞因子)生成的减少(Li 等,2005,2006),从而导致这些动物无法将病毒从肠道中清除。

7.10 结论

肠道健康对所有动物都非常重要,尤其是单胃动物。大量的文献集中于化学物质对肠道健康的影响。收集的资料可清楚地表明,天然存在以及人造的饲料污染物的实际剂量,均可通过不同途径损害肠道功能。肠道的物理屏障功能,其消化/吸收作用及其局部防御机制的调节分配,有时会同时受到暴露于饲料污染物等多种情况的影响。此外,几种污染物可以同时存在于饲料中并相互作用。人们需要更多地关注污染物组合的毒理学作用,以确定其是否具有协同或拮抗的可加性。越来越多的证据表明霉菌毒素可能以协同方式损害肠道的完整性(Grenier 和 Oswald,2011;Wan 等,2013;Alassane-Kpembi 等,2013)。这些毒理学相互作用的特征应该扩展到其他污染物组合的研究中,这样当饲料污染物存在时,可以提高我们对肠道健康相关风险的理解。

参考文献

Ahlman, H. and Nilsson, O., 2001. The gut as the largest endocrine organ in the body. Annals of Oncology 12: S63-S68.

Alassane-Kpembi, I., Kolf-Clauw, M., Gauthier, T., Abrami, R., Abiola, F. A., Oswald, I. P. and Puel, O., 2013. New insight into mycotoxin mixtures: the toxicity of low doses of Type B trichothecenes against intestinal epithelial cells is synergistic. Toxicology and Applied Pharmacology 272: 191-198.

Ali-Vehmas, T., Rizzo, A., Westermarck, T. and Atroshi, F., 1998. Measurement of antibacterial activities of T-2 toxin, deoxynivalenol, ochratoxin A, aflatoxin B_1 and fumonisin B_1 using microtitration tray-based turbidimetric techniques. Zentralblatt für Veterinärmedizin A 45: 453-458.

Applegate, T. J., Schatzmayr, G., Prickel, K., Troche, C. and Jiang, Z., 2009. Effect of aflatoxin culture on intestinal function and nutrient loss in laying hens. Poultry Science 88: 1235-1241.

Awad, W. A., Aschenbach, J. R., Setyabudi, F. M., Razzazi-Fazeli, E., Bohm, J. and Zentek, J., 2007. *In vitro* effects of deoxynivalenol on small intestinal D-glucose uptake and absorption of deoxynivalenol across the isolated jejunal epithelium of laying hens. Poultry Science 86:15-20.

Awad, W. A., Bohm, J., Razzazi-Fazeli, E. and Zentek, J., 2006. Effects of feeding deoxynivalenol contaminated wheat on growth performance, organ weights and histological parameters of the intestine of broiler chickens. Journal of Animal Physiology and Animal Nutrition 90:32-37.

Awad, W. A., Vahjen, W., Aschenbach, J. R. and Zentek, J., 2011. A diet naturally contaminated with the *Fusarium* mycotoxin deoxynivalenol (DON) downregulates gene expression of glucose transporters in the intestine of broiler chickens. Livestock Science 140:72-79.

Ball, L. M. and Chhabra, R. S., 1981. Intestinal absorption of nutrients in rats treated with 2, 3, 7, 8-tetrachlorodibenzo-p-dioxin (TCDD). Journal of Toxicology and Environmental Health 8:629-638.

Bennett, J. and Klich, M., 2003. Mycotoxins. Clinical Microbiology Reviews 16:497-516.

Bernard, A., Broeckaert, F., De Poorter, G., De Cock, A., Hermans, C., Saegerman, C. and Houins, G., 2002. The Belgian PCB/dioxin incident: analysis of the food chain contamination and health risk evaluation. Environmental Research 88:1-18.

Bouhet, S. and Oswald, I. P., 2007. The intestine as a possible target for fumonisin toxicity. Molecular Nutrition & Food Research 51:925-931.

Bouhet, S., Hourcade, E., Loiseau, N., Fikry, A., Martinez, S., Roselli, M., Galtier, P., Mengheri, 5. and Oswald, I. P., 2004. The mycotoxin fumonisin B1 alters the proliferation and the barrier function of porcine intestinal epithelial cells. Toxicological Sciences77:165-171. Bouhet, S., Le Dorze, E., Peres, S., Fairbrother, J. M. and Oswald, I. P., 2006. Mycotoxin fumonisin B1 selectively down-regulates the basal IL-8 expression in pig intestine: *in vivo* and *in vitro* studies. Food and Chemical Toxicology 44:1768-1773.

Brown, T. P., Rottinghaus, G. E. and Williams, M. E., 1992. Fumonisin mycotoxicosis in broilers: performance and pathology. Avian Diseases 36:450-454.

Bryden, W., 2012. Mycotoxin contamination of the feed supply chain: Implications for animal productivity and feed security. Animal Feed Science and Technology 173:134-158.

Burmeister, H. R. and Hesseltine, C. W., 1966. Survey of the sensitivity of microorganisms to aflatoxin. Applied Microbiology 14:403-404.

Bursian, S. J. , Kern, J. , Remington, R. E. , Link, J. E. and Fitzgerald, S. D. , 2013a. Dietary exposure of mink (*Mustela vison*) to fish from the upper Hudson River, New York, USA: Effects on organ mass and pathology. Environmental Toxicology and Chemistry 32:794-801.

Bursian, S. J. , Kern, J. , Remington, R. E. , Link, J. E. and Fitzgerald, S. D. , 2013b. Dietary exposure of mink (*Mustela vison*) to fish from the upper Hudson River, New York, USA: effects on reproduction and offspring growth and mortality. Environmental Toxicology and Chemistry 32:780-793.

Choi, Y. J. , Seelbach, M. J. , Pu, H. , Eum, S. Y. , Chen, L. , Zhang, B. , Hennig, B. and Toborek, M. , 2010. Polychlorinated biphenyls disrupt intestinal integrity via NADPH oxidase-induced alterations of tight junction protein expression. Environmental Health Perspectives 118:976-981.

Council for Agricultural Science and Technology (CAST), 2003. Mycotoxins: risks in plant, animal, and human systems. Ames, IA, USA, pp199.

Covaci, A. , Voorspoels, S. , Schepens, P. , Jorens, P. , Blust, R. and Neels, H. , 2008. The Belgian PCB/dioxin crisis-8 years later: an overview. Environmental Toxicology and Pharmacology 25:164-170.

Dickinson, B. L. , Badizadegan, K. , Wu, Z. , Ahouse, J. C. , Zhu, X. , Simister, N. E. , Blumberg, R. S. and Lencer, W. I. , 1999. Bidirectional FcRn-dependent IgG transport in a polarized human intestinal epithelial cell line. The Journal of Clinical Investigation 104:903-911.

Diesing, A. K. , Nossol, C. , Panther, P. , Walk, N. , Post, A. , Kluess, J. , Kreutzmann, P. , Danicke, S. , Rothkotter, H. J. and Kahlert, S. , 2011. Mycotoxin deoxynivalenol (DON) mediates biphasic cellular response in intestinal porcine epithelial cell lines IPEC-1 and IPEC-J2. Toxicology Letters 200:8-18.

Dietrich, B. , Neuenschwander, S. , Bucher, B. and Wenk, C. , 2012. *Fusarium* mycotoxin-contaminated wheat containing deoxynivalenol alters the gene expression in the liver and the jejunum of broilers. Animal 6:278-291.

D' Mello, J. P. F. , 2004. Contaminants and toxins in animal feeds. In: Food and Agriculture Organization of the United Nations (ed.) Assessing quality and safety of animal feeds. FAO, Rome, Italy, pp. 107-128.

Dzidic, A. , Mohr, A. , Meyer, K. , Bauer, J. , Meyer, H. H. and Pfaffl, M. W. , 2004. Effects of mycophenolic acid (MPA) treatment on expression of Fc receptor (FcRn) and polymeric immunoglobulin receptor (pIgR) mRNA in adult sheep tissues. Croatian Medical Journal 45:130-135.

Furness, J. B., Kunze, W. A. and Clerc, N., 1999. Nutrient tasting and signaling mechanisms in the gut. II. The intestine as a sensory organ: neural, endocrine, and immune responses. The American Journal of Physiology 277:G922-G928.

Goossens, J., Pasmans, F., Verbrugghe, E., Vandenbroucke, V., De Baere, S., Meyer, E., Haesebrouck, F., De Backer, P. and Croubels, S., 2012. Porcine intestinal epithelial barrier disruption by the *Fusarium* mycotoxins deoxynivalenol and T-2 toxin promotes transepithelial passage of doxycycline and paromomycin. BMC Veterinary Research 8:245.

Grenier, B. and Applegate, T. J., 2013. Modulation of intestinal functions following mycotoxin ingestion: meta-analysis of published experiments in animals. Toxins 5:396-430.

Grenier, B. and Oswald, I. P., 2011. Mycotoxinco-contamination of foods and feeds: meta-analysis of publications describing toxicological interactions. World Mycotoxin Journal 4:285-313.

Han, X. Y., Huang, Q. C., Li, W. F., Jiang, J. F. and Xu, Z. R., 2008. Changes in growth performance, digestive enzyme activities and nutrient digestibility of cherry valley ducks in response to aflatoxin B1 levels. Livestock Science 119: 216-220.

Heath, J. P., 1996. Epithelial cell migration in the intestine. Cell Biology International 20:139-146.

Ishikawa, S., 2009. Children's immunology, what can we learn from animal studies (3): impaired mucosal immunity in the gut by 2, 3, 7, 8-tetraclorodibenzo-p-dioxin (TCDD): a possible role for allergic sensitization. The Journal of Toxicological Sciences 34(2): SP349-361.

Johansson, M. E., Larsson, J. M. and Hansson, G. C., 2011. The two mucus layers of colon are organized by the MUC2 mucin, whereas the outer layer is a legislator of host-microbial interactions. Proceedings of the National Academy of Sciences of the United States of America 108:4659-4665.

Kamphues, J. and Schulz, A. J., 2006. Dioxins: risk management by agriculture and feed industry-options and limits. Deutsche Tierärztliche Wochenschrift 113: 298-303.

Kinoshita, H., Abe, J., Akadegawa, K., Yurino, H., Uchida, T., Ikeda, S., Matsushima, K. and Ishikawa, S., 2006. Breakdown of mucosal immunity in gut by 2, 3, 7, 8-tetraclorodibenzo-p-dioxin (TCDD). Environmental Health and Preventive Medecine 11:256-263.

Kolf-Clauw, M., Castellote, J., Joly, B., Bourges-Abella, N., Raymond-Letron, I., Pinton, P. and Oswald, I. P., 2009. Development of a pig jejunal explant culture for studying the gastrointestinal toxicity of the mycotoxin deoxynivalenol: histopathological analysis. Toxicology in Vitro 23:1580-1584.

Lallès, J. P. and Oswald, I. P., 2015. Techniques for investigating gut function *in vivo*, *ex vivo* and *in vitro* in monogastric farm animals. Chapter 8. In: Niewold, T. A. (ed.) Intestinal health. Wageningen Academic Publishers, Wageningen, the Netherlands, pp. 191-217.

Lalles, J. P., Lessard, M. and Boudry, G., 2009. Intestinal barrier function is modulated by short-term exposure to fumonisin B1 in Ussing chambers. Veterinary Research Communications 33:1039-1043.

Lanza, G. M., Washburn, K. W., Wyatt, R. D. and Edwards, H. M., 1981. Strain variation in 59Fe absorption during aflatoxicosis. Poultry Science 60:500-504.

Lee, H. M., He, Q., Englander, E. W. and Greeley, Jr., G. H., 2000. Endocrine disruptive effects of polychlorinated aromatic hydrocarbons on intestinal cholecystokinin in rats. Endocrinology 141:2938-2944.

Lessard, M., Boudry, G., Seve, B., Oswald, I. P. and Lalles, J. P., 2009. Intestinal physiology and peptidase activity in male pigs are modulated by consumption of corn culture extracts containing fumonisins. The Journal of Nutrition 139: 1303-1307.

Li, M., Cuff, C. F. and Pestka, J., 2005. Modulation of murine host response to enteric reovirus infection by the trichothecene deoxynivalenol. Toxicological Sciences 87:134-145.

Li, M., Cuff, C. F. and Pestka, J. J., 2006. T-2 toxin impairment of enteric reovirus clearance in the mouse associated with suppressed immunoglobulin and IFN-gamma responses. Toxicology and Applied Pharmacology 214:318-325.

Loiseau, N., Debrauwer, L., Sambou, T., Bouhet, S., Miller, J. D., Martin, P. G., Viadere, J. L., Pinton, P., Puel, O., Pineau, T., Tulliez, J., Galtier, P. and Oswald, I. P., 2007. Fumonisin B1 exposure and its selective effect on porcine jejunal segment: sphingolipids, glycolipids and trans-epithelial passage disturbance. Biochemical Pharmacology 74:144-152.

Madge, D. S., 1976a. Polychlorinated biphenyls (phenoclor and pyralene) and intestinal transport of hexoses and amino acids in mice. General Pharmacology 7:249-254.

Madge, D. S., 1976b. Polychlorinated biphenyls and intestinal absorption of D-glucose in mice. General Pharmacology: The Vascular System 7: 45-48.

Maldonado-Contreras, A. and McCormick, B., 2011. Intestinal epithelial cells and their role in innate mucosal immunity. Cell and Tissue Research 343: 5-12.

Marasas, W. F., Riley, R. T., Hendricks, K. A., Stevens, V. L., Sadler, T. W., Gelineau-van Waes, J., Missmer, S. A., Cabrera, J., Torres, O., Gelderblom, W. C., Allegood, J., Martínez, C., Maddox, J., Miller, J. D., Starr, L., Sullards, M. C., Roman, A. V., Voss, K. A., Wang, E. and Merrill, A. H., 2004. Fumonisins disrupt sphingolipid metabolism, folate transport, and neural tube development in embryo culture and *in vivo*: a potential risk factor for human neural tube defects among populations consuming fumonisin-contaminated maize. The Journal of Nutrition 134: 711-716.

Maresca, M., Yahi, N., Younes-Sakr, L., Boyron, M., Caporiccio, B. and Fantini, J., 2008. Both direct and indirect effects account for the pro-inflammatory activity of enteropathogenic mycotoxins on the human intestinal epithelium: stimulation of interleukin-8 secretion, potentiation of interleukin-1beta effect and increase in the transepithelial passage of commensal bacteria. Toxicology and Applied Pharmacology 228: 84-92.

Marnane, I., 2012. Comprehensive environmental review following the pork PCB/dioxin contamination incident in Ireland. Journal of Environmental Monitoring 14: 2551-2556.

Matur, E., Ergul, E., Akyazi, I., Eraslan, E. and Cirakli, Z. T., 2010. The effects of *Saccharomyces cerevisiae* extract on the weight of some organs, liver, and pancreatic digestive enzyme activity in breeder hens fed diets contaminated with aflatoxins. Poultry Science 89: 2213-2220.

McGuckin, M. A., Linden, S. K., Sutton, P. and Florin, T. H., 2011. Mucin dynamics and enteric pathogens. Nature Reviews Microbiology 9: 265-278.

McLaughlin, J., Padfield, P. J., Burt, J. P. and O'Neill, C. A., 2004. Ochratoxin A increases permeability through tight junctions by removal of specific claudin isoforms. American Journal of Physiology. Cell Physiology 287: C1412-C1417.

Monteleone, I., MacDonald, T. T., Pallone, F. and Monteleone, G., 2012. The aryl hydrocarbon receptor in inflammatory bowel disease: linking the environment to disease pathogenesis. Current Opinion in Gastroenterology 28: 310-313.

Monteleone, I., Rizzo, A., Sarra, M., Sica, G., Sileri, P., Biancone, L.,

MacDonald, T. T., Pallone, F. and Monteleone, G., 2011. Aryl hydrocarbon receptor-induced signals up-regulate IL-22 production and inhibit inflammation in the gastrointestinal tract. Gastroenterology 141:237-248, 248e1.

Newson, B., Ahlman, H., Dahlstrom, A. and Nyhus, L. M., 1982. Ultrastructural observations in the rat ileal mucosa of possible epithelial 'taste cells' and submucosal sensory neurons. Acta Physiologica Scandinavica 114:161-164.

Obremski, K., Gajecka, M., Zielonka, L., Jakimiuk, E. and Gajecki, M., 2005. Morphology and ultrastructure of small intestine mucosa in gilts with zearalenone mycotoxicosis. Polish Journal of Veterinary Sciences 8:301-307.

Obremski, K., Zielonka, L., Gajecka, M., Jakimiuk, E., Bakula, T., Baranowski, M. and Gajecki, M., 2008. Histological estimation of the small intestine wall after administration of feed containing deoxynivalenol, T-2 toxin and zearalenone in the pig. Polish Journal of Veterinary Sciences 11:339-345.

Osborne, D. J. and Hamilton, P. B., 1981. Decreased pancreatic digestive enzymes during aflatoxicosis. Poultry Sciences 60:1818-1821.

Oswald, I. P., Desautels, C., Laffitte, J., Fournout, S., Peres, S. Y., Odin, M., Le Bars, P., Le Bars, J. and Fairbrother, J. M., 2003. Mycotoxin fumonisin B_1 increases intestinal colonization by pathogenic *Escherichia coli* in pigs. Applied and Environmental Microbiology 69:5870-5874.

Pavuk, M., Schecter, A. J., Akhtar, F. Z. and Michalek, J. E., 2003. Serum 2,3,7,8-tetrachlorodibenzo-p-dioxin (TCDD) levels and thyroid function in Air Force veterans of the Vietnam War. Annals of Epidemiology 13:335-343.

Pestka, J. J., 2010. Deoxynivalenol-induced proinflammatory gene expression: mechanisms and pathological sequelae. Toxins 2:1300-1317.

Pinton, P., Braicu, C., Nougayrede, J. P., Laffitte, J., Taranu, I. and Oswald, I. P., 2010. Deoxynivalenol impairs porcine intestinal barrier function and decreases the protein expression of Claudin-4 through a mitogen-activated protein kinase-dependent mechanism. The Journal of Nutrition 140:1956-1962.

Pinton, P., Nougayrede, J. P., Del Rio, J. C., Moreno, C., Marin, D. E., Ferrier, L., Bracarense, A. P., Kolf-Clauw, M. and Oswald, I. P., 2009. The food contaminant deoxynivalenol, decreases intestinal barrier permeability and reduces claudin expression. Toxicology and Applied Pharmacology 237:41-48.

Pinton, P., Tsybulskyy, D., Lucioli, J., Laffitte, J., Callu, P., Lyazhri, F., Grosjean, F., Bracarense, A. P., Kolf-Clauw, M. and Oswald, I. P., 2012.

Toxicity of deoxynivalenol and its acetylated derivatives on the intestine: differential effects on morphology, barrier function, tight junction proteins, and mitogen-activated protein kinases. Toxicological Sciences 130:180-190.

Rawal, S., Kim, J. E. and Coulombe, R., 2010. Aflatoxin B1 in poultry: toxicology, metabolism and prevention. Research in Veterinary Science 89:325-331.

Rescigno, M., 2011. The intestinal epithelial barrier in the control of homeostasis and immunity. Trends in Immunology 32:256-264.

Ruff, M. D. and Wyatt, R. D., 1976. Intestinal absorption of *L*-methionine and glucose in chickens with aflatoxicosis. Toxicology and Applied Pharmacology 37:257-262.

Sanderson, J. T., Elliott, J. E., Norstrom, R. J., Whitehead, P. E., Hart, L. E., Cheng, K. M. and Bellward, G. D., 1994. Monitoring biological effects of polychlorinated dibenzo-p-dioxins, dibenzofurans, and biphenyls in great blue heron chicks (*Ardea herodias*) in British Columbia. Journal of Toxicology and Environmental Health 41:435-450.

Schecter, A., Birnbaum, L., Ryan, J. J. and Constable, J. D., 2006. Dioxins: an overview. Environmental Research 101:419-428.

Sklan, D., Shelly, M., Makovsky, B., Geyra, A., Klipper, E. and Friedman, A., 2003. The effect of chronic feeding of diacetoxyscirpenol and T-2 toxin on performance, health, small intestinal physiology and antibody production in turkey poults. British Poultry Science 44:46-52.

Smith, L. E., Stoltzfus, R. J. and Prendergast, A., 2012. Food chain mycotoxin exposure, gut health, and impaired growth: a conceptual framework. Advances in Nutrition 3:526-531.

Stevens, V. L. and Tang, J., 1997. Fumonisin B1-induced sphingolipid depletion inhibits vitamin uptake via the glycosylphosphatidylinositol-anchored folate receptor. The Journal of Biological Chemistry 272:18020-18025.

Strugnell, R. A. and Wijburg, O. L., 2010. The role of secretory antibodies in infection immunity. Nature Reviews Microbiology 8:656-667.

Tenk, I., Fodor, E. and Szathmary, C., 1982. The effect of pure *Fusarium* toxins (T-2, F-2, DAS) on the microflora of the gut and on plasma glucocorticoid levels in rat and swine. Zentralblattfür Bakteriologie, Mikrobiologieund Hygiene. 1. Abt. Originale A, Medizinische Mikrobiology, Infektionskrankheiten und Parasitologie 252:384-393.

Turner, J. R., 2009. Intestinal mucosal barrier function in health and disease. Nature Reviews Immunology 9:799-809.

Vandenbroucke, V., Croubels, S., Martel, A., Verbrugghe, E., Goossens, J., Van Deun, K., Boyen, F., Thompson, A., Shearer, N., De Backer, P., Haesebrouck, F. and Pasmans, F., 2011. The mycotoxin deoxynivalenol potentiates intestinal inflammation by *Salmonella* typhimurium in porcine ileal loops. PLoS One 6:e23871.

Varga, J., Frisvad, J. C. and Samson, R. A., 2011. Two new aflatoxin producing species, and an overview of *Aspergillus* section *Flavi*. Studies in Mycology 69: 57-80.

Verbeet, M. P., Vermeer, H., Warmerdam, G. C., De Boer, H. A. and Lee, S. H., 1995. Cloning and characterization of the bovine polymeric immunoglobulin receptor-encoding cDNA. Gene 164:329-333.

Verbrugghe, E., Vandenbroucke, V., Dhaenens, M., Shearer, N., Goossens, J., De Saeger, S., Eeckhout, M., D'Herde, K., Thompson, A., Deforce, D., Boyen, F., Leyman, B., Van Parys, A., De Backer, P., Haesebrouck, F., Croubels, S. and Pasmans, F., 2012. T-2 toxin induced *Salmonella* Typhimurium intoxication results in decreased *Salmonella* numbers in the cecum contents of pigs, despite marked effects on *Salmonella*-host cell interactions. Veterinary Research 43:22.

Waché, Y. J., Valat, C., Postollec, G., Bougeard, S., Burel, C., Oswald, I. P. and Fravalo, P., 2009. Impact of deoxynivalenol on the intestinal microflora of pigs. International Journal of Molecular Sciences 10:1-17.

Wan, M. L., Woo, C. S., Allen, K. J., Turner, P. C. and El-Nezami, H., 2013. Modulation of porcine beta-defensins 1 and 2 upon individual and combined *Fusarium* toxin exposure in a swine jejunal epithelial cell line. Applied and Environmental Microbiology 79:2225-2232.

Weisglas-Kuperus, N., Patandin, S., Berbers, G. A., Sas, T. C., Mulder, P. G., Sauer, P. J. and Hooijkaas, H., 2000. Immunologic effects of background exposure to polychlorinated biphenyls and dioxins in Dutch preschool children. Environmental Health Perspectives 108:1203-1207.

Yang, D., Liu, Z. H., Tewary, P., Chen, Q., De la Rosa, G. and Oppenheim, J. J., 2007. Defensin participation in innate and adaptive immunity. Current Pharmaceutical Design 13:3131-3139.

Yegani, M. and Korver, D. R., 2008. Factors affecting intestinal health in poultry. Poultry Science 87:2052-2063.

Yunus, A. W., Blajet-Kosicka, A., Kosicki, R., Khan, M. Z., Rehman, H. and Bohm, J., 2012. Deoxynivalenol as a contaminant of broiler feed: intestinal development, absorptive functionality, and metabolism of the mycotoxin. Poultry Science 91:852-861.

Yunus, A. W., Ghareeb, K., Abd-El-Fattah, A. A., Twaruzek, M. and Bohm, J., 2011a. Gross intestinal adaptations in relation to broiler performance during chronic aflatoxin exposure. Poultry Science 90:1683-1689.

Yunus, A. W., Razzazi-Fazeli, E. and Bohm, J., 2011b. Aflatoxin B(1) in affecting broiler's performance, immunity, and gastrointestinal tract: a review of history and contemporary issues. Toxins 3:566-590.

Zielonka, L., Wisniewska, M., Gajecka, M., Obremski, K. and Gajecki, M., 2009. Influence of low doses of deoxynivalenol on histopathology of selected organs of pigs. Polish Journal of Veterinary Sciences 12:89-95.

第8章 研究单胃家畜肠道功能的体内、离体和体外技术

J. P. Lallès[1*] *and I. P. Oswald*[2,3]

[1] *INRA, UR 1341, ADNC, 35590 Saint-Gilles, France;*

[2] *INRA, UMR 1331 ToxAlim, Research Center in Food Toxicology, 31027 Toulouse cedex 03, France;*

[3] *Université de Toulouse, UMR 1331, Toxalim, 31076 Toulouse, France; jean-paul.lalles@rennes.inra.fr*

摘要:肠道健康是一个高度复杂的概念,涵盖了胃肠道的各种功能,包括吸收、分泌、屏障和免疫功能。胃肠道由具有特定功能特性的连续区段组成。由于其中许多功能几乎不可能在体内准确的研究,研究人员开发了一套辅助工具,用于研究肠道各个方面的功能:体内通透性、肠襻*(不切除或切除)、嵌合在尤斯室(Ussing chambers,又称尤斯灌流室)的组织、培养组织外植体和上皮细胞。这些技术广泛应用于研究肠道电生理特性、吸收和分泌能力,研究不同分子量的一般或特殊分子的通透性,以及潜在的内分泌、神经和免疫调节。离体(*ex vivo*)或体外技术可用作"筛选"手段,或有助于解释体内研究结果的技术。到目前为止,世界上使用最多的胃肠道研究手段是肠道细胞培养,其次是尤斯室、外植体和肠襻法。就学科和领域而言,这些手段主要用于研究生理学和疾病状态。本章并不是对以往文献的竭力罗列,而是阐述这些研究技术的基本原理和局限性,并说明这些技术在研究猪和家禽肠道功能不同方面的广泛应用。

关键词:肠道,肠襻,尤斯室,外植体,细胞培养

8.1 引言

肠道健康是一个高度复杂的概念,其涵盖胃肠道(gastrointestinaltrac,GIT)的各种功能,包括吸收、分泌、屏障(离子、物质和细菌)和免疫功能。这些功能受内分泌、免疫和神经系统控制。并随着 GIT 肠腔或区段(胃、十二指肠、空肠、回肠、盲

* 译者注:肠襻指一段肠管。

肠、结肠和直肠)以及年龄、日粮和环境的不同而变化。如果不借助专业的外科手术,许多功能几乎不可能在体内进行明确地研究。这可能是由于受各种复杂因素的影响(如受胃生理学影响的肠道通透性),或者是不可能在整只动物进行精确测量(如肠道区段的通透性)。因此,长期以来研究人员一直面临着开发辅助离体技术(如尤斯室中的 GIT 肠道区段或培养 GIT 外植体)或体外技术(如肠细胞培养)的绝对必要性,这些技术可以将整个肠道健康问题分解为若干个"基本"功能进行研究,同时限制实验动物的使用。然而,与所有的离体或体外技术一样,为研究 GIT 功能而开发的技术也是既有优点也有局限性。这些技术可用作"筛选"手段,或用来解释体内研究结果。因此,必须认识到这些"还原论"的方法不能完全独立使用,必须与体内试验相结合,才能全面验证数据和结论。本章并不仅是对以往文献的罗列。而是阐述这些研究技术的基本原理和局限性,并说明这些技术在研究猪和家禽肠道功能不同方面的广泛应用。到目前为止,肠道细胞培养是世界上使用最多的方法,其次是尤斯室(UC)、外植体和肠襻法(图 8.1)。就学科和领域而言,这些手段主要用于研究生理学和疾病状态(图 8.2)。

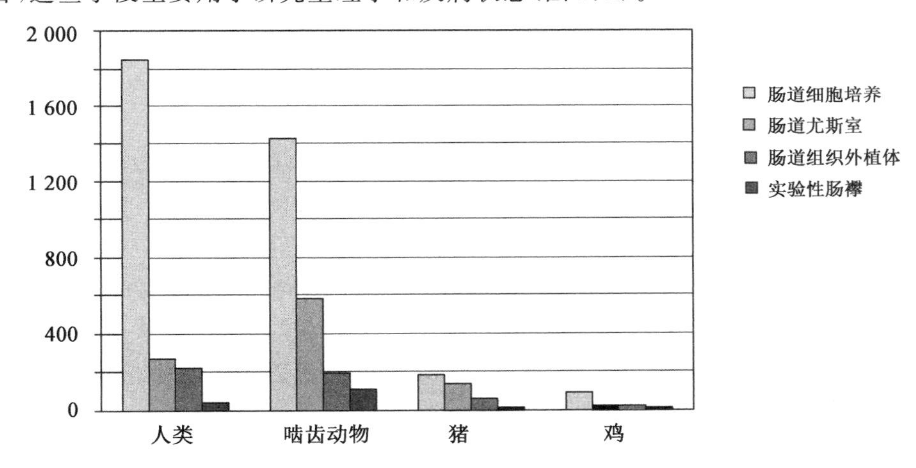

图 8.1　使用不同方法研究肠道的出版物数量(Pubmed 检索,截至 2013 年 2 月)

8.2　体内肠道通透性检测

胃肠道由连续的区段组成,包括胃、小肠(包含十二指肠、空肠和回肠)和大肠[包含盲肠、结肠(近端、中间、远端)和直肠]。每个区段对离子、分子,也可能包括细菌(所谓细菌移位)表现出特定的通透性。通透性是一个复杂的概念,受各种潜在机制影响。

简而言之,肠上皮并非完全不可通透,其允许小的或稍大的、带电荷的或中性的(如离子、小肽或其他分子)化合物通过其大小不同的"间隙"(如 4～5 Å,10～

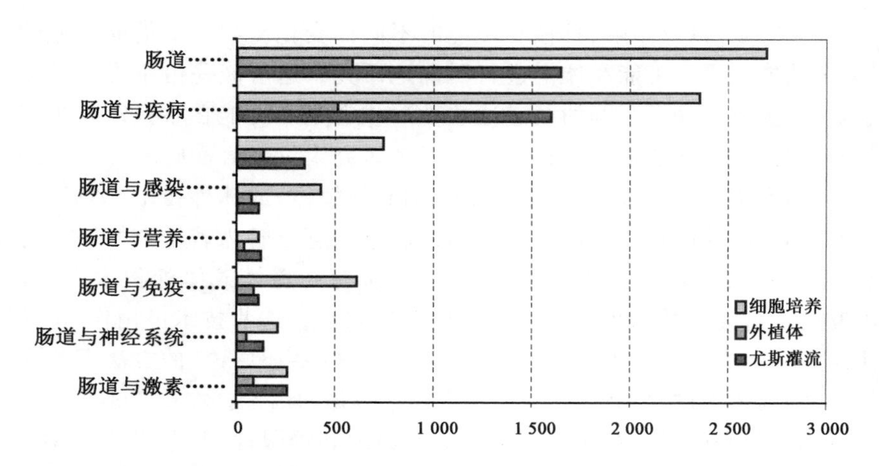

图 8.2 研究肠道的出版物数量和涉及的研究领域(Pubmed 检索,截至 2013 年 2 月)

15 Å 和大于 20 Å)并沿着隐窝-绒毛轴进入肠上皮(Camilleri 等,2012)。通过神经免疫机制调控细胞旁路控制肠上皮细胞紧密连接程度(Shen 等,2012)。相比之下,大分子则为穿过上皮细胞(跨细胞转运途径)(Heyman 等,1989,1992;Van Niel 和 Heyman,2002)。

重要的是,通透性的测量通常在夜间禁食后进行,并且在施用标记物后再进行额外禁食(如 2~4 h)。这样做的目的是避免标记物和日粮成分之间,以及与日粮有关的胃肠运动和通过时间的干扰(Bjarnason 等,1995; Hollander,1999)。可以通过在肠道或血液循环中施用单个标记物(或标记的细菌)或标记物组合来评估通透性(Szabo 等,2006)。然后,在反射标记物通道的"扩散"肠段中采集适量的液体样本(如肠腔给药后的血浆或尿液,或全身标记给药后的肠液灌洗液)。可以按照位置取样(如血浆、尿液),也可以在一段时间内全部取样(如尿液、肠道灌洗液)。可以进行动态取样,以便了解标记物出现频率随时间推移的离散状态(并且计算"曲线下面积",如在血浆或灌洗液中),或用于评估肠道区段的通透性。例如,在施用非消化性标记物[如铬-乙二胺四乙酸(Cr-EDTA)]超过 3~5 h 和 5(3)~24 h 后,定量收集尿液便可分别估测小肠和大肠的通透性。然而,这仅仅是估测,因为标记物从口腔到盲肠的运输时间以及存储在膀胱中的尿液量在个体之间差异很大。另一种评估肠道区段通透性的方法是使用更具特异性的探针(表 8.1)。蔗糖用于测定胃的通透性,因为蔗糖不会在健康的胃中被吸收,而是在小肠前段水解(Sutherland 等,1994)。该技术已成功用于马的胃溃疡检测(Hewetson 等,2006)。小肠通透性的测量通常使用小分子糖(或单糖和二糖或三糖的组合:甘露醇、乳果糖、水苏糖等),这些糖不可消化但可以在大肠中发酵,或者使用不可消化也不可发酵的探针(如 Cr-EDTA),再或者使用中小分子量的聚乙二醇和荧光探针(如荧光素钠)(表 8.1)(Bjarnason 等,1995；Hollander,1999；Szabo 等,2006)。血浆或尿液中的标记物检测要在给药后短时间内进行(如血浆 1～2 h,尿液 3～5 h)。糖探针的缺点是可能导致肠道细菌过度生长,这会使标记物降解。三氯蔗糖是一个例外,它是一种人造甜味剂,既不能在小肠中消化,也不能被细菌发酵(Anderson 等,2005)。因此,三氯蔗糖是体内肠道通透性检测标记物的选择之一。对于断奶前后的仔猪,最近有人提出使用乳果糖来检测其小肠通透性(Wijtten 等,2011a,b)。

表 8.1　研究体内和/或离体肠道通透性常用标记物和化合物[1]

标记物	分子质量	化学性质及特征	用途	路径
体内使用的通透性标记物				
甘露醇	182 Da	单糖,可发酵	肠道通透性(二糖检测)	细胞旁路
铬-乙二胺四乙酸(Cr-EDTA)(络合物)	341 Da	金属,不可发酵	肠道和结肠通透性	细胞旁路
蔗糖	342 Da	单糖,可发酵	胃的通透性	细胞旁路
乳果糖	342 Da	二糖,可发酵	肠道通透性(二糖检测)	细胞旁路
荧光素钠	376 Da	化学试剂,荧光探针	肠道通透性	细胞旁路
三氯蔗糖	398 Da	二糖,不可发酵	结肠通透性	细胞旁路
水苏糖	667 Da	二糖,可发酵	肠道通透性(二糖检测)	细胞旁路
离体使用的肠道通透性标记物(尤斯室或肠襻法)				
甘氨酰肌氨酸(Gly-Sar)	146 Da	甘氨酰肌氨酸,疏水	肠道主动转运[通过寡肽转运蛋白 1(PepT1)]	细胞转运
甘露醇	182 Da	单糖,可发酵	肠道和结肠通透性	细胞旁路
铬-乙二胺四乙酸(络合物)	341 Da	金属,不可发酵	肠道和结肠通透性	细胞旁路
荧光素钠(NaF)	376 Da	化学试剂,荧光探针	肠道和结肠通透性	细胞旁路
磺酸荧光素(FSA)	478 Da	化学试剂,荧光探针	肠道和结肠通透性	细胞旁路
异硫氰酸荧光素葡聚糖 4(FD4)	4 kDa	多糖,荧光探针	肠道和结肠通透性	细胞旁路
菊糖	5 kDa	多糖,荧光探针	肠道通透性	细胞旁路
脂多糖(LPS)	2～20 kDa	脂多糖(革兰氏阴性菌)	肠道或结肠通道	跨细胞/细胞旁路
辣根过氧化物酶(HRP)	40 kDa	蛋白,酶	肠道和结肠通透性	跨细胞
异硫氰酸荧光素葡聚糖 70(FD70)	70 kDa	多糖,荧光探针	肠道和结肠通透性	细胞旁路

8.3 原位和离体肠襻

8.3.1 原位灌注肠襻

20世纪90年代，小肠灌注系统（SIPS）这项技术在荷兰得以开发（Nabuurs等，1993）。猪被麻醉后，将腹部横向剖开，并沿着目标肠段（如肠道近端、中段或远端）制备肠襻。每个肠襻（长度为10～20 cm，这取决于研究目标和猪只大小）从前端和尾端分别插入一个细硅管和一个稍粗硅管，以便能够定量注入溶液和收集从肠襻流出的液体。将一组短的（如2～5 cm）或稍长（如20 cm）的肠襻分隔开，对照组和试验组的肠襻应在邻近的肠段取样。肠襻前端管通过灌注泵连接到盛有对照组或试验组（如细菌、细菌培养基及其他物质）液体的小瓶中，同时使尾管液体排入放置在猪腹部稍下方的瓶子中。将含有矿物质和营养素或测试溶液（如加入病原体、毒素或其他物质）的无菌溶液恒温在37℃，并持续灌注（如8～10 mL/h）8～10 h。定量收集排出的液体，通过计算灌注量与排出量差值得出净分泌量或吸收量。在试验结束时，将猪安乐死并切除肠襻。肠襻表面积等于在恒定张力下测定的肠襻周长与长度的乘积，并且将数据标准化为单位表面积数值。该项技术的优点是通过对肠襻的血液和淋巴循环进行灌注来研究神经免疫和激素的调节。此外，整个研究过程都是在麻醉条件下进行。

8.3.2 离体非灌注肠襻

离体非灌注肠襻法很少用于猪（Hansen等，1996）和家禽（Gratz等，2005）的研究。但当UC不可用时，离体非灌注肠襻法可能是一个有价值且经济有效的方法。该技术已成功用于小鼠肠道的研究（Segawa等，2011；Ueno等，2011）。将小肠切成肠襻，用培养基填充至中度膨胀，该培养基不含/含有检测物质或细菌（如在小鼠上填充1 mL/5～6 cm肠襻）。将肠襻置于器官培养皿或烧瓶中，并在控温的CO_2浓度为5%的培养箱中培养不同时间（如30 min至2 h）。通过将通透性标记物单独或与促氧化剂或促炎物质（如单氯胺）一起加入肠襻中，进行通透性的测定。对肠襻外侧的培养基进行动态取样（如每30 min取样一次），并计算使用UC技术测定标记物的通量。尽管该技术有潜在的可行性，但尚未用于评估肠道吸收和分泌能力。

8.4 尤斯室

8.4.1 测定离子的主动转运

丹麦研究者Hans H. Ussing在20世纪50年代建立了尤斯室装置，尝试用来区分跨上皮(当时使用青蛙的皮肤)离子的被动扩散和主动转运(耗能)(Boudry,2005;Clarke,2009)。通过在组织的两侧放置含有相同离子浓度的同种缓冲液,解决了离子被动扩散的问题。另外,具有自发跨膜电位差(PD)是活体极化上皮细胞的特征,通过在组织两侧施加外部电流,从而将 PD 钳制为零。该电流称为短路电流(Isc),等于电离子活性运动的代数和。在这些条件下,使得 H. H. Ussing 研究离子的主动转运成为可能。

H. H. Ussing 的探索促进了对"双膜"上皮模型的研究,即在基底膜上通过 Na^+ 和 K^+ 的初级主动转运(通过 Na^+-K^+ ATP 酶),为顶膜 Na^+ 通道和 Na^+-耦合因子转运蛋白的二级转运提供了电化学梯度。该方法已经广泛用于所有类型的上皮组织以及上皮细胞培养物。在细胞融合时,这些上皮细胞产生电极性,从而反映出顶膜和基底膜之间物理和功能的差异(如反映细胞间紧密连接差异)。随后,阐明了肠道产生氯离子(Cl^-)的分泌机制,电中性 NaCl 吸收和 Na^+ 依赖性葡萄糖吸收的机制。随着这些发现,一系列转运蛋白功能被鉴定,然后在分子和基因水平上被鉴定。通过转运载体 SGLT-1(钠葡萄糖共转载体 1)吸收,钠依赖性葡萄糖已成为 Na^+ 依赖性营养物吸收的研究模型。

方法为:采集动物小肠、盲肠或结肠的片段,并用预冷缓冲液(林格碳酸氢盐缓冲液,Ringer bicarbonate)运送到实验室。大多数情况下,为了减少组织厚度和肌肉对 UC 内物质和氧气扩散的阻碍,需要剥离平滑肌层。小肠肌肉层的去除是在沿小肠肠系膜对侧切段之前完成,而大肠肌肉层的去除是在小肠的整个组织切段之后完成。根据研究的目的,嵌合在 UC 中的组织可以去除或包含派尔集合淋巴结(Peyer's patches)(参见 Green 和 Brown,2006)。然后,将黏膜组织样本嵌合在两个半室(尤斯室由两个半室组成)之间,从而确定与组织电极性和功能极性相关的两个隔室(肠腔表面上皮和内环境)(参见 Boudry,2005; Clarke,2009 中的图示)。每个半室与两组电极相连:一组电极的末端靠近黏膜组织一侧,用于测量和电钳制跨膜 PD;而另一组电极距离黏膜组织稍远,用于每隔一段时间通入微小电流。在该装置中,肠黏膜相当于电阻,通过检测电阻的微小电流,用欧姆定律测定组织的跨上皮电阻(TEER)或组织的电导率($G_t = 1/\text{TEER}$;与细胞旁路离子通透性同义)($V = \text{TEER} \times I\text{sc}$,或 $V = I\text{sc}/G_t$)。(译者注:G_t 为电导率,Isc 为短路电流,V 为钳制电压)。

每个半室连接到一个储液槽,槽内含有等体积等矿物质组成的缓冲液(林格碳酸氢盐是 UC 技术中最常见的缓冲盐)。通过温水在储液槽外周的夹层中循环,以维持储液槽所需温度。最后,两个储液槽均使用包含 95% O_2 和 5% CO_2 的混合气体通气,用于每个半室的组织供氧并且辅助缓冲液循环。在这种条件下,UC 装置可保证肠道组织存活 2～3 h。电极由甘汞或 Ag-AgCl 制成,通过盐桥(如把 3% 琼脂熔化在 3 mol/L KCl 的溶液中)与每个半室连接。电极与电钳制装置相连,并用计算机记录数据。较古老的 UC 装置是玻璃器皿做成的储液槽,但最新的设备已经小型化,在小型的丙烯酸模块内集成了电解池、导线和半室。肠道黏膜组织片固定在一个有小针的半室上,用小针可将其固定到另一半的小孔上。UC 装置可从多家公司购买(美国生理仪器公司:www.physiologicinstruments.com;美国华纳仪器公司:www.warneronline.com;世界精密仪器公司:www.wpiinc.com)。然而,一些实验室在使用自己设计的尤斯室(如 TNO 转运室;Spreeuwenberg 等,2001)。

考虑到缓冲液和电极对电现象的干扰,在对嵌合组织运行 UC 之前,必须"校准"腔室参数。未嵌合组织的 UC 装置平衡 10~15 min 后,通过施加偏移电流使两侧电极之间的电压差等于零。给缓冲液的电阻施加电补偿,目的是获得组织的实际电阻。因电极在装置运行后不可更换,所以在校准时需要把有问题的电极更换掉。然后,将电压钳系统保持在待机状态,并移除缓冲液和半室以后再嵌合组织(见前文)。组织嵌合完毕,并保持平衡 20~30 min(如在浆膜侧使用林格-葡萄糖缓冲液,在黏膜侧使用林格-甘露醇缓冲液)以平衡渗透压,随后开始实验。UC 方法可以测量基础电参数(Isc,PD,TEER 或 G_t)。如果腔室中条件改变(如在不同 pH 下,或在加入 H_2O_2 或单氯胺氧化条件下测试组织功能),则需再次确定这些参数。为了测量组织 Na^+ 依赖性葡萄糖吸收,在肠道组织侧添加葡萄糖并记录 Isc 的变化。最大 Isc 差值(ΔIsc)反映了上皮细胞的葡萄糖吸收能力。该方法也适用于具有电吸收功能的其他营养素(如氨基酸)。同样若要测定组织分泌能力(实质上是 Cl^- 分泌),则加入促分泌素(如卡巴胆碱、茶碱等)。测量 ΔIsc 的结果反映了已知分泌素的上皮分泌能力。基于动力学响应的特点,在两次测量之间必须停留足够的时间(如在葡萄糖添加后 10~15 min)。UC 装置还可用于研究吸收和/或分泌机制(转运蛋白或肠神经系统的激动剂和拮抗剂,肥大细胞稳定剂或脱粒物质等)。短路电流的变化总是能够反映添加物质的含量(正或负)。因此,肠黏膜电生理学的许多方面均可以用 UC 装置研究。然而,所采用的研究方案受到组织存活时间、UC 腔室数量和添加物质水溶性的限制。这些添加物可以溶解在有机溶液(如乙醇和二甲基亚砜)或用胆汁盐乳化(如脂肪酸),但载体溶液也必须同时加入对照组组织的小室中。最后,对那些测量单向(黏膜—浆膜或浆膜—黏膜)离子通量的研究来说,可将放射性同位素($^{22}Na^+$,$^{36}Cl^-$)分别放置在组织两侧的其中任一侧的 UC 模块中。在这种情况下,需要用相近电阻的组织进行配对试验(Clarke,2009)。当仅测量净通量时,解释试验结果时必须谨慎(Lucas,2009)。

8.4.2 上皮(黏膜)通透性的测定

近年来,UC 的应用扩展到对肠道跨细胞和细胞旁通透性途径的研究(Camilleri 等,2012)。使用 UC 的目的,是将小分子(放射性或荧光物质,如 ^{51}Cr-EDTA 或 ^{3}H-甘露醇或 FD4)添加到肠腔组织侧,并在浆膜侧进行动态监测,以计算穿过黏膜的标记物流动(Ducroc 等于 1983 年计算得出)。每次采样后,通过添加等体积的林格-葡萄糖缓冲液，以保持腔室缓冲液体积恒定。因此，研究肠黏膜的通透性是可行的。肠道通透性是上皮细胞的主要功能特性，任何相对于正常值的偏差都表示肠道病理生理或疾病状态（如炎性肠道疾病、肥胖症）（Camilleri 等，2012）。虽然看似简单，但这些现象和潜在机制相当复杂，因此，对于所使用的通透性标记物的类型并没有达成绝对共识（表 8.1）。此外，越来越多的研究关注特定化合物（如脂多糖；Mani 等，2013）或实体（如细菌；Roberts 等，2013）的"通过性"，而不是使用通用型通透性标记物。目前，关于体内与离体肠道通透性检测之间的相关性研究极其缺乏。

8.4.3　在猪和家禽中使用尤斯室的研究实例

尤斯室可与体内研究相结合（表 8.2）。简而言之，不同年龄、品种、体重（如宫内生长迟缓）的实验动物接受不同的体内处理（如营养、环境）。在试验结束后，处死动物并收集小肠或大肠的一个或多个肠段的一部分嵌合在 UC 中。测定组织的基础生理特征（如电生理学、通透性）。为了研究特定的生理或代谢特征（如肠道免疫或神经系统的参与，钠依赖性营养物质吸收能力，对氧化应激的易感性），对 UC 中的这些组织进行额外的处理（如生物活性物质，包括有毒物质或药物），用来初步解释体内处理应用的效果。除了对组织进行常规生化分析外，UC 技术是获得肠道功能信息的体内和离体方法的良好结合。

表 8.2　在猪和家禽中体内和尤斯室研究实例[1]

肠道部位	体内处理	主要结果	参考文献
断奶仔猪			
小肠	日粮与通透性	大麦来源的日粮中 β-葡聚糖增加细胞旁路通透性	Ewashuk 等，2012
空肠	日粮	伏马菌素 B_1 增加基础 Isc、葡萄糖吸收和茶碱诱导的氯化物分泌	Lessard 等，2009
空肠	日粮	日粮植酸减少基础 Isc 并有降低 PD 趋势	Woyengo 等，2012
空肠	日粮与感染	感染减少基础 Isc、葡萄糖和磷的主动转运，但增加谷氨酰胺的转运。日粮微生物和有机酸增加基础 Isc	Walsh 等，2012
回肠	缺血[2]	鲁比前列酮（一种治疗便秘的药物）减少，PEG 3350 增加，缺血诱导的细胞旁路通透性改变	Moeser 等，2008
空肠	断奶日龄	早期断奶增加基础 Isc 和细胞旁路通透性。通透性的变化取决于 CRF 和肥大细胞	Smith 等，2010

续表 8.2

肠道部位	体内处理	主要结果	参考文献
用代乳料饲喂的猪			
空肠和回肠	日粮与出生重	用高蛋白代乳料饲喂的低出生体重仔猪的细胞旁路通透性更高。该配方干扰低出生体重仔猪的通透性神经调节	Boudry 等，2011
回肠	日粮与缺血	ARA 和 EPA 逆转因缺血诱导的 TEER 减少。ARA 减缓缺血诱导的细胞旁通透性	Jacobi 等，2012
鸡			
空肠	日粮	日粮菊粉降低 TEER，但并未影响基础 *I*sc 和葡萄糖的主动转运	Rehman 等，2007
空肠	免疫	在预先致敏的鸡中，在抗原的激发下，肠道 *I*sc 和氯化物分泌增加	Caldwell 等，2001

[1] *I*sc：短路电流；PD：电位差；PEG：聚乙二醇；CRF：促肾上腺皮质激素释放因子；TEER：跨上皮电阻；ARA：花生四烯酸；EPA：二十碳五烯酸。

[2] 尤斯室中的回肠经鲁比前列酮和 PEG 3350 处理。

尤斯室也可以独立用于体内研究，进行机制研究或产品筛选（表 8.3）。在这种情况下，设计离体试验，收集“对照组”动物（如幼龄或老龄动物，不同的肠段，没有或具有派尔集合淋巴结的回肠组织切片）的新鲜肠组织并嵌合在 UC 中。在 UC 用于筛选生物活性物质情况下，可以进行急性剂量反应研究以及机制研究（Boudry 和 Perrier，2008；Lallès 等，2009）（表 8.3）。

总之，使用 UC 技术发表的大量研究结果表明，该装置具有多功能性，以及在众多科学领域和条件下显示出极大的应用潜力（图 8.1 和图 8.2）。

表 8.3　使用尤斯室对猪或家禽肠道组织（对照组）进行生理学研究或筛选试验的实例[1]

动物种类	肠道部位	尤斯室处理	主要结果	参考文献
猪	空肠	百里香酚	百里香酚通过激活神经烟碱受体增加 *I*sc、氯化物和碳酸氢盐的分泌	Boudry 和 Perrier，2008
		肉桂醛	肉桂醛通过激活肠细胞上的烟碱受体增加 *I*sc、氯化物和碳酸氢盐的分泌	
猪	空肠	伏马菌素 B_1	伏马菌素 B_1 增加 TEER 和跨细胞通透性	Lallès 等，2009

续表 8.3

动物种类	肠道部位	尤斯室处理	主要结果	参考文献
猪	空肠	藜麦壳日粮	藜麦壳日粮增加葡萄糖吸收和通透性，茶碱诱导的离子分泌减少	Carlson 等，2012
猪	空肠	脱氧雪腐镰刀菌烯醇	脱氧雪腐镰刀菌烯醇增加跨细胞通透性	Pinton 等，2009
猪	回肠	CRF 抑制剂	浆膜 CRF 增加了 FD4 的通量而 TEER 无变化。该作用可被 CRF 受体拮抗剂、肥大细胞稳定剂、抗肿瘤坏死因子 α(anti-TNFF-α)抗体和神经阻滞剂阻断	Overman 等，2012
猪	回肠	黏膜 LPS 乳化油	鱼肝油和鱼油减少 LPS 的转运，而椰子油增加 LPS 的转运(橄榄油和植物油无影响)	Mani 等，2013
产蛋鸡	空肠	脱氧雪腐镰刀菌烯醇	脱氧雪腐镰刀菌烯醇增加 TEER，并降低葡萄糖转运	Awad 等，2005
鸡	结肠	NH_4^+	NH_4^+ 通过顶膜 H^+-ATP 酶和 Na^+/K^+ ATP 酶途径排出	Holtug 等，2009
鸡	空肠	黄曲霉毒素 B_1	黄曲霉毒素 B_1 增加基础 Isc 和 TEER，并降低葡萄糖和氨基甲酰胆碱主动转运	Yunus 等，2010
鸡	空肠、盲肠	沙门氏菌及其内毒素	沙门氏菌及其内毒素降低黏膜离子通透性	Awad 等，2012

[1] Isc：短路电流；TEER：跨上皮电阻；CRF：促肾上腺皮质激素释放因子；FD4：荧光素异硫氰酸酯葡聚糖 4(4 kDa)；TNF：肿瘤坏死因子；LPS：脂多糖；ATP 酶：三磷酸腺苷酶。

8.5　离体胃肠道组织外植体

外植体系统具备体外系统的所有优点，同时保持了组织间的相互关系，并且维持了体内复杂的分化模式。在该系统中，器官的所有常见细胞类型均存在，组织结构及不同细胞之间的相互作用得以维持，更重要的是保留了代谢和运输功能。与活体动物模型相比，外植体系统还为实验操作提供了更为可控的环境以及从单个供体获取多个外植体的可能性，从而增加了研究的统计功效。研究者可以精准控制和操纵外植体周围环境，因此，该方法非常适合对肠道反应进行细致的研究(Randall 等，2011)。

就肠道研究而言,可使用人和不同动物(包括啮齿动物、猪和家禽)的器官进行培养也证明了外植体系统的可行性。在最初的报道中,需要从十二指肠和空肠连接处取出直径约 3 mm 的活组织进行培养,如今已经可以从肠道的不同区段分离出外植体。尽管如此,已发表的研究数据表明,无论什么物种,来自不同肠段的外植体都能够作为活体进行培养,只是存活时间存在显著差异。相比之下,大肠外植体似乎对培养条件要求更低。小肠和大肠的表观形态活跃期存在差异,一部分原因可能是大肠细胞更新率较低。具有较高的细胞更新率和特殊的结构者,例如小肠绒毛,意味着与大肠扁平结构相比,任何细胞更新或分化平衡的干扰对其形态的影响都更为深刻。存活时间的差异也表明,大肠外植体对培养条件中的缺氧和相关氧化应激具有更强的抵抗力;外植体培养完全依赖于氧气扩散而非体内的血液携氧,因此,培养体积大的外植体常导致缺血和坏死问题(Randall 等,2011)。

供体的年龄似乎也影响外植体培养。从胚胎中采集的外植体似乎更能耐受体外培养。显然,采集胚胎组织比采集成年动物的肠道存在更多的技术性挑战,但是,胎儿动物可提供更易培养成功的组织,用于小肠的长期培养。新生动物胃肠外植体可作为折中的试验材料来源。实际上,新生仔猪已用于研究某些大肠杆菌菌株诱导的黏膜脱落损伤(Batisson 等,2003,Girard 等,2005)。我们还观察到,肠道未经任何进一步处理,8 h 后通过形态学评分和绒毛长度评估显示,4~5 周龄比 9~13 周龄仔猪的外植体更容易存活(Kolf-Clauw 等,2009)。

离体培养是一种与生理学相关的模型,用于模拟早期传染病过程并研究致病机制和感染期间的先天免疫应答,为人类或动物等开辟了许多生物化学、形态学、功能学和遗传学研究的可能性。该模型还可应用在临床试验前,考察新药物以及化合物的疗效和细胞毒性。表 8.4 说明了肠道外植体在猪和家禽中的应用。在这些动物物种中,组织外植体主要用于传染病的研究。这些试验研究的主要参数是细菌黏附、损伤和组织学变化以及局部免疫应答。最近,在毒理学研究中,相关团队使用外植体模型研究了食物污染物对肠道的影响(Cano 等,2013;Kolf-Clauw 等,2009;Pinton 等,2012)。

表 8.4　使用猪或家禽肠道外植体的研究实例

动物种类	肠道部位	外植体处理	测定参数	参考文献
猪	回肠	大肠杆菌	黏附和消除损伤	Batisson 等,2003;Girard 等,2005
			细菌黏附	Mundy 等,2007
猪	空肠	肠沙门氏菌和植物乳杆菌	猪组织的蛋白质组学分析	Collins 等,2010
猪	回肠	小肠结肠炎耶尔森氏菌	细菌定殖	McNally 等 2007

续表 8.4

动物种类	肠道部位	外植体处理	测定参数	参考文献
猪	结肠	溶组织内阿米巴(痢疾变形虫)	组织学和病变	Girard-Misguich 等，2011
			先天免疫反应	Girard-Misguich 等，2012
猪	空肠	脱氧雪腐镰刀菌烯醇	组织学和形态测定	Kolf-Clauw 等，2009
			丝裂原活化蛋白激酶激活	Pinton 等，2012
			炎症反应	Cano 等，2013
鸡	十二指肠	肠沙门氏菌	细菌黏附	Allen-Vercoe 和 Woodward，1999
		大肠杆菌	细菌黏附	La Ragione 等，2000
	盲肠	螺旋体和乳酸杆菌属	细菌生长	Mappley 等，2011

8.6　体外肠道细胞培养

胃肠道内覆盖着连续的单层上皮细胞。这些肠上皮细胞的主要功能是作为物理屏障，将严苛的肠道内容物与构成内环境的组织层分开。肠上皮细胞除了维持屏障功能外，还形成了多种机制，以降低外源侵入物质引起感染的风险。这些机制包括，在暴露的单层上皮表面直接抑制细菌的定殖，以及通过与底层免疫系统组分的互作过程发挥作用的机制(Oswald，2006)。

据我们所知，来源于家禽的肠道上皮细胞系尚未建立。然而，三种猪来源的肠道上皮细胞系现已被鉴定和应用[即：IPI-2I(猪回肠上皮细胞)，IPEC-1(猪小肠上皮细胞-1)和 IPEC-J2(猪小肠上皮细胞-J2)]。IPI-2I 细胞系来源于成年公猪的回肠(d/d 单倍型)，并通过 SV40 质粒转染进行了永生化(Kaeffer 等，1993)。IPEC-1 和 IPEC-J2 细胞分离自新生仔猪的未转化肠柱状上皮细胞。IPEC-J2 细胞分离自空肠，而 IPEC-1 细胞分离自回肠和空肠组织的混合物(Berschneider，1989)。当在微孔过滤器上培养时，这两种细胞系形成具有高跨上皮电阻的极化单层细胞。IPEC-1 和 IPEC-J2 的独特之处在于其来源于小肠组织(与常见的人结肠来源细胞系 HT-29、T84 和 Caco-2 相比)，并且未经转化(与猪小肠系 IPI-2I 相比)。

虽然体外肠道细胞培养最初用于跨上皮细胞离子转运和细胞增殖的研究，但这些原代细胞系已越来越多地用于鉴定上皮细胞与饲料化合物/污染物或肠道微生物的相互作用。如表 8.5 所示，这三种细胞系用于研究宿主对致病性和非致病性(如共生或益生菌)微生物的初始反应。值得注意的是，IPEC-J2 细胞越来越多地被用于微生物学的研究，以探究各种动物和人类病原体，特别是肠沙门氏菌和致病性大肠杆菌与肠上皮细胞的相互作用。IPEC-J2 细胞系也应用于某些益生菌的研究，该细胞系可用作对潜在益生菌的黏附性和抗炎特性进行初始筛选的工具(Brosnahan 和 Brown 2012，表 8.5)。IPEC-J2 和 IPEC-1 细胞系也用于研究饲料污染物(如霉菌毒素)、微量元素(如锌)或精油对细胞增殖、细胞因子和紧密连接蛋白表达的影响(表 8.5)。

细胞系使研究人员可在最基本的水平表征细胞反应，这可以为组织外植体、整个器官系统和生物体更高水平的研究提供数据支持。令人兴奋的是，IPEC-1 和 IPEC-J2 细胞试验得到的结果，与黏膜外植体和暴露于微生物或饲料污染物的体内试验表现出很强的可重复性(Brosnahan 和 Brown，2012；Loiseau 等，2007；Pinton 等，2009，2012)。

表 8.5 使用猪肠道上皮细胞的研究实例

细胞系	细胞系处理	测定参数[1]	参考文献
IPI-2I	大肠杆菌	细胞因子表达	Pavlova 等，2008
	肠沙门氏菌	β-防御素表达	Veldhuizen 等，2006
	肠沙门氏菌	细胞因子表达	Volf 等，2007
	伤寒沙门氏菌	TLR 和细胞因子表达	Arce 等，2010
	酿酒酵母和大肠杆菌	细胞因子表达	Zanello 等，2011
	溶组织内阿米巴	细胞因子表达	Meurens 等，2009
	弓形杆菌属	白介素-8 表达	Ho 等，2007
IPEC-1	伏马菌素 B_1	细胞因子表达	Bouhet 等，2006
	伏马菌素 B_1	二氢鞘氨醇/鞘氨醇比例	Loiseau 等，2007
	脱氧雪腐镰刀菌烯醇(DON)和乙酰化衍生物	紧密连接蛋白表达，MAP 激酶，跨上皮电阻(TEER)	Pinton 等，2012
	脱氧雪腐镰刀菌烯醇、去环氧-DON 和 DON-磺酸盐	细胞增殖	Dänicke 等，2010
	香芹酚	细胞增殖	Bimczok 等，2008
	猪肠道乳酸杆菌和大肠杆菌	细胞紧密连接定位和表达，细胞因子表达	Roselli 等，2007
	酿酒酵母	细胞因子表达	Zanello 等，2011

续表 8.5

细胞系	细胞系处理	测定参数[1]	参考文献
IPEC-J2	猪鞭虫蛋白	细胞因子表达	Parthasarathy 和 Mansfield，2005
	空肠弯曲杆菌	细菌持留	Naikare 等，2006
	大肠杆菌	细菌黏附	Koh 等，2008
	大豆过敏原	胞吞作用	Sewekow 等，2012
	锌	TEER，Hsp70 表达	Lodemann 等，2013
	脱氧雪腐镰刀菌烯醇和 T-2 毒素	TEER，抗生素诱导传代	Goossens 等，2012
	脱氧雪腐镰刀菌烯醇	微阵列转录分析	Diesing 等，2012
	霉菌毒素	β-防御素表达	Wan 等，2013
	水疱性口炎病毒	病毒抑制	Botić 等，2007
	轮状病毒		Liu 等，2010
	萨佩罗病毒	微阵列转录分析	Lan 等，2013
	胎儿三毛滴虫	寄生虫黏附	Tolbert 等，2013
	乳杆菌属	大肠杆菌附着	Larsen 等，2007
	植物乳杆菌	细胞因子表达	Paszti-Gere 等，2012
	鼠伤寒沙门氏菌源的 LPS	TLR 和细胞因子表达	Arce 等，2010
	肠沙门氏菌	细胞因子表达	Skjolaas，2006
		TLR 表达	Burkey 等，2009
		细菌内化作用，TEER	Brown 和 Price，2007
	大肠杆菌	微阵列转录分析	Zhou 等，2012
		细菌黏附	Duan 等，2012；Koh 等，2008，Yin 等，2009

[1] TLR：Toll 样受体；MAP 激酶：丝裂原活化蛋白激酶；LPS：脂多糖；Hsp：热休克蛋白

8.7 结论和展望

如今，肠道生理学和病理学研究人员可采用大量的研究手段，包括培养肠道上皮细胞（单独或与其他细胞类型结合）、肠道组织外植体、肠襻和对整个生物体进行研究。所有上述技术已互补使用，为研究肠道对各种刺激反应包括营养素、有毒物质、共生或致病细菌和环境因素(如应激)的潜在分子机制提供有价值的信息。然而,在应用"还原论"体系开展试验时,必须牢记其自身确定无疑的局限性,并尽可能地将所得数据与(其他)体内试验数据相比较,以验证方法的一致性和整套数据的生物学意义。最后,这些试验装置可以更好地科学利用生物体,通过对个体进行重复检测以增加试验的统计功效,最终有助于减少实验动物的使用。因此,所有这些技术将与体内研究方法互为补充,以更好地了解动物健康和患病状态时的肠道功能。

参考文献

Allen-Vercoe, E. and Woodward, M. J., 1999. The role of flagella, but not fimbriae, in the adherence of *Salmonella enterica* serotype enteritidis to chick gut explant. Journal of Medical Microbiology 48:771-780.

Anderson, A. D., Poon, P., Greenway, G. M. and MacFie, J., 2005. A simple method for the analysis of urinary sucralose for use in tests of intestinal permeability. Annals of Clinical Biochemistry 42:224-226.

Arce, C., Ramirez-Boo, M., Lucena, C. and Garrido, J. J., 2010. Innate immune activation of swine intestinal epithelial cell lines (IPEC-J2 and IPI-2I) in response to LPS from *Salmonella typhimurium*. Comparative Immunology, Microbiology & Infectious Diseases 33:161-174.

Awad, W. A., Aschenbach, J. R., Khayal, B., Hess, C. and Hess, M., 2012. Intestinal epithelial responses to *Salmonella enterica* serovar Enteritidis: effects on intestinal permeability and ion transport. Poultry Science 91:2949-2957.

Awad, W. A., Böhm, J., Razzazi-Fazeli, E. and Zentek, J. 2005. *In vitro* effects of deoxynivalenol on electrical properties of intestinal mucosa of laying hens. Poultry Science 84:921-927.

Batisson, I., Guimond, M. P., Girard, F., An, H., Zhu, C., Oswald, E., Fairbrother, J. M., Jacques, M. and Harel, J., 2003. Characterization of the novel factor Paa involved in the early steps of the adhesion mechanism of attaching and effacing *Escherichia coli*. Infection & Immunity 71:4516-4525.

Berschneider, H. M., 1989. Development of normal cultured small intestinal epithelial cell lines which transport Na and Cl (Abstract). Gastroenterology 96:A41.

Bimczok, D., Rau, H., Sewekow, E., Janczyk, P., Souffrant, W. B. and Rothkötter, H. J., 2008. Influence of carvacrol on proliferation and survival of porcine lymphocytes and intestinal epithelial cells *in vitro*. Toxicology In Vitro 22:652-658.

Bjarnason, I., MacPherson, A. and Hollander, D., 1995. Intestinal permeability: an overview. Gastroenterology 108:1566-1581.

Boti ć, T., Klingberg, T. D., Weingartl, H. and Cencic, A., 2007. A novel eukaryotic cell culture model to study antiviral activity of potential probiotic bacteria International Journal of Food Microbiology 115:227-234.

Boudry, G. and Perrier, C., 2008. Thyme and cinnamon extracts induce anion secretion in piglet small intestine via cholinergic pathways. Journal of Physiology & Pharmacology 59:543-552.

Boudry, G., 2005. The Ussing chamber technique to evaluate alternatives to in-feed antibiotics for young pigs. Animal Research 54:219-230.

Boudry, G., Morise, A., Seve, B. and Le Huërou-Luron, I., 2011. Effect of milk formula protein content on intestinal barrier function in a porcine model of LBW neonates. Pediatric Research 69:4-9.

Bouhet, S., Le Dorze, E., Pérès, S. Y., Fairbrother, J. M. and Oswald, I. P., 2006. Mycotoxin fumonisin B1 selectively down-regulates the basal IL-8 expression in pig intestine: *in vivo* and *in vitro* studies. Food & Chemical Toxicology 44: 1768-1773.

Brosnahan, A. J. and Brown, D. R., 2012. Porcine IPEC-J2 intestinal epithelial cells in microbiological investigations. Veterinary Microbiology 156:229-237.

Brown, R. and Price, L. D., 2007. Characterization of *Salmonella enterica* serovar Typhimurium DT104 invasion in an epithelial cell line (IPEC-J2) from porcine small intestine. Veterinary Microbiology 120:328-333.

Burkey, T. E., Skjolaas, K. A., Dritz, S. S. and Minton, J. E., 2009. Expression of porcine toll- like receptor 2, 4 and 9 gene transcripts in the presence of lipopolysaccharide and *Salmonella enterica* serovars typhimurium and choleraesuis. Veterinary Immunology & Immunopathology 130:96-101.

Caldwell, D. J., Harari, Y., Hargis, B. M. and Castro, G. A., 2001. Intestinal anaphylaxis in chickens: epithelial ion secretion as a determinant and potential component of functional immunity. Developmental & Comparative Immunology 25:169-176.

Camilleri, M., Madsen, K., Spiller, R., Greenwood-Van Meerveld, B. and Verne, G. N., 2012. Intestinal barrier function in health and gastrointestinal disease. Neurogastroenterology & Motility 24:503-512.

Cano, P., Seeboth, J., Meurens, F., Cognie, J., Abrami, R., Oswald, I. P. and Guzylack-Piriou, L., 2013. Deoxynivalenol as a new factor in the persistence of intestinal inflammatory diseases: an emerging hypothesis through possible modulation of Th17-mediated response. Plos ONE 8: e53647.

Carlson, D., Fernandez, J. A., Poulsen, H. D., Nielsen, B. and Jacobsen, S. E., 2012. Effects of quinoa hull meal on piglet performance and intestinal epithelial physiology. Journal of Animal Physiology & Animal Nutrition 96: 198-205.

Clarke, L. L., 2009. A guide to Ussing chamber studies of mouse intestine. American Journal of Physiology Gastrointestinal & Liver Physiology 296: G1151-G1166.

Collins, J. W., Coldham, N. G., Salguero, F. J., Cooley, W. A., Newell, W. R., Rastall, R. A., Gibson, G. R., Woodward, M. J. and La Ragione, R. M., 2010. Response of porcine intestinal *in vitro* organ culture tissues following exposure to *Lactobacillus plantarum* JC1 and *Salmonella enterica* serovar Typhimurium SL1344. Applied & Environmental Microbiology 76: 6645-6657.

Dänicke, S., Hegewald, A. K., Kahlert, S., Kluess, J., Rothkötter, H. J., Breves, G. and Döll, S., 2010. Studies on the toxicity of deoxynivalenol (DON), sodium metabisulfite, DON-sulfonate (DONS) and de-epoxy-DON for porcine peripheral blood mononuclear cells and the intestinal porcine epithelial cell lines IPEC-1 and IPEC-J2, and on effects of DON and DONS on piglets. Food & Chemical Toxicology 48: 2154-2162.

Diesing, A. K., Nossol, C., Ponsuksili, S., Wimmers, K., Kluess, J., Walk, N., Post, A., Rothkötter, H. J. and Kahlert, S., 2012. Gene regulation of intestinal porcine epithelial cells IPEC-J2 is dependent on the site of deoxynivalenol toxicological action PLoS ONE 7: e34136.

Duan, Q., Zhou, M., Zhu, X., Bao, W., Wu, S., Ruan, X., Zhang, W., Yang, Y., Zhu, J. and Zhu, G., 2012. The flagella of F18ab *Escherichia coli* is a virulence factor that contributes to infection in a IPEC-J2 cell model *in vitro*. Veterinary Microbiology 160: 132-140.

Ducroc, R., Heyman, M., Beaufrere, B., Morgat, J. L. and Desjeux, J. F., 1983. Horseradish peroxidase transport across rabbit jejunum and Peyer's patches *in vitro*. American Journal of Physiology Gastrointestinal & Liver Physiology 245: G54-G58.

Ewaschuk, J. B., Johnson, I. R., Madsen, K. L., Vasanthan, T., Ball, R. and Field,

C. J., 2012. Barley-derived β-glucans increases gut permeability, *ex vivo* epithelial cell binding to E. coli, and naive T-cell proportions in weanling pigs. Journal of Animal Science 90:2652-2662.

Girard, F., Batisson, I., Frankel, G. D., Harel, J. and Fairbrother, J. M., 2005. Interaction of enteropathogenic and shiga toxin-producing *Escherichia coli* and porcine intestinal mucosa: role of intimin and tir in adherence. Infection & Immunity 73:6005-6016.

Girard-Misguich, F., Cognie, J., Delgado-Ortega, M., Berthon, P., Rossignol, C., Larcher, T., Melo, S., Bruel, T., Guibon, R., Chérel, Y., Sarradin, P., Salmon, H., Guillén, N. and Meurens, F., 2011. Towards the establishment of a porcine model to study human amebiasis. PLoS ONE 6:e28795.

Girard-Misguich, F., Delgado-Ortega, M., Berthon, P., Rossignol, C., Larcher, T., Bruel, T., Guibon, R., Guillén, N. and Meurens, F., 2012. Porcine colon explants in the study of innate immune response to Entamoeba histolytica. Veterinary Immunology & Immunopathology 145:611-617.

Goossens, J., Pasmans, F., Verbrugghe, E., Vandenbroucke, V., De Baere, S., Meyer, E., Haesebrouck, F., De Backer, P. and Croubels, S., 2012. Porcine intestinal epithelial barrier disruption by the *Fusarium* mycotoxins deoxynivalenol and T-2 toxin promotes transepithelial passage of doxycycline and paromomycin. BMC Veterinary Research 8:245.

Gratz, S., Mykkänen, H. and El-Nezami, H., 2005. Aflatoxin B1 binding by a mixture of *Lactobacillus* and *Propionibacterium*: *in vitro* versus *ex vivo*. Journal of Food Protection 68:2470-2474.

Green, B. T. and Brown, D. R., 2006. Differential effects of clathrin and actin inhibitors on internalization of *Escherichia coli* and *Salmonella choleraesuis* in porcine jejunal Peyer's patches. Veterinary Microbiology 113:117-122.

Hansen, M. B., Tindholdt, T. T., Elbrønd, V. S., Makinde, M., Cassuto, J., Beubler, E., Westerberg, E. J. and Skadhauge, E., 1996. The effect of alpha-trinositol on cholera toxin- induced hypersecretion and morphological changes in pig jejunum. Pharmacology & Toxicology 78:104-110.

Hewetson, M., Cohen, N. D., Love, S., Buddington, R. K., Holmes, W., Innocent, G. T. and Roussel, A. J., 2006. Sucrose concentration in blood: a new method for assessment of gastric permeability in horses with gastric ulceration. Journal of Veterinary Internal Medicine 20:388-394.

Heyman, M. and Desjeux, J. F., 1992. Significance of intestinal food protein transport. Journal of Pediatric Gastroenterology & Nutrition 15:48-57.

Heyman, M., Crain-Denoyelle, A. M. and Desjeux, J. F., 1989. Endocytosis and processing of protein by isolated villus and crypt cells of the mouse small intestine. Journal of Pediatric Gastroenterology & Nutrition 9:238-245.

Ho, H. T., Lipman, L. J., Hendriks, H. G., Tooten, P. C., Ultee, T. and Gaastra, W., 2007. Interaction of *Arcobacter* spp. with human and porcine intestinal epithelial cells. FEMS Immunology & Medical Microbiology 50:51-58.

Hollander, D., 1999. Intestinal permeability, leaky gut, and intestinal disorders. Current Gastroenterology Reports 1:410-416.

Holtug, K., Laverty, G., Arnason, S. S. and Skadhauge, E., 2009. NH_4^+ secretion in the avian colon. An actively regulated barrier to ammonium permeation of the colon mucosa. Comparative Biochemistry and Physiology Part A: Molecular & Integrative Physiology 153:258-265.

Jacobi, S. K., Moeser, A. J., Corl, B. A., Harrell, R. J., Blikslager, A. T. and Odle, J., 2012. Dietary long-chain PUFA enhance acute repair of ischemia-injured intestine of suckling pigs. Journal of Nutrition 142:1266-1271.

Kaeffer, B., Bottreau, E., Velge, P. and Pardon, P., 1993. Epithelioid and fibroblastic cell lines derived from the ileum of an adult histocompatible miniature boar (d/d haplotype) and immortalized by SV40 plasmid. European Journal of Cell Biology 62:152-162.

Koh, S. Y., George, S., Brözel, V., Moxley, R., Francis, D. and Kaushik, R. S., 2008. Porcine intestinal epithelial cell lines as a new *in vitro* model for studying adherence and pathogenesis of enterotoxigenic *Escherichia coli*. Veterinary Microbiology 130:191-197.

Kolf-Clauw, M., Castellote, J., Joly, B., Bourges-Abella, N., Raymond-Letron, I., Pinton, P. and Oswald, I. P., 2009. Development of a pig jejunal explant culture for studying the gastrointestinal toxicity of the mycotoxin deoxynivalenol: histopathological analysis. Toxicology *in vitro* 23:1580-1584.

La Ragione, R. M., Cooley, W. A. and Woodward, M. J., 2000. The role of fimbriae and flagella in the adherence of avian strains of *Escherichia coli* O78: K80 to tissue culture cells and tracheal and gut explants. Journal of Medical Microbiology 49:327-338.

Lallès, J. P., Lessard, M. and Boudry, G., 2009. Intestinal barrier function is modulated by short-term exposure to fumonisin B_1 in Ussing chambers. Veterinary Research Communications 33:1039-1043.

Lan, D., Tang, C., Yue, H., Sun, H., Cui, L., Hua, X. and Li, J., 2013. Microarray analysis of differentially expressed transcripts in porcine intestinal epithelial cells (IPEC-J2) infected with porcine sapelovirus as a model to study innate immune responses to enteric viruses. Archives of Virology 158(7): 1467-1475.

Larsen, N., Nissen, P. and Willats, W. G., 2007. The effect of calcium ions on adhesion and competitive exclusion of *Lactobacillus* ssp. and *E. coli* O138. International Journal of Food Microbiology 114:113-119.

Lessard, M., Boudry, G., Sève, B., Oswald, I. P. and Lallès, J. P., 2009. Intestinal physiology and peptidase activity in male pigs are modulated by consumption of corn culture extracts containing fumonisins. Journal of Nutrition 139:1303-1307.

Liu, F., Li, G., Wen, K., Bui, T., Cao, D., Zhang, Y. and Yuan, L., 2010. Porcine small intestinal epithelial cell line (IPEC-J2) of rotavirus infection as a new model for the study of innate immune responses to rotaviruses and probiotics. Viral Immunology 23:135-149.

Lodemann, U., Einspanier, R., Scharfen, F., Martens, H. and Bondzio, A., 2013. Effects of zinc on epithelial barrier properties and viability in a human and a porcine intestinal cell culture model. Toxicology *in vitro* 27:834-843.

Loiseau, N., Debrauwer, L., Sambou, T., Bouhet, S., Miller, J. D., Martin, P., Viadère, J. L., Pinton, P., Puel, O., Pineau, T., Tulliez, J., Galtier, P. and Oswald, I. P., 2007. Fumonisin B_1 exposure and its selective effect on porcine jenunal segment: sphingolipids, glycolipids and transepithelial-passage disturbance. Biochemical Pharmacology 74:144-152.

Lucas, M. L., 2009. Shedding gloomy light into the black box of the Ussing chamber. American Journal of Physiology Gastrointestinal & Liver Physiology 297:G858-G859.

Mani, V., Hollis, J. H. and Gabler, N. K., 2013. Dietary oil composition differentially modulates intestinal endotoxin transport and postprandial endotoxemia. Nutrition & Metabolism 10:6.

Mappley, L. J., Tchórzewska, M. A., Cooley, W. A., Woodward, M. J. and La Ragione, R. M., 2011. Lactobacilli antagonize the growth, motility, and adherence of *Brachyspira pilosicoli*: a potential intervention against avian intestinal spirochetosis. Applied & Environmental Microbiology 77: 5402-5411.

McNally, A., La Ragione, R. M., Best, A., Manning, G. and Newell, D. G., 2007. An aflagellate mutant Yersinia enterocolitica biotype 1A strain displays altered invasion of epithelial cells, persistence in macrophages, and cytokine secretion profiles *in vitro*. Microbiology 153:1339-1349.

Meurens, F., Girard-Misguich, F., Melo, S., Grave, A., Salmon, H. and Guillén, N., 2009. Broad early immune response of porcine epithelial jejunal IPI-2I cells to Entamoeba histolytica. Molecular Immunology 46:927-936.

Moeser, A. J., Nighot, P. K., Roerig, B., Ueno, R. and Blikslager, A. T., 2008. Comparison of the chloride channel activator lubiprostone and the oral laxative Polyethylene Glycol 3350 on mucosal barrier repair in ischemic-injured porcine intestine. World Journal of Gastroenterology 14:6012-6017.

Mundy, R., Schuller, S., Girard, F., Fairbrother, J. M., Phillips, A. D. and Frankel, G., 2007. Functional studies of intimin *in vivo* and *ex vivo*: implications for host specificity and tissue tropism. Microbiology 153: 959-967.

Nabuurs, M. J., Hoogendoorn, A., Van Zijderveld, F. G. and Van der Klis, J. D., 1993. A long- term perfusion test to measure net absorption in the small intestine of weaned pigs. Research in Veterinary Science 55:108-114.

Naikare, H., Palyada, K., Panciera, R., Marlow, D. and Stintzi, A., 2006. Major role for FeoB in *Campylobacter jejuni* ferrous iron acquisition, gut colonization, and intracellular survival. Infection & Immunity 74:5433-5444.

Oswald, I. P., 2006. Role of intestinal epithelial cells in the innate immune response of the pig intestine. Veterinary Research 37:359-368.

Overman, E. L., Rivier, J. E. and Moeser, A. J., 2012. CRF induces intestinal epithelial barrier injury via the release of mast cell proteases and TNF-α. PLoS ONE 7:e39935.

Parthasarathy, G. and Mansfield, L. S., 2005. *Trichuris suis* excretory secretory products (ESP) elicit interleukin-6 (IL-6) and IL-10 secretion from intestinal epithelial cells (IPEC-1). Veterinary Parasitology 131:317-324.

Paszti-Gere, E., Szeker, K., Csibrik-Nemeth, E., Csizinszky, R., Marosi, A., Palocz, O., Farkas, O. and Galfi, P., 2012. Metabolites of *Lactobacillus plantarum* 2142 prevent oxidative stress-induced overexpression of proinflammatory cytokines in IPEC-J2 cell line. Inflammation 35:1487-1499.

Pavlova, B., Volf, J., Alexa, P., Rychlik, I., Matiasovic, J. and Faldyna, M., 2008. Cytokine mRNA expression in porcine cell lines stimulated by enterotoxigenic

Escherichia coli. Veterinary Microbiology 132:105-110.

Pinton, P., Nougayrede, J. P., Del Rio, J. C., Moreno, C., Marin, D., Ferrier, L., Bracarense, A. P., Kolf-Clauw, M. and Oswald, I. P., 2009. The food contaminant, deoxynivalenol, decreases intestinal barrier function and reduces claudin expression. Toxicology & Applied Pharmacology 237:41-48.

Pinton, P., Tsybulskyy, D., Lucioli, J., Laffitte, J., Callu, P., Lyazhri, F., Grosjean, F., Bracarense, A. P., Kolf-Clauw, M. and Oswald, I. P., 2012. Toxicity of deoxynivalenol and its acetylated derivatives on the intestine: differential effects on morphology, barrier function, tight junctions proteins and MAPKinases. Toxicological Sciences 130:180-190.

Randall, K. J., Turton, J. and Foster, J. R., 2011. Explant culture of gastrointestinal tissue: a review of methods and applications. Cell Biology & Toxicology 27: 267-284.

Rehman, H., Rosenkranz, C., Böhm, J. and Zentek, J., 2007. Dietary inulin affects the morphology but not the sodium-dependent glucose and glutamine transport in the jejunum of broilers. Poultry Science 86:118-122.

Roberts, C. L., Keita, A. V., Parsons, B. N., Prorok-Hamon, M., Knight, P., Winstanley, C., O' Kennedy, N., Söderholm, J. D., Rhodes, J. M. and Campbell, B. J., 2013. Soluble plantain fibre blocks adhesion and M-cell translocation of intestinal pathogens. The Journal of Nutritional Biochemistry 24:97-103.

Roselli, M., Finamore, A., Britti, M. S., Konstantinov, S. R., Smidt, H., De Vos, W. M. and Mengheri, E., 2007. The novel porcine *Lactobacillus sobrius* strain protects intestinal cells from enterotoxigenic *Escherichia coli* K88 infection and prevents membrane barrier damage. Journal of Nutritition 137:2709-2716.

Segawa, S., Fujiya, M., Konishi, H., Ueno, N., Kobayashi, N., Shigyo, T. and Kohgo, Y., 2011. Probiotic-derived polyphosphate enhances the epithelial barrier function and maintains intestinal homeostasis through integrin-p38 MAPK pathway. PLoS ONE 6:e23278.

Sewekow, E., Bimczok, D., Kähne, T., Faber-Zuschratter, H., Kessler, L. C., Seidel-Morgenstern,

A. and Rothkötter, H. J., 2012. The major soyabean allergen P34 resists proteolysis *in vitro* and is transported through intestinal epithelial cells by a caveolae-mediated mechanism. British Journal of Nutritition 108:1603-1611.

Shen, L., 2012. Tight junctions on the move: molecular mechanisms for epithelial barrier regulation. Annals of the New York Academy of Sciences 1258:9-18.

Skjolaas, K. A., Burkey, T. E., Dritz, S. S. and Minton, J. E., 2006. Effects of *Salmonella enterica* serovars Typhimurium (ST) and Choleraesuis (SC) on chemokine and cytokine expression in swine ileum and jejunal epithelial cells. Veterinary Immunology and Immunopathology 111:199-209.

Smith, F., Clark, J. E., Overman, B. L., Tozel, C. C., Huang, J. H., Rivier, J. E., Blikslager, A. T. and Moeser, A. J., 2010. Early weaning stress impairs development of mucosal barrier function in the porcine intestine. American Journal of Physiology Gastrointestinal & Liver Physiology 298:G352-G363.

Spreeuwenberg, M. A., Verdonk, J. M., Gaskins, H. R. and Verstegen, M. W., 2001. Small intestine epithelial barrier function is compromised in pigs with low feed intake at weaning. Journal of Nutrition 131:1520-1527.

Sutherland, L. R., Verhoef, M., Wallace, J. L., Van Rosendaal, G., Crutcher, R. and Meddings, J. B., 1994. A simple, non-invasive marker of gastric damage: sucrose permeability. Lancet 343:998-1000.

Szabo, A., Menger, M. D. and Boros, M., 2006. Microvascular and epithelial permeability measurements in laboratory animals. Microsurgery 26:50-53.

Tolbert, M. K., Stauffer, S. H. and Gookin, J. L., 2013. Feline *Tritrichomonas foetus* adhere to intestinal epithelium by receptor-ligand-dependent mechanisms. Veterinary Parasitology 192:75-82.

Ueno, N., Fujiya, M., Segawa, S., Nata, T., Moriichi, K., Tanabe, H., Mizukami, Y., Kobayashi, N., Ito, K. and Kohgo, Y., 2011. Heat-killed body of *Lactobacillus brevis* SBC8803 ameliorates intestinal injury in a murine model of colitis by enhancing the intestinal barrier function. Inflammatory Bowel Diseases 17:2235-2250.

Van Niel, G. and Heyman, M., 2002. The epithelial cell cytoskeleton and intracellular trafficking. II. Intestinal epithelial cell exosomes: perspectives on their structure and function. American Journal of Physiology Gastrointestinal & Liver Physiology 283:G251-G255.

Veldhuizen, E. J., Hendriks, H. G., Hogenkamp, A., Van Dijk, A., Gaastra, W., Tooten, P. C. and Haagsman, H. P., 2006. Differential regulation of porcine beta-defensins 1 and 2 upon *Salmonella* infection in the intestinal epithelial cell line IPI-2I. Veterinary Immunology and Immunopathology 114:94-102.

Volf, J., Boyen, F., Faldyna, M., Pavlova, B., Navratilova, J. and Rychlik, I., 2007. Cytokine Response of porcine cell lines to *Salmonella enterica* serovar

Typhimurium and its hilA and ssrA mutants. Zoonoses Public Health 54:286-293.

Walsh, M. C., Rostagno, M. H., Gardiner, G. E., Sutton, A. L., Richert, B. T. and Radcliffe, J. S. 2012. Controlling *Salmonella* infection in weanling pigs through water delivery of direct-fed microbials or organic acids: Part II. Effects on intestinal histology and active nutrient transport. Journal of Animal Science 90:2599-2608.

Wan, M. L. Y., Woo, C. S. J., Allen, K. J., Turner, P. C. and El-Nezami, H., 2013. Modulation of porcine β-defensins 1 and 2 upon individual and combined *Fusarium* toxin exposure in a swine jejunal epithelial cell line. Applied and Environmental Microbiology 79:2225-2232.

Wijtten, P. J., Van der Meulen, J. and Verstegen, M. W., 2011a. Intestinal barrier function and absorption in pigs after weaning: a review. British Journal of Nutrition 105:967-981.

Wijtten, P. J., Verstijnen, J. J., Van Kempen, T. A., Perdok, H. B., Gort, G. and Verstegen, M. W., 2011b. Lactulose as a marker of intestinal barrier function in pigs after weaning. Journal of Animal Science 89:1347-1357.

Woyengo, T. A., Weihrauch, D. and Nyachoti, C. M., 2012. Effect of dietary phytic acid on performance and nutrient uptake in the small intestine of piglets. Journal of Animal Science 90:543-549.

Yin, X., Wheatcroft, R., Chambers, J. R., Liu, B., Zhu, J. and Gyles, C. L., 2009. Contributions of O island 48 to adherence of enterohemorrhagic *Escherichia coli* O157:H7 to epithelial cells *in vitro* and in ligated pig ileal loops. Applied and Environmental Microbiology 75:5779-5786.

Yunus, A. W., Awad, W. A., Kröger, S., Zentek, J. and Böhm, J., 2010. *In vitro* aflatoxin B(1) exposure decreases response to carbamylcholine in the jejunal epithelium of broilers. Poultry Science 89:1372-1378.

Zanello, G., Berri, M., Dupont, J., Sizaret, P. Y., D' Inca, R., Salmon, H. and Meurens, F., 2011. *Saccharomyces cerevisiae* modulates immune gene expressions and inhibits ETEC- mediated ERK1/2 and p38 signaling pathways in intestinal epithelial cells. PLoS ONE 6:e18573.

Zhou, C., Liu, Z., Jiang, J., Yu, Y. and Zhang, Q., 2012. Differential gene expression profiling of porcine epithelial cells infected with three enterotoxigenic *Escherichia coli* strains. Genomics 13:330.

第9章 肠道健康的体内生物标记物

T.A. Niewold

Nutrition and Health Unit, Department of Biosystems, Faculty of Bioscience Engineering, KU Leuven, Kasteelpark Arenberg 30, 3001 Heverlee, Belgium; theo.niewold@biw.kuleuven.be

摘要:寻找肠道健康的体内生物标记物是非常必要的,可以通过无创或者微创的方式来测定。人类大约有15种可用的生物标记物,并且有相应的检测方法和试剂,然而在猪和鸡上却不是这种情况。本章回顾了(可能的)肠道健康的生物标记物,以及它们是否存在于猪和鸡中。这两种动物似乎都极其缺乏与肠道生物标记物相关的信息。显然,一些生物标记物并不存在于所有物种中,在鸡上尤其如此,或者如果存在,也有免疫学上的差异。这通常意味着没有可以用于进行检测的试剂。对于猪来说,至少有一些生物标记物[如肠道脂肪酸结合蛋白(I-FABP)]和检测方法,但是基本上都不适用于鸡。鉴于肠道健康对动物生产的重要性,希望在这一领域可以投入更多的努力。

关键词:肠上皮细胞,炎症,完整性,尿液,粪便

9.1 引言

确定肠道健康过程中的主要问题是大部分胃肠道相对难以进入。通常来说,内窥镜技术(无线胶囊内窥镜检查除外)能到达之处,从前部不会超过十二指肠近端,也不能从后部到达结肠。尽管这些技术使视觉检测成为可能,并且能够进行黏膜的活组织检查,但繁琐,需要药物镇定,不能够进行大规模的筛查,而且不能覆盖大部分的胃肠道。肠造口可以进入较后肠道(如空肠、回肠和结肠),但是需要外科手术的干预,而手术本身可能会影响胃肠道。另外,肠造口本身可能会干扰肠道的正常功能,并且通过肠造口可能会改变正常的有(厌)氧环境。显而易见,这些技术只能在试验条件下得以应用,并不适用于更大规模的肠道健康常规评估。因此,通常会牺牲试验动物来获取肠道组织的样品。这意味着,随着研究时间的推移,需要解剖更多的动物,增加成本,并且引发对其代表性的质疑。

因此,绝对需要明确肠道健康的生物标记物,通过无创或者微创方法获得检测

所需标记物，包括血液（血浆或血清）、粪便、唾液、尿液或者其他体液。合适的备选标记物应当是直接来源于胃肠道的化合物，或者以特定方式与胃肠道关联的化合物。这些化合物必须性质稳定，尤其是在与排泄物（如粪便）关联紧密时。此外，作为肠道健康的标记物，应该有相应的检测方法和试剂。最后但很重要的是，应用于畜牧业的这些检测成本不应过高。

由于人类医学更易获得研究经费，因此，可以从人类医学中了解很多肠道生物标记物。一些与肠道炎症或者肠道功能障碍相关的生物标记物已经提出，并且在人和试验动物中得到了验证。很明显，由于物种之间的差异，并不是畜禽都存在所有生物标记物，或是免疫试剂不具有交叉反应。随着基因组和蛋白质组可用信息的不断增加，目前在大多数养殖动物基因组中寻找同源基因序列是一件相对容易的事。无论同源蛋白的表达与否，都需要确定是否与生物标记物具有相同的功能和效果。遗传距离越大，在同源性、基因功能以及免疫交叉反应方面的差异就越大，换句话说，与猪相比，鸡的差异更大。作为一个典型的例子，虽然急性期蛋白触珠蛋白在所有哺乳动物中高度同源，但是该同源基因在鸡所属的鸟类分支中被“废弃”，而被一个完全不相关的蛋白质（PIT54）取代了其血红蛋白结合功能（Wicher 和 Fries，2006）。鸡的另一个典型特点是排泄物的成分，与其他动物不同，其包含了大量尿酸，这可能会增加检测难度。本章综述了肠道健康生物标记物的研究现状。我们为可能的生物标记物制定了目录，并且评估和讨论了它们与肠道健康的相关性，以及它们在猪和家禽中目前或潜在的应用性。猪经常被用作人类胃肠道的研究模型，因此，在猪上有很多有价值的信息。

应该区分自身标记物与外源标记物的使用方法。本章主要涉及严格意义上的生物标记物，但首先简要地描述通过使用不同分子大小的探针（可在血浆或尿液中测量）来评估肠道通透性的双糖渗透性测试。该方法基于这样的假设：大分子通过细胞旁路穿过紧密连接的上皮细胞。较小的分子利用跨细胞途径穿过上皮细胞。动物在患病或黏膜受损的情况下，上皮细胞通透性应该会增加，导致较大分子通过的数量增加。所使用的探针应该不可发酵且不在体内代谢，并且在尿液或者血浆中与吸收的数量成比例存在。探针可以单独使用，也可以与大分子和小分子物质结合使用，在这种情况下，探针与一个较大分子和一个较小分子结合物的比例通常是确定的。二糖（如乳果糖）属于大分子物质，而单糖（如甘露醇）属于小分子物质。使用这些方法获得的肠道通透性的结果各异，且很难解释原因。一部分原因是对肠道通透性机理缺乏认知（Derikx 等，2010）。这或许可以解释在猪上得到的各种多变的结果（Wijtten 等，2011）。据我们所知，乳果糖/甘露醇尚未应用于鸡的试验。

如上所述，肠道屏障的完整性是至关重要的。肠壁是一道物理和免疫屏障，其通透性应该严格受控。在这方面肠上皮细胞之间的紧密连接至关重要。此外，肠细胞和炎症细胞可分泌防御素,以保护肠壁免受细菌和其他潜在病原体的入侵。肠黏膜中的炎症反应也受到严格控制,因为炎症本身可导致肠道通透性增强和肠道损伤。因此,肠道健康损伤的生物标记物既可以是肠细胞的组成成分,如紧密连接蛋白,也可以是构成的或诱导的细胞内的产物和蛋白质。同样,炎症细胞的产物也应该是有效的标记物。此外,血浆或唾液中的急性期蛋白也可能是肠道炎症标记物。最后,能够渗透到肠腔中的血液成分也可作为肠道完整性的有效标记物(表 9.1)。

表 9.1 肠道健康生物标记物、特异性、所在的物种、取样方法和可用的检测试剂[1]

标记物	特异性	除人类以外的其他物种	样品	检测试剂/分析方法[1,2]
肠上皮细胞标记物				
肠道脂肪酸结合蛋白(I-FABP)	小肠上皮细胞损伤	猪	血液 尿液 粪便[3]	免疫测定:猪、*鸡*
紧密连接蛋白 Claudin-3	紧密连接损失,肠道通透性		血液	免疫测定:猪、*鸡*
胰腺炎相关蛋白(PAP, Reg3α)	小肠炎症	猪	尿液 粪便	免疫测定:*猪*
瓜氨酸	小肠上皮损伤	猪,鸡中不含	血液	免疫测定:猪
炎症标记物				
髓过氧化物酶(MPO)	肠道炎症	鸡不含	粪便	免疫测定:/生化测定:猪
S100 钙调蛋白	肠道炎症		粪便	免疫测定:*猪*、*鸡*
钙卫蛋白	肠道炎症		粪便	免疫测定:*猪*
乳铁蛋白	肠道炎症		粪便	免疫测定:*猪*
高迁移率族蛋白-1(HMGB1)	肠道炎症		粪便	免疫测定:*猪*、*鸡*
脂质运载蛋白-2	肠道炎症		粪便	免疫测定:*猪*
新蝶呤	肠道炎症		粪便	免疫测定:全部物种 生化测定:全部物种
急性期蛋白(触珠蛋白)	炎症	猪	血液 唾液	免疫测定:*猪* 生化测定:全部物种
粪血清蛋白标记物				
α1-抗胰蛋白酶	肠道通透性	猪、鸡	粪便	免疫测定:*猪*

[1]斜体字:声称但尚未证实。

[2]免疫测定、生化测定(用于除人以外的其他物种)。

[3]在猪粪中(T. A. Niewold,未发表数据)。

9.2　肠上皮细胞生物标记物

肠脂肪酸结合蛋白(intestinal fatty acid binding protein,I-FABP 或 FABP-2)是小肠中内源细胞溶质肠上皮细胞蛋白,已在几个不同物种中被证实是肠上皮细胞损伤的有效标记物。其可在血液、尿液和粪便中进行测量。肾脏可将 I-FABP 迅速清除,导致其半衰期约为 10 min,这使其成为肠细胞损伤非常有效的标记物。到目前为止,通过使用市售的酶联免疫吸附(ELISA)试剂盒,已经在猪中证实了 I-FABP 蛋白(Niewold 等,2004),但在鸡中还未证实。鸡的 I-FABP 基因与人、小鼠和猪的基因同源性为 71%～72%。鸡的 I-FABP 基因仅在肠组织中表达(Wang 等,2005)。这意味着 I-FABP 在鸡中也可能是一个合适的生物标记物,但是,目前还没有可用的检测试剂。

胰腺炎相关蛋白(pancreatitis associated protein,PAP)也被称为再生胰岛衍生 3α(Reg3α)。PAP 是一种 C 型植物凝血素,具有抗菌和抗炎的特性,最初被称作人类胰腺炎的标记物。然而,已清楚表明,PAP 可在人和猪的小肠中产生(Carroccio 等,1997)。在正常未被感染猪的空肠中未发现 PAP 的表达(Niewold 等,2010)。在猪的空肠中,革兰阳性菌和革兰氏阴性菌如植物乳杆菌、肠毒性大肠杆菌和沙门氏菌,均可诱导 PAP 产生(Niewold 等,2010)。在人类的血浆和尿液以及大鼠的粪便中可以证实 PAP 的存在(Van Ampting 等,2009)。PAP 的水平反映了小肠受损伤的严重程度,但遗憾的是,检测试剂(译者注:人用检测试剂)与猪的 PAP 没有交叉反应。这很可能是因为猪的 PAP 是不同于其他哺乳动物的另一种亚型(Reg3γ 而非 Reg3α)(Soler 等,2012)。目前还没有关于鸡中是否存在 PAP 或其类似物的报道。

Claudin-3 是主要的肠道紧密连接蛋白。在大鼠模型和患有炎症性肠病(IBD)的人类患者中,肠组织 claudin-3 的免疫组化缺失与该蛋白在尿液中出现相吻合(Thuijls 等,2010)。到目前为止,猪或鸡还没有类似的研究。

分化的小肠上皮细胞可以将谷氨酰胺转化成瓜氨酸(一种不参与蛋白质合成的氨基酸),并且占循环瓜氨酸总量的主要部分(Curis 等,2007)。这意味着循环瓜氨酸的水平可以作为哺乳动物功能性肠细胞数量的一个参数,但这不适用于鸡(Wu 等,1995)。这在猪上已做试验,但由于谷氨酰胺是合成瓜氨酸的前体物质,因此,该研究指出饲料中谷氨酰胺水平可能会干扰测定结果(Berkeveld 等,2008)。

9.3　粪便中的血清蛋白

α1-抗胰蛋白酶(AAT)在人体内是血清胰蛋白酶抑制剂,同时也是一种含量丰富的血清蛋白。肠道炎症可导致 AAT 渗入肠腔。AAT 可以抵抗被肠道蛋白酶水解,因此,可在粪便中完全排出,从而可用来评估人类肠道的损伤(Kosek 等,2013)。由于猪(Takahara 等,1983)和鸡(Hercz 和 Barton,1978)的 AAT 水平与人类的非常相似,因此该技术也许可用于这些物种。但目前还没有在猪或鸡粪便中检测 AAT 的报道。

9.4 炎症细胞

髓过氧化物酶(myeloperoxidase,MPO)是一种在炎症细胞中发现的酶,主要存在于中性粒细胞中。它已被广泛用于确定组织样品匀浆中的炎症程度,反映炎症细胞的存在数量。MPO 活性,或者更确切地说是总过氧化物酶(peroxidase,PO)活性,可以通过对 PO 活性的简单生化分析来量化。通过使用特异性抗体,可以将 MPO 与 PO 活性区分开。粪中 MPO 可用于确定人类肠道炎症的程度(Kosek 等,2012)。该方法不适用于鸡,因为鸡的组织和粪便中的嗜异性细胞不含 MPO,也没有等效的活性(Brune 等,1972)。

其他粪炎性细胞蛋白标记物。在关于炎症性肠病的文献中,可以发现一整套用于肠道炎症的各种粪便生物标记物。其中包括钙调蛋白,也称为 S100,钙卫蛋白(D'Haens 等,2012;Foell 等,2009),乳铁蛋白(Sherwood,2012),脂质运载蛋白-2(lipocalin 2)(Chassaing 等,2012)和高迁移率族蛋白-1(HMGB1)(Vitali 等,2011)。即使不是全部,这些蛋白质的绝大部分类似物都存在于猪中。但检测试剂与猪的交叉反应尚不明确。这些生物标记物是否存在于鸡中目前仍不太清楚。当对哺乳仔猪进行研究时,最好认识到在母乳喂养儿童的粪便中已发现含有乳铁蛋白和钙卫蛋白(Kosek 等,2013)。

新蝶呤是三磷酸鸟苷(guanosine triphosphate,GTP)的分解代谢产物,是一种嘌呤核苷酸。新蝶呤是由巨噬细胞和树突细胞经活化 T 淋巴细胞释放的干扰素-γ(interferon-gamma,IFN-γ)刺激后产生的,粪中新蝶呤是肠道炎症的标记物(Kosek 等,2013)。新蝶呤的优点是它在所有物种中都是相同的,因此不需要物种特异性的试剂。由于肾脏排出的新蝶呤可能来自除肠道以外的其他炎症过程,因此,新蝶呤在鸡排泄物中的应用将会受限。

9.5 血浆急性期蛋白

在人类患 IBD 的情况下,急性期蛋白(acute phase proteins,APP)[如 C-反应蛋白(C-reactive protein,CRP)]和触珠蛋白可作为肠道炎症的标记物。血浆中 APP 的水平确实与疾病(如克罗恩病)的严重程度密切相关,但与溃疡性结肠炎无关(Vermeire 等,2006)。此外,APP 只有在体内没有其他炎症过程的情况下,才是肠道炎症的良好标记物。像触珠蛋白这样的 APP 作为生物标记物的独特之处在于它们可以在猪的唾液中检测,并且与疾病的严重程度相关(Gutiérrez 等,2009)。另外,触珠蛋白也在人类(Jiang 等,2013)和猪(T. A. Niewold,未发表数据)的肠道疾病中局部性地产生。关于局部性产生的 APP 是否也会在血液循环中被清除仍然没有定论,如果真是这样,那么在唾液中也应是如此。

9.6　讨论

令人惊讶的是,一般养殖动物物种中肠道生物标记物的信息都是相对缺乏的。如引言中所述,生物标记物可能不会存在于所有物种中,特别是鸡不含瓜氨酸、MPO 和触珠蛋白。更重要的是,缺乏可用的检测试剂或经验证的试剂。一个典型例子就是猪的 PAP。猪的 PAP 是不同于其他哺乳动物的另一种亚型 Reg3γ,而不含有 Reg3α(Soler 等,2012),这就解释了为什么猪 PAP 与 Reg3α 抗体没有交叉反应。然而,目前销售的抗体据称对猪 Reg3α(和 Reg3γ)抗体具有特异性,但没有科学出版物支持这一说法。

这一领域确实有进一步研究的必要性,欧盟 COST 行动 1002 农场动物蛋白质组学(www.cost-faproteomics.org)等倡议颇受欢迎。目前至少在猪中有一些可用的生物标记物(如 I-FABP),而在鸡上基本没有。鉴于肠道健康对养殖动物的重要性,希望我们在这一领域的知识将持续扩展。

参考文献

Berkeveld, M., Langendijk, P., Verheijden, J. H., Taverne, M. A., Van Nes, A., Van Haard, P. and Koets, AP., 2008. Citrulline and intestinal fatty acid-binding protein: longitudinal markers of postweaning small intestinal function in pigs? Journal of Animal Science 86: 3440-3449.

Brune, K., Leffell, M. S. and Spitznagel, J. K., 1972. Microbicidal activity of peroxidaseless chicken heterophile leukocytes. Infection and Immunity 5: 283-287.

Carroccio, A., Iovanna, J. L., Iacono, G., Li Pani, M., Montalto, G., Cavataio, F., Marasá, L., Barthellémy-Bialas, S. and Dagorn, J. C., 1997. Pancreatitis-associated protein in patients with celiac disease: serum levels and immunocytochemical localization in small intestine. Digestion 58:98-103.

Chassaing, B., Srinivasan, G., Delgado, M. A., Young, A. N., Gewirtz, A. T. and Vijay-Kumar, M., 2012. Fecal lipocalin 2, a sensitive and broadly dynamic non-invasive biomarker for intestinal inflammation. PLoS ONE 7(9).

Curis, E., Crenn, P. and Cynober, L., 2007. Citrulline and the gut. Current Opinion in Clinical Nutrition and Metabolic Care 10:620-626.

Derikx, J. P., Luyer, M. D., Heineman, E. and Buurman, W. A., 2010. Non-invasive markers of gut wall integrity in health and disease. World Journal of Gastroenterology 16(42):5272-5279.

D'Haens, G., Ferrante, M., Vermeire, S., Baert, F., Noman, M., Moortgat, L., Geens, P., Iwens, D., Aerden, I., Van Assche, G., Van Olmen, G. and Rutgeerts, P., 2012. Fecal calprotectin is a surrogate marker for endoscopic lesions in inflammatory bowel disease. Inflammatory Bowel Diseases 18:2218-2224.

Foell, D., Wittkowski, H. and Roth, J., 2009. Monitoring disease activity by stool analyses: from occult blood to molecular markers of intestinal inflammation and damage. Gut 58:859-868.

Gutiérrez, A. M., Martínez-Subiela, S., Soler, L., Pallarés, F. J. and Cerón, JJ., 2009. Use of saliva for haptoglobin and C-reactive protein quantifications in porcine respiratory and reproductive syndrome affected pigs in field conditions. Veterinary Immunology and Immunopathology 132:218-223.

Hercz, A. and Barton, M., 1978. Selective staining of alpha1-antitrypsin (alpha1-protease inhibitor) with Schiff's reagent after separation from serum by analytical isoelectrofocusing in polyacrylamide gel. Clinical Chemistry 24: 153-154.

Jiang, P., Smith, B., Qvist, N., Nielsen, C., Wan, J. M., Sit, W. H., Jensen, T. K., Wang, H. and Sangild, P. T., 2013. Intestinal proteome changes during infant necrotizing enterocolitis. Pediatric Research 73:268-276.

Kosek, M., Haque, R., Lima, A., Babji, S., Shrestha, S., Qureshi, S., Amidou, S., Mduma, E., Lee, G., Yori, P. P., Guerrant, R. L., Bhutta, Z., Mason, C., Kang, G., Kabir, M., Amour, C., Bessong, P., Turab, A., Seidman, J., Olortegui, M. P., Lang, D., Gratz, J., Miller, M. and Gottlieb, M., 2013. Fecal markers of intestinal inflammation and permeability associated with the subsequent acquisition of linear growth deficits in infants. American Journal of Tropical Medicine and Hygiene 88:390-396.

Niewold, T. A., Meinen, M. and Van der Meulen, J., 2004. Plasma intestinal fatty acid binding protein (I-FABP) concentrations increase following intestinal ischemia in pigs. Research in Veterinary Science 77:89-91.

Niewold, T. A., Van der Meulen, J., Kerstens, H. H., Smits, M. A. and Hulst, M. M., 2010. Transcriptomics of enterotoxigenic *Escherichia coli* infection. Individual variation in intestinal gene expression correlates with intestinal function. Veterinary Microbiology 141:110-114.

Sherwood, R. A., 2012. Faecal markers of gastrointestinal inflammation. Journal of Clinical Pathology 65:981-985.

Soler, L., Miller, I., Noebauer, K., Gemeiner, M., Razzazi-Fazeli, E. and Niewold, T., 2012. Identification of a promising pig intestinal health marker as regenerating islet-derived 3-gamma (REG3G). In: Proceedings of the First Symposium of the Belgian Proteomics Association, Ghent, Belgium, pp. 69.

Takahara, H., Nakamura, Y., Yamamoto, K. and Sinohara, H., 1983. Comparative studies on the serum levels of alpha-1-antitrypsin and alpha-macroglobulin in several mammals. Tohoku Journal of Experimental Medicine 139:265-270.

Thuijls, G., Derikx, J. P., De Haan, J. J., Grootjans, J., De Bruïne, A., Masclee, A. A., Heineman, E. and Buurman, W. A., 2010. Urine-based detection of intestinal tight junction loss. Journal of Clinical Gastroenterology 44:e14-e19.

Van Ampting, M. T., Rodenburg, W., Vink, C., Kramer, E., Schonewille, A. J., Keijer, J., Van der Meer, R. and Bovee-Oudenhoven, I. M., 2009. Ileal mucosal and fecal pancreatitis associated protein levels reflect severity of *Salmonella* infection in rats. Digestive Diseases and Sciences 54:2588-2597.

Vermeire, S., Van Assche, G. and Rutgeerts, P., 2006. Laboratory markers in IBD: useful, magic, or unnecessary toys? Gut 55:426-431.

Vitali, R., Stronati, L., Negroni, A., Di Nardo, G., Pierdomenico, M., Del Giudice, E., Rossi, P. and Cucchiara, S., 2011. Fecal HMGB1 is a novel marker of intestinal mucosal inflammation in pediatric inflammatory bowel disease. American Journal of Gastroenterology 106:2029-2040.

Wang, Q., Li, H., Liu, S., Wang, G. and Wang, Y., 2005. Cloning and tissue expression of chicken heart fatty acid-binding protein and intestine fatty acid-binding protein genes. Animal Biotechnology 16:191-201.

Wicher, K. B. and Fries, E., 2006. Haptoglobin, a hemoglobin-binding plasma protein, is present in bony fish and mammals but not in frog and chicken. Proceedings of the National Academy of Sciences USA 103:4168-4173.

Wijtten, P. J., Verstijnen, J. J., Van Kempen, T. A., Perdok, H. B., Gort, G. and Verstegen, M. W., 2011. Lactulose as a marker of intestinal barrier function in pigs after weaning. Journal of Animal Science 89:1347-1357.

Wu, G., Flynn, N. E., Yan, W. and Barstow, D. G., 1995. Glutamine metabolism in chick enterocytes: absence of pyrroline-5-carboxylase synthase and citrulline synthesis. Biochemical Journal 306:717-721.

第10章 肠道健康研究和蛋白质组学的完美结合

L. Soler[1*] *and I. Miller*[2]

[1] *INRA, UMR85 Physiologie de la Reproduction et des Comportements, 37380 Nouzilly, France;*

[2] *Institute of Medical Biochemistry, Department for Biomedical Sciences, University of Veterinary Medicine, Vienna, Veterinärplatz 1, 1210 Vienna, Austria; lsolervasco@tours.inra.fr*

摘要:蛋白质组学(proteomics)可以定义为系统生物学领域,主要研究在特定条件下生物体、组织或细胞中存在的蛋白质。蛋白质组学可以采用多种技术,其目的和优缺点各不相同。如今,蛋白质组学在动物科学中的应用变得非常普遍,蛋白质组学是一个有力的工具,可以在蛋白质水平上探索不同条件下,肠道系统在特定事件或挑战中发生的变化。在本章中,我们将用于家畜肠道研究的蛋白质组学技术进行综述。并且,这些应用方法是通过引用文献中典型的例子总结而成。

关键词:肠道,蛋白质组学,宿主-病原体相互作用,饲养试验,发育

10.1 引言

肠道系统高度复杂,其状态受多种因素相互作用的影响。这些因素与宿主(全身免疫系统和植物性神经系统的局部组织和构成)、细菌(共生菌和致病菌)和食物(营养素、功能性分子、毒物)有关。这些相互作用的多样性和复杂性使得器官组织严密、有条不紊发挥功能并充满活力(Diekgraefe 等,2000;Hooper 和 Gordon,2001;Niewold,2005;Xu 和 Gordon,2003)。由于相互作用的复杂性,通常很难分辨某些特定因素的影响,而是将其归因于分子靶点。最近对猪基因组学结构和功能特征的研究为后续问题提供了解决方案,通过使用 DNA 测序技术(Niewold 等,2005;Wintero 等,1996),可以分析基因表达谱中捕获的多种反应(Van Ommen 和 Stierum,2002)。这些技术再加上生物信息学工具的发展,使动物研究达到了分子水平。此外,一些物种(如猪、牛和鸡)的基因组测序的进展,对公共数据库中的家畜基因组数据的完善做出了巨大贡献(Soares 等,2012)。

尽管取得了这些进展,但仍有必要进行互补分析,以充分了解最终基因产物

(即蛋白质)的功能和相互作用。许多细胞机制受转录调控因子、转录后和翻译后修饰、蛋白质相互作用和蛋白质丰度变化的控制,这些都不能通过基因组学直接反映出来(Baggerman 等,2005;Eisenberg 等,2000)。因此,基因组学方法仅能在给定条件下确定哪一组生物标记物适合预测。然而,蛋白质组学解决了上述问题,这是基因组学的理想补充技术。蛋白质组学是以蛋白质组为研究对象,是系统生物学的一个重要组成部分,蛋白质组是指在特定时间点存在于细胞、组织、有机体或群体中的一组蛋白质(Wasinger 等,1995;Wilkins 等,1996)。蛋白质组学的主要目的是通过探索蛋白质组的定量和定性(如翻译后修饰)变化或识别现有蛋白质-蛋白质相互作用来描述与特定条件相关细胞/组织的结构和功能特性(Amoresano 等,2009;Heck,2008;Markiv 等,2012)。

在动物科学中,蛋白质组学是连接动物与动物生产性能方面的"桥梁",因为养殖的最终目标是生产高质量的"蛋白质产品",如肉、蛋、牛奶或羊毛(Bendixen 等,2011)。然而,截至目前,蛋白质组学在动物科学中的应用依然受到限制;在技术方面,可能是由于动物科学家需要复杂的设备、互补技术和分析技能,以及对该技术缺乏认知(Bendixen 等,2011;Soares 等,2012)。如今,更简单、更智能和更高通量等技术方面的进步,使畜牧研究人员更容易认识到蛋白质组学是一种重要的研究工具。从而对蛋白质组学可以解决哪些问题以及以何种方式研究了解更多。因此,蛋白质组学的研究成果在育种和农业中是有价值的(如研究蛋白质指纹图谱、性状与质量之间的关系),所以相应发表论文的数量呈指数增长(Bendixen 等,2011;De Almeida 和 Bendixen,2012)。

蛋白质组学在畜禽肠道研究的应用尤为突出。在肠道模型研究中恰当地使用该技术将有助于仔细分析和描述与肠道发育、生理病理学、营养学或毒理学相关的分子过程。通过蛋白质组学,可以探究营养改变、一般饲养程序和预防性(日粮)治疗对肠道病原体接触的影响(De Almeida 和 Bendixen,2012;Oozeer 等,2010)。此外,蛋白质组学方法在家畜尤其是猪肠道研究中的应用和对生物医学研究也具有重要意义。猪是肠道研究的理想生物模型,因为猪在解剖学、遗传学和生理学上与人类相似。因此,加强该物种的分子生物学信息具有深远的意义(Rothkotter 等,2002;Wernersson 等,2005)。

在本章中,将简述用于家畜肠道蛋白质组学的技术方法,并综述其可能的应用范围。

10.2 蛋白质组学技术概述

现代蛋白质组学不是一种单一的技术,而是一系列与众不同的高度专业化的方法。本章将重点关注表达蛋白质组学,而不是其他功能、结构或生物物理学方面。复杂蛋白质组(proteome)的典型工作流程基本上都是从"分离"这个步骤开始的,无论是在蛋白质水平(Miller,2011)还是在肽水平(Manadas 等,2010)。然后可以通过比较"获得"的方式来检测浓度差异,并可追溯到所研究中受影响的蛋白质。在方法学上,蛋白质组学可以使用凝胶(gel-based)和无凝胶(gel-free)方法,并且分析技术(蛋白质/肽的多维分离、表征、鉴定、定量和样品比较)将取决于此。凝胶和无凝胶技术的优点、特性和缺点已广为人知(Abdalah 等,2012;Baggerman 等,2005;Monteoliva 和 Albar,2004),最具代表性技术的主要特征详见表 10.1。

表 10.1　最常用表达蛋白质组学方法的主要特征

方法	描述	优点	缺点
凝胶	蛋白质在二维凝胶中根据等电点(pI)和分子质量(Mw)进行分离,然后用质谱(MS)或串联质谱(MS/MS)进行鉴定	在蛋白质水平下高分辨率 同时检测蛋白质种类(亚型、片段、聚集物) 适用于样品组成的分离条件(如 pI 范围)	耗时费力,自动化程度低 受疏水蛋白或蛋白极限大小/pI 的限制 斑点重叠(共融)削弱量化
二维凝胶电泳(2DE)	单个样品/凝胶 染色(变量)的可视化	成本低 不同灵敏度的染料可以染色不同的蛋白质负荷并且检测灵敏度高	严格标准化,才能确保重现性 浓度变化范围小,则无法检测 某些染料(比色法染料)的动态染色范围低
二维荧光差异凝胶电泳技术(2DE-DIGE)	两个或三个样品/凝胶 标准化内部标准	多路复用 较低的技术误差可以检测出较小的浓度变化 灵敏,检测动态范围大	成本较高 需要专用设备 样品蛋白质负荷含量高
无凝胶	蛋白质被消化成肽,通过多维液相色谱分离,然后用 MS/MS 进行识别和定量	性能高效 可以检测天然肽(无须消化) 可检测疏水蛋白 利用多种/不同的酶产成肽	消化样品的复杂性增加 没有原始蛋白质完整性或变异的信息 需要具体的方法评估翻译后修饰 依赖于数据库的质量和完整性
标记	标记方式不会改变肽/蛋白质色谱和电离性质,但会在 MS 或 MS/MS 水平上产生质量移位	高灵敏度 尽可能多的多路复用(最多 4~8 个样本)	试剂昂贵 初始样品量大 样品制备步骤多(样品损失/变异性)

续表 10.1

方法	描述	优点	缺点
化学标记（蛋白酶标记、ICA、ICPL、ITRAQ、TMT）	蛋白质/肽通过化学反应进行标记	成本低 高 MS 灵敏度	化学标记引起的样品变异 化学标记间相互作用
代谢标记（SILAC，$^{14}N/^{15}N$）	在蛋白质合成时加入标记	MS 灵敏度高 检测变异低	步骤繁琐 成本高 生物间的变异标记影响
无标记（光谱计数、光谱峰值强度、数据独立分析）	比较与特定蛋白质匹配的 MS/MS 光谱数量，或前体离子保留时间与 m/z 比值可精确地生成样品中每种蛋白质的所有 MS/MS 光谱，生成一个二维图谱并跨样本匹配肽	简易且成本低	容易产生分析变异性

凝胶蛋白质组学：二维凝胶电泳（two-dimensional gel electrophoresis，2DE）是蛋白质组学中最古老和应用最广泛的技术，该技术是从目标组织中提取蛋白质，蛋白质电泳分离经过两个步骤，首先通过等电点聚焦（在凝胶条中的等电聚焦），然后通过分子质量进行分离[十二烷基硫酸钠-聚丙烯酰胺凝胶电泳（sodium dodecyl sulfate polyacrylamide gel electrophoresis，SDS-PAGE），图 10.1]。因此，蛋白质混合物以二维斑点模式分离，称为该组织的蛋白质图谱（Westermeier 和 Görg，2011）。比较不同来源的同一个组织的蛋白质组图谱有助于识别受不同参数影响的蛋白质斑点（如健康/患病动物、对照/试验组）。得出可靠结论的关键点之一是斑点图谱的重复性，因此，在进行蛋白质电泳之前标记荧光染料，并在 2DE 的一个凝胶上分离多个样品。这种新的方法，称为二维荧光差异凝胶电泳技术（2DE differential gel electrophoresis，2DE-DIGE），该技术使“调节点（regulated spots）”相对量化并且使对比斑点图谱更准确，这使得 2DE 定量研究越来越多的选择 DIGE 方法（Friedman 和 Lilley，2008；Marouga 等，2005）。评价标准依赖于每种凝胶的本身特性、各试验的所有样品池、改进图谱匹配和相对定量方法等（Friedman 和 Lilley，2008；Minden，2012）。

蛋白质鉴定主要可以通过两种不同的方式：如果已知目标蛋白质并且可获得特定的抗体，则可进行免疫印迹，并且整体蛋白质图谱与特定染色斑点相关（Miller 等，2009）。对于未知蛋白质的鉴定，一种较为通用的方法是在蛋白质被胰蛋白酶消化为肽后，在切除的部位应用质谱分析（MS）（Gevaert 和 Vandekerkhove，2000）。蛋白质鉴定是基于非常精准确定肽的质谱，然后通过使用生物信息学工具

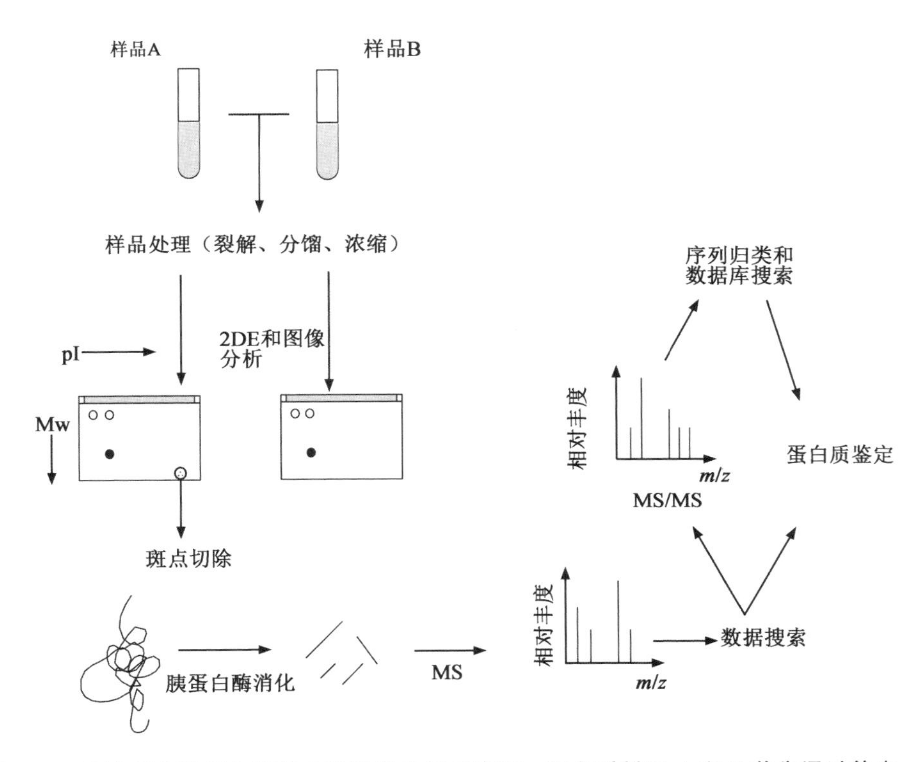

图 10.1　蛋白质组学双向凝胶电泳图谱分析示意图。蛋白质样品 A 和 B 首先通过等电聚焦(原始样品或处理后分馏或裂解/浓缩一些蛋白质),然后通过十二烷基硫酸钠-聚丙烯酰胺凝胶电泳来分离。用特定软件对 2DE 凝胶图像进行数字化和分析,以鉴别蛋白质表达的不同斑点。把这些斑点从凝胶中切除,用胰蛋白酶消化成肽并用 MS 分析。通过比较获得的胰蛋白酶消化后肽的片段质谱或肽质谱指纹与公共数据库包含已知蛋白质理论片段的质谱来识别蛋白质。在某些情况下,需要额外的步骤来获得可靠的鉴定结果,包括通过 MS/MS 进行的肽裂解和进一步的肽从头测序。

和在公开的蛋白质或基因数据库中搜索,将其归类在已知蛋白质的氨基酸序列中(Gevaert 和 Vandekerkhove,2000)。通过结合数据库搜索或从头测序(针对尚未登记的蛋白质,测定肽的氨基酸序列)确定碎片产物(MS/MS 图谱),以增强识别度(Gevaert 和 Vandekerkhove,2000)。

无凝胶蛋白质组学:质谱技术的进步使得蛋白质凝胶分析技术在过去的几年中得以发展,也被称为“鸟枪法”(shotgun)或 LC-MS 蛋白质组学。这种技术是在 MS 鉴定之前,首先用胰蛋白酶消化(复杂)蛋白质样品,然后进行高分辨率液相色谱法(LC)分离,通常采用多维方式(典型的强阳离子交换法和反相色谱法)(图 10.2;Abdallah 等,2012;Monteoliva 和 Albar,2004)。尽管 MS 部分与 2DE 斑点洗脱肽的原理相同，但由于样品的复杂性较高，并且需要开发与LC耦合的精密生物信息工具。对于相对定量和绝对定量，无凝胶蛋白质组学依赖于使用化学标记或体内标记（同位素非等压或等压标记），或最新的无标记方法（Fenselau，2007；Timms和Cutillas，2010）。

除了这些主要形式之外，还存在混合形式（如一维SDS-PAGE组合），实现从单一凝胶切片洗脱的胰蛋白酶消化后肽的预分离和LC-MS。此外，已经开发了各种用于复杂蛋白质混合物的预分离或去除大量蛋白质的技术，并将其应用于凝胶分离之前，所有这些都实现了对低丰度或痕量蛋白质更高的检测灵敏度（Righetti等，2005；Tichy等，2011）。

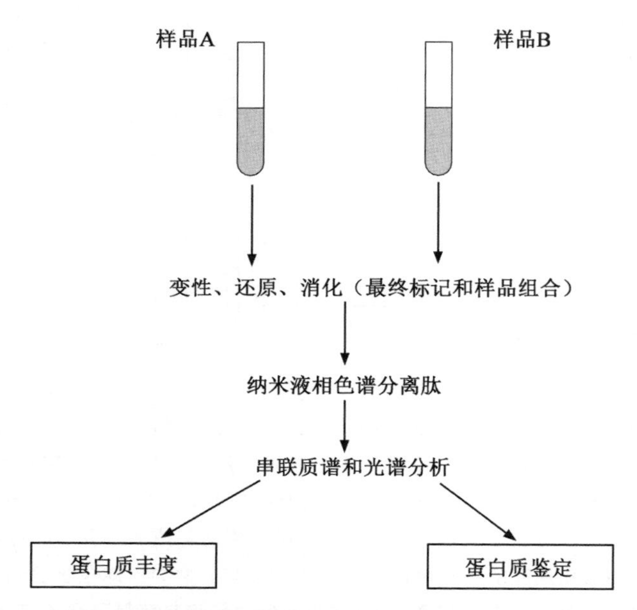

图10.2　无凝胶表达蛋白质组学分析示意图。蛋白质样品A和B被还原、烷基化和胰蛋白酶消化。在肽样品分析前做标记并组合样品，采用的标记方法，如同位素标记相对和绝对定量（isobaric tags for relative and absolute quantification，iTRAQ）技术。其他类型的标记方法[如SILAC（同位素标记技术）]是在消化前已经被导入完整的蛋白质中。首先用高效液相色谱法（HPLC）分离肽，然后用串联质谱（MS/MS）分析。通过MS/MS的光谱与公共数据库做比较来识别肽。在有标记的方法中，直接实现相对定量，因为标记使已知的肽质谱转移（mass-shift）。在无标记的方法中，蛋白质丰度可以通过不同的质谱分析来计算（Timms和Cutillas，2010）。

前文中描述的所有蛋白质组学的方法都是非靶向（non-targeted）方法，旨在检测蛋白质或肽类型之间的差异，并且只能在第二步鉴别相关的蛋白质。与非靶向方法相反，靶向蛋白质组学的目标是仅分析复杂样本中选定的（低丰度）一组蛋白质(Picotti和Aebersold,2012)。该方法是液相色谱、精密高分辨率质谱仪和多反应监测/选择反应监测(MRM/SRM)联合使用的MS技术。该方法需要非常缜密的设计:必须预先选择和测试目标蛋白质中特定和独特的肽,并严格确定分离参数,仅保留所选的肽。

与在原始样品中标记肽的方法相比,靶向蛋白质组学可以高灵敏度量化相应的蛋白质(Calvo等,2011)。最初,这种类似的技术被广泛应用于药物和小分子的检测,直到最近才被应用于蛋白质组学。通常,靶向蛋白质组学用于验证和确认已被表达蛋白质组学发现的标记物,或用于生物监测,但它仍然是动物科学中一个有待探索的领域(Whiteaker等,2011;Ye等,2009)。目前更常用的验证方法是免疫印迹法,它是利用抗体的特异性免疫反应。遗憾的是,这种方法在很大程度上依赖于种属间对免疫试剂高度的特异性(Hause等,2011)。

由于每种技术的重复性、分辨能力、动态范围、进样频率、复杂性和成本存在很大差异,因此必须非常谨慎地选择特定蛋白质组学方法,同时考虑样品的复杂性和要解决的生物问题(Abdallah等,2012;Domon和Aebersold,2010)。文献中经常提到有凝胶和无凝胶方法的互补性,前者对检测翻译后修饰更为有效,后者对检测有较高产量的膜蛋白更为有效(Baggerman等,2005;Leroy等,2011;Wu等,2006)。如前所述,蛋白质组学分析为描述组织或生物体的状态提供了丰富的信息来源。例如,据估计人类基因组的35 000个基因在蛋白质水平上产生了超过1 000 000个功能实体(Wang等,2006)。翻译后修饰或蛋白质相互作用等不同的生化变化增加了蛋白质组的复杂性和微观不均一性。这些额外的蛋白质产物主要来源于选择性剪接基因或代表亚型、翻译后修饰(如糖基化、磷酸化)、折叠状态和分解产物。由于分离条件(蛋白质还原和变性的状态)不同,蛋白质可能呈现多个斑点或链状,从而得到数百个斑点的复杂图像(这取决于分辨率和凝胶大小),这些都会使2DE凝胶图像进一步复杂化(Miller,2011)。例如,图10.3所示猪肠黏膜涂片的2DE图像。与2DE类似,同样在MS方法中,增加了样品预处理的复杂性:在这种情况下,胰蛋白酶消化每种蛋白质产生大量的肽,从而使检测的峰值倍增(Soares等,2012)。这就很好解释了蛋白质组学图谱分析的高标准技术要求。大约10年前,我们的检测系统无法监测超过3个数量级的浓度范围(Anderson和Anderson,2002)。随着检测方法的进一步发展和精细的预分离步骤,这一点也同时得到了改善,但仍与自身数量级的浓度范围相距甚远[血浆中约12个数量级(Anderson和Anderson,2002)]。

文献中报道了与人类肠道相关的多种蛋白质组学研究,包括宿主-病原体相互作用的研究(Elmi等,2012)、癌症(Wang等,2012a)、炎症性肠病(Felley-Bosco和André,2004)、毒理学(Wang等,2012b)、寄生虫病(Wang等,2012c)或腹泻疾病(Bertini等,2009)。在大多数研究中,样本是从手术后的病人身上获取的。虽然无

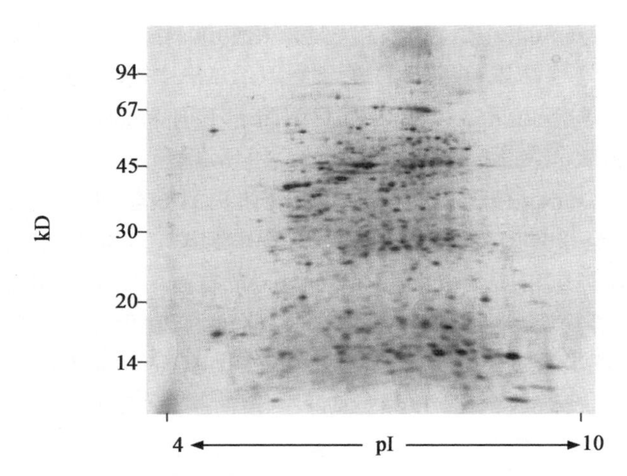

图 10.3　猪小肠黏膜刮片的双向凝胶电泳。样品在溶解缓冲液(8 mol/L 尿素,4% CHAPS,30 mmol/L Tris-HCl,pH8.5)中均质;在 2DE 凝胶中分离 50 μg 蛋白质,然后银染(根据 Miller 的方法,2012)。pI=等电点。

菌(Alpert 等,2009;Roy 等,2008)或基因敲除(Cooney 等,2012;Werner 等,2009)小鼠可以作为一种选择,但是用于人类疾病体内试验或发育时程研究的小鼠模型使用的主要是普通小鼠。少量的研究使用体外模型进行蛋白质组学分析。在这些模型中,除了处理或暴露诱导蛋白质变化外,当上皮细胞分化或适应不同的培养系统时,也可见到细胞特异性变化(Buhrke 等,2011;Pshezhetsky 等,2007;Stierum 等,2003)。与细胞培养模型的其他应用类似,用从体外获得有限的"可读性(translatability)"结果来解释体内不同细胞系间获得的数据,是需要考虑的重要因素(Lenaerts 等,2007a)。

尽管这项技术有着强大的优势,但在动物科学中,很少使用蛋白质组学来评估不同感染对肠细胞的影响,而且实际上仅限于猪的研究。在下面的章节中,我们将展示这种技术解决当前动物科学中与肠道相关问题的可能性。我们将回顾研究人员如何应用蛋白质组学来探索:①肠道在生命早期的发育;②蛋白质组学如何帮助饲料检测;③应用该技术如何揭示肠道宿主-病原体相互作用的机制。

10.3　蛋白质组学作为肠道发育研究的有力工具

对于整个肠道,尤其是小肠细胞,在生命的早期经历了巨大变化。一个关键性事件,如出生(发生细菌定殖,食物由羊水变为乳汁)和断奶[食物从乳汁(乳汁含脂肪酸)变为固体日粮(日粮含复合碳水化合物)]会引起肠道上皮细胞结构和功能的显著变化(Hansson 等,2011)。这些变化在很大程度上取决于日粮、细菌和内在因素的相互作用。对这些关系的理解,将有助于确定哪些操作步骤能更有效地促进家畜的最佳肠道发育,尤其是在肠道水平诱导适应性更强应激的集中产物(Hansson 等,2011)。最近,蛋白质组学研究这些变化的能力已在小鼠模型中得到证实。在人类研究中,对肠道发育的研究是为了找到预防或治疗新生儿几种病理学疾病的策略。蛋白质组学已用来确定出生和断奶后肠道随食物的变化而发生的时程(time-course)变化,确定肠道变化是取决于食物变化前,还是取决于食物变化本身。此外,还研究了出生后不同饲喂方式和细菌定殖(无细菌小鼠)的蛋白质组学效应。与人类相比,集约化养殖动物(用作生物模型的猪除外)研究的目标是以优化肠道发育来促进消化系统的完善,并促进早期的健康(De Lang 等,2010;Lallès 等,2007)。有一个小手册,描述了家畜(主要是猪)肠道发育引起的变化及其一些影响因素。

猪摄入初乳后,通过 2DE 测定初乳 IgG 或 IgA 的吸收量来观察上皮细胞中主要蛋白质组变化。IgG 或 IgA 的吸收量在发炎的肠细胞中显著减少,说明避免新生仔猪肠道炎症对促进获得被动免疫至关重要(Danielsen 等,2006)。初乳中重要的免疫球蛋白和其他保护性或抗菌蛋白,也可以通过有选择地消化吸收来证明。相反,其他初乳成分(如酪蛋白),在进入小肠前就被消化了(Danielsen 等,2011)。细菌定殖是肠道发育的重要环节。细菌有助于营养提供、促进免疫和肠道发育,并具有保护作用。通过简化模型系统(simplifying the model system)、减少动物肠道中细菌的数量和使用无细菌动物有助于理解这些过程。通过"鸟枪法"蛋白质组学监测无菌仔猪中不同非致病性细菌种类(发酵乳杆菌和大肠杆菌)的定殖,结果与实验室动物相似(Danielsen 等,2007)。在此项研究中,描述了细菌定殖(不考虑定殖细菌的种类)影响肠细胞的代谢状态,特别是蛋白质水解和脂质代谢状态。然而,本研究发现一些蛋白质组变化有物种特异性:大肠杆菌诱导上皮细胞增殖,而酵母菌诱导免疫反应的发育。最近的研究确切地说明了共生细菌在肠道水平上建立保护系统的必要性,并解释了无菌动物的肠道免疫系统不成熟的原因。

众所周知,宫内生长受限(intrauterine growth restriction,IUGR)是肠道发育受损的一个原因(Wang 等,2010)。这种情况是猪的一个常见问题(在其他家畜和人身上的这种情况比较少见),可以导致营养利用效率较低、生长速度和健康状况较差和死亡率较高。蛋白质组学分析描述了 IUGR 在出生和出生后期间与细胞增殖、代谢和先天免疫发育有关的蛋白质丰度的变化。这些发现被视为营养吸收异常低的原因,并有望提供新的治疗策略,以减少 IUGR 对仔猪死亡率和生长的影响(Wang 等,2010)。

早产仔猪也被用作揭示人类肠道发育问题病理学的模型,如坏死性小肠结肠炎(necrotizing enterocolitis,NEC)。早产儿由于消化系统不成熟而经常出现由喂养引起的炎症性疾病。为了寻找治疗方案,蛋白质组学研究了婴儿喂养和肠道细菌定殖对疾病发展的影响(Jiang 等,2008,2011a)。结果表明,早产仔猪 NEC 的发生以氧化应激、凋亡和蛋白质水解相关的蛋白质组变化为特征,这些变化通过细菌定殖作用而加重,从而增强了肠道应激反应。后来有报道称,虽然这些在宫内喂养(fed in utero)的猪没有显示出与出生后喂养仔猪炎症相关的一些变化,但是 NEC 发展过程中的蛋白质组的变化与出生过渡期无关(Jiang 等,2011b)。抗生素的使用似乎对 NEC 起到了预防作用,正如促进蛋白质组的变化与抗氧化和抗炎作用有关一样(Jiang 等,2012)。此外,将早产、剖宫产的猪与足月自然分娩的猪,在分子水平上进行坏死性小肠结肠炎易感性比较(Jiang 等,2013),证明早产仔猪的易感性是由上皮完整性、应激反应和细胞代谢受损的变化决定的。

肉鸡小肠在孵化后早期适应过程蛋白质组的变化揭示了不同遗传系之间的差异(Gilbert 等,2010)。这项研究通过描述肠细胞(从卵内以脂质为基础的"日粮"转变为以碳水化合物和蛋白质为基础的日粮)所经历的酶促、增殖、代谢和应激相关变化,也有助于更好地研究肉鸡的消化和吸收(Gilbert 等,2010)。

10.4 蛋白质组学如何帮助我们改善饲养方式

研究新的促进动物健康的饲料添加剂或特殊饲料化合物对健康状况的影响是畜禽生产的一个重要部分(De Lang 等,2010)。然而,动物饲料试验的方法往往局限于通过生理或生产指标(饲料效率和/或生长速度、体成分等)评估这些化合物功能的有效性。而在分子水平上,这些物质对肠道局部影响的研究相对较少。蛋白质组学恰恰是最有效的工具之一,可以全面研究任何物质的影响,进而同时研究其作用机制和毒性效应(Fuchs 等,2005)。然而,有时很难分辨出是哪种效应来自所研究物质的作用机制,哪种效应来自毒性,这都需要更详细的研究。蛋白质组学已成功应用于动物研究,用来评估饲料成分[如小麦淀粉酶胰蛋白酶抑制剂(Yang 等,2011)、谷氨酰胺(Deniel 等,2007;Lenaert 等,2006)、抗氧化剂(Thébault 等,2010;Kaulmann 等,2012)、精氨酸(Lenarets 等,2007b)和其他物质]对体内(以啮齿动物为模型)和体外肠道的蛋白质组学影响。另一方面,蛋白质组学也用于研究具有特定益生菌活性菌株的细菌蛋白质组学特征,目的是找到蛋白质标记物来帮助筛选细菌内的益生菌菌株(Ashida 等,2011;Gilad 等,2011)。

饲料成分对集约养殖畜禽肠道蛋白质组的影响尚不清楚。在动物营养上,寻找稳定有效的抗生素替代品是一个热门话题。在提出的替代方案中,益生菌已被广泛研究,并且也在蛋白质组学方面进行了一些研究。最近,用蛋白质组学方法描述了植物乳杆菌(*Lactobacillus plantarum*)对鼠伤寒沙门氏菌(*Salmonella typhimurium*)感染的保护作用(Collins 等,2010)。据报道,植物乳杆菌促进酸性黏蛋白分泌、细胞骨架重排和促进具有免疫功能蛋白质的过度表达,这表明植物乳杆菌对鼠伤寒杆菌的入侵起到重要的防御作用(Collins 等,2010)。另外,通过 2DE 和 MS 鉴定,比较了益生菌发酵液 I5007 与金霉素的作用机理。酵母菌和金霉素都提高了小肠黏膜细胞的抗氧化性和抗应激性,但对其他代谢和免疫相关网络(networks)的影响却不同。事实上,发酵乳杆菌通过促进能量和蛋白质代谢、肠细胞增殖和免疫反应,表现出一些特殊的保护作用(Wang 等,2012d)。

在各种不同的研究中,认为氧化锌也是一种有前景的促生长剂。最近蛋白质组学证实,氧化锌改善了空肠细胞的氧化还原状态,减少了氧化应激,同时保护空肠细胞免受凋亡,从而减轻与断奶有关的肠道功能障碍(Wang 等,2009)。

以上详细的研究说明了蛋白质组学在探索某些饲料添加剂正向作用的效用,同时也有助于确定饲料毒性或过敏原对肠道生理的影响。例如,目前还不清楚一些植物源性化合物,如 β-伴球蛋白(存在于猪的日粮中)如何对消化产生负面影响。在最近进行的一项蛋白质组学研究中,已证实 β-伴球蛋白在肠道水平诱导细胞凋亡、肠细胞生长抑制和细胞骨架损伤中的作用,因此,在畜禽饲料中,这些物质应维持在较低水平(Chen 等,2011)。

10.5 表达蛋白质组学揭示胃肠道免疫反应

由于腹泻或(与肠道有关的)肠道寄生虫病是畜禽集约化生产经济损失的主要原因,因此,为了寻找新的预防或治疗目标(靶点),人们对揭示肠道疾病的机制十分重视(Biron 等,2011)。肠道防御系统高度复杂。除了上皮细胞紧密连接、黏液层和蠕动运动的物理保护外,免疫活性肠细胞、局部免疫细胞和派尔集合淋巴结(Peyer's patches)也参与黏膜免疫系统。此外,神经系统(由迷走神经介导)和全身免疫系统也介导肠道对病原体的反应,表现出高度复杂的系统反应。宿主-病原体的相互作用显著改变被感染组织和传染性病源的蛋白质丰度、表达和相互作用。蛋白质组学在这方面是一个有力的工具,因为它能够以一种全面的方式探索感染期间蛋白质组的变化。

迄今为止,人们已经做出了大量的努力,利用蛋白质组学来描述病原体入侵所必需的蛋白质,或确定细菌/病毒种类的毒力因子,也在寻找与疫苗生产有关的蛋白质。重要的猪肠道病原体[如旋毛虫(Wang 等,2012c)、猪圆环病毒 2 型(Fan 等,2012)、猪轮状病毒(He 等,2013)、小肠结肠炎耶尔森氏菌(Gu 等,2012;Matsumoto 和 Young,2006)、空肠弯曲杆菌(Elmi 等,2012;Liu 等,2012)、鼠伤寒杆菌(Sun 和 Hahn,2012)、肠毒性大肠杆菌(Roy 等,2010)或痢疾志贺菌(Kuntumalla 等,2009;Pieper 等,2009)]等已通过蛋白质组学进行了广泛的研究。

蛋白质组学在家畜特定的抗肠道疾病育种方面和制定有效的疫苗接种策略方面做出了诸多贡献。掌握宿主对病原体的反应机制是至关重要的,目前蛋白质组学是实现这一目的的一种有力工具。遗憾的是，到目前为止，家畜中的病原体只有一个蛋白质组学宿主反应的研究。在公开发表的研究中，猪回肠细胞对鼠伤寒杆菌的反应进行了特征性鉴定，确定了病原体驱动的变化"触发"细菌内化机制以及细胞先天反应（Colado-Romero 等，2012）。以特异性免疫应答、抗凋亡信号、抗炎反应和树突状细胞成熟为代价，检测与先天免疫反应相关的不同网络的调节。沙门氏菌是侵入性细菌，细胞骨架蛋白质组的变化与细菌内化以及吞噬功能的增强有关。研究人员将这种蛋白质组学方法与实时荧光定量 PCR（RT-qPCR）分析相结合，并通过蛋白质组学和基因组分析证实鼠伤寒杆菌在黏膜水平抑制 Th2 和 Th17 反应。后续的研究表明，蛋白质组学是一个有力的工具，可以全面评估早期肠道感染机制。

10.6 结论

蛋白质组学是家畜集约化养殖研究的一个扩展领域。这项技术的特点非常适合研究复杂的系统（如肠道系统）。不同的科学研究已应用蛋白质组学来研究肠道发育、宿主-病原体相互作用和各种物质的局部效应。后续的研究过程描述了分子事件的概貌，并确定了肠道健康的潜在生物标记物。总之，蛋白质组学是探索肠道健康、寻求提高动物生产途径的一个有力工具。

参考文献

Abdallah, C., Dumas-Gaudot, E., Renaut, J. and Sergeant, K., 2012. Gel-based and gel-free quantitative proteomics approaches at a glance. International Journal of Plant Genomics 2012:494572.

Alpert, C., Scheel, J., Engst, W., Loh, G. and Blaut, M., 2009. Adaptation of protein expression by *Escherichia coli* in the gastrointestinal tract of gnotobiotic mice. Environmental Microbiology 11:751-761.

Amoresano, A., Cirulli, C., Monti, G., Quemeneur, E. and Marino, G., 2009. The analysis of phosphoproteomes by selective labelling and advanced mass spectrometric techniques. Methods in Molecular Biology 527:173-190.

Anderson, N.L. and Anderson, N.G., 2002. The human plasma proteome: history, character, and diagnostic prospects. Molecular & Cellular Proteomics 1: 845-867.

Ashida, N., Yanagihara, S., Shinoda, T. and Yamamoto, N., 2011. Characterization of adhesive molecule with affinity to Caco-2 cells in

Lactobacillus acidophilus by proteome analysis. Journal of Bioscience and Bioengineering 112:333-337.

Baggerman, G., Vierstraete, E., De Loof, A. and Schoofs, L. 2005. Gel-based versus gel-free proteomics: a review. Combinatorial Chemistry & High Throughput Screening 8:669-677.

Bendixen, E., Danielsen, M., Hollung, K., Gianazza, E. and Miller, I., 2011. Farm animal proteomics—a review. Journal of Proteomics 74:282-293.

Bertini, I., Calabrò, A., De Carli, V., Luchinat, C., Nepi, S., Porfirio, B., Renzi, D., Saccenti, E. and Tenori, L., 2009. The metabolomic signature of celiac disease. Journal of Proteome Research 8:170-177.

Biron, D. G., Nedelkov, D., Misse, D. and Holzmuller, P., 2011. Proteomics and host-pathogen interactions: a bright future? In: Tibayrenc, M., (ed.) Genetics and evolution of infectious diseases. Elsevier Science B. V., Amsterdam, the Netherlands, pp. 263-303.

Buhrke, T., Lengler, I. and Lampen, A., 2011. Analysis of proteomic changes induced upon cellular differentiation of the human intestinal cell line Caco-2. Development, Growth & Differentiation 53:411-426.

Calvo, E., Camafeita, E., Fernández-Gutiérrez, B. and López, J. A., 2011. Applying selected reaction monitoring to targeted proteomics. Expert Review of Proteomics 8:165-173.

Chen, F., Hao, Y., Piao, X. S., Ma, X., Wu, G. Y., Qiao, S. Y., Li, D. F. and Wang, J. J., 2011.

Soybean-derived beta-conglycinin affects proteome expression in pig intestinal cells *in vivo* and *in vitro*. Journal of Animal Science 89:743-753.

Collado-Romero, M., Prado Martins, R., Arce, C., Moreno, A., Lucena, C., Carvajal, A. and Garrido, J. J., 2012. An *in vivo* proteomic study of the interaction between *Salmonella Typhimurium* and porcine ileum mucosa. Journal of Proteomics 75:2015-2026.

Collins, J. W., Coldham, N. G., Salguero, F. J., Cooley, W. A., Newell, W. R., Rastall, R. A., Gibson, G. R., Woodward, M. J. and La Ragione, R. M., 2010. Response of porcine intestinal *in vitro* organ culture tissues following exposure to *Lactobacillus plantarum* JC1 and *Salmonella enterica* serovar *Typhimurium* SL1344. Applied and Environmental Microbiology 76:6645-6657.

Cooney, J. M., Barnett, M. P., Brewster, D., Knoch, B., McNabb, W. C., Laing, W. A. and Roy, N. C., 2012. Proteomic analysis of colon tissue from interleukin-10 gene-deficient mice fed polyunsaturated fatty acids with comparison to transcriptomic analysis. Journal of Proteome Research 11: 1065-1077.

Danielsen, M., Hornshøj, H., Siggers, R. H., Jensen, B. B., Van Kessel, A. G. and Bendixen, E., 2007. Effects of bacterial colonization on the porcine intestinal proteome. Journal of Proteome Research 6:2596-2604.

Danielsen, M., Pedersen, L. J. and Bendixen, E., 2011. An *in vivo* characterization of colostrum protein uptake in porcine gut during early lactation. Journal of Proteomics 74:101-109.

Danielsen, M., Thymann, T., Jensen, B. B., Jensen, O. N., Sangild, P. T. and Bendixen, E., 2006. Proteome profiles of mucosal immunoglobulin uptake in inflamed porcine gut. Proteomics 6:6588-6596.

De Almeida, A. M. and Bendixen, E., 2012. Pig proteomics: a review of a species in the crossroad between biomedical and food sciences. Journal of Proteomics 75: 4296-4314.

De Lang, C. F. M., Pluskeb, J., Gonga, J. and Nyachotid, C. M., 2010. Strategic use of feed ingredients and feed additives to stimulate gut health and development in young pigs. Livestock Science 134:124-134.

Deniel, N., Marion-Letellier, R., Charlionet, R., Tron, F., Leprince, J., Vaudry, H., Ducrotté, P., Déchelotte, P. and Thébault, S., 2007. Glutamine regulates the human epithelial intestinal HCT-8 cell proteome under apoptotic conditions. Molecular & Cellular Proteomics 6:1671-1679.

Diekgraefe, B. K., Stenson, W. F., Korzenik, J. R., Swanson, P. E. and Harrington, C. A., 2000. Analysis of mucosal gene expression in inflammatory bowel disease by parallel oligonucleotide arrays. Physiological Genomics 4:1-11.

Domon, B. and Aebersold, R., 2010. Options and considerations when selecting a quantitative proteomics strategy. Nature Biotechnology 28:710-721.

Eisenberg, D., Marcotte, E. M., Xenarios, I. and Yeates, T. O., 2000. Protein function in the post-genomic era. Nature 405:823-826.

Elmi, A., Watson, E., Sandu, P., Gundogdu, O., Mills, D. C., Inglis, N. F., Manson, E., Imrie, L., Bajaj-Elliott, M., Wren, B. W., Smith, D. G. and Dorrell, N., 2012. *Campylobacter jejuni* outer membrane vesicles play an important role in bacterial interactions with human intestinal epithelial cells. Infection & Immunity 80:4089-4098.

Fan, H., Ye, Y., Luo, Y., Tong, T., Yan, G. and Liao, M., 2012. Quantitative proteomics using stable isotope labeling with amino acids in cell culture reveals protein and pathway regulation in porcine circovirus type 2 infected PK-15 cells. Journal of Proteome Research 11:995-1008.

Felley-Bosco, E. and André, M., 2004. Proteomics and chronic inflammatory bowel diseases. Pathology, Research & Practice 200:129-133.

Fenselau, C., 2007. A review of quantitative methods for proteomic studies. Journal of Chromatography B: Analytical Technologies in the Biomedical and Life Sciences 855:14-20.

Friedman, D. B. and Lilley, K. S., 2008. Optimizing the difference gel electrophoresis (DIGE) technology. Methods in Molecular Biology 428: 93-124.

Fuchs, D., Winkelmann, I., Johnson, I. T., Mariman, E., Wenzel, U. and Daniel, H., 2005. Proteomics in nutrition research: principles, technologies and applications. British Journal of Nutrition 94:302-314.

Gevaert, K. and Vandekerckhove, J., 2000. Protein identification methods in proteomics. Electrophoresis 21:1145-1154.

Gilad, O., Svensson, B., Viborg, A. H., Stuer-Lauridsen, B. and Jacobsen, S., 2011. The extracellular proteome of *Bifidobacterium animalis* subsp. *lactis* BB-12 reveals proteins with putative roles in probiotic effects. Proteomics. 11: 2503-2514.

Gilbert, E. R., Williams, P. M., Ray, W. K., Li, H., Emmerson, D. A., Wong, E. A. and Webb, Jr., K. E., 2010. Proteomic evaluation of chicken brush-border membrane during the early posthatch period. Journal of Proteome Research 9: 4628-4639.

Gu, W., Wang, X., Qiu, H., Luo, X., Xiao, D., Xiao, Y., Tang, L., Kan, B. and Jing, H., 2012. Comparative antigenic proteins and proteomics of pathogenic *Yersinia enterocolitica* bio-serotypes 1B/O: 8 and 2/O: 9 cultured at 25℃ and 37℃. Microbiology and Immunology 56:583-594.

Hansson, J., Panchaud, A., Favre, L., Bosco, N., Mansourian, R., Benyacoub, J., Blum, S., Jensen, ON. and Kussmann, M., 2011. Time-resolved quantitative proteome analysis of *in vivo* intestinal development. Molecular & Cellular Proteomics 10:M110.005231.

Hause, R. J., Kim, H. D., Leung, K. K. and Jones, R. B., 2011. Targeted proteinomic methods are bridging the gap between proteomic and hypothesis-driven protein analysis approaches. Expert Review of Proteomics 8:565-575.

He, H., Mou, Z., Li, W., Fei, L., Tang, Y., Zhang, J., Yan, P., Chen, Z., Yang, X., Shen, Z., Li, J., Wu, Y., 2013. Proteomic methods reveal cyclophilin A function as a host restriction factor against rotavirus infection. Proteomics 13 (7):1121-1132.

Heck, A. J., 2008. Native mass spectrometry: a bridge between interactomics and structural biology. Nature Methods 5:927-933.

Hooper, L. V. and Gordon, J. I., 2001. Commensal host-bacterial relationships in the gut. Science 292:1115-1118.

Jiang, P., Jensen, M. L., Cilieborg, M. S., Thymann, T., Wan, J. M., Sit, W. H., Tipoe, G. L. and Sangild, P. T., 2012. Antibiotics increase gut metabolism and antioxidant proteins and decrease acute phase response and necrotizing enterocolitis in preterm neonates. PLoS ONE 7:e44929.

Jiang, P., Sangild, P. T., Siggers, R. H., Sit, W. H., Lee, C. L. and Wan, J. M., 2011a. Bacterial colonization affects the intestinal proteome of preterm pigs susceptible to necrotizing enterocolitis. Neonatology 99:280-288.

Jiang, P., Siggers, J. L., Ngai, H. H., Sit, W. H., Sangild, P. T. and Wan, J. M., 2008. The small intestine proteome is changed in preterm pigs developing necrotizing enterocolitis in response to formula feeding. Journal of Nutrition 138:1895-1901.

Jiang, P., Wan, J. M., Cilieborg, M. S., Sit, W. H. and Sangild, P. T., 2013. Premature delivery reduces intestinal cytoskeleton, metabolism and stress response proteins in newborn formula-fed pigs. Journal of Pediatric Gastroenterology and Nutrition 56(6):615-622.

Jiang, P., Wan, J. M., Sit, W. H., Lee, C. L., Schmidt, M. and Sangild, P. T., 2011b. Enteral feeding *in utero* induces marked intestinal structural and functional proteome changes in pig fetuses. Pediatric Research 69:123-128.

Kaulmann, A., Serchi, T., Renaut, J., Hoffmann, L. and Bohn, T., 2012. Carotenoid exposure of Caco-2 intestinal epithelial cells did not affect selected inflammatory markers but altered their proteomic response. British Journal of Nutrition 108:963-973.

Kuntumalla, S., Braisted, J. C., Huang, S. T., Parmar, P. P., Clark, D. J., Alami, H., Zhang, Q., Donohue-Rolfe, A., Tzipori, S., Fleischmann, R. D., Peterson, S. N. and Pieper R., 2009. Comparison of two label-free global quantitation methods, APEX and 2D gel electrophoresis, applied to the *Shigella dysenteriae* proteome. Proteome Science 7:22.

Lallès, J. P., Bosi, P., Smidt, H. and Stokes, C. R., 2007. Nutritional management of gut health in pigs around weaning. Proceedings of the Nutrition Society 66:260-268.

Lenaerts, K., Bouwman, F. G., Lamers, W. H, Renes, J. and Mariman, E. C., 2007a. Comparative proteomic analysis of cell lines and scrapings of the human intestinal epithelium. BMC Genomics 8:91.

Lenaerts, K., Mariman, E., Bouwman, F. and Renes, J., 2006. Glutamine regulates the expression of proteins with a potential health-promoting effect in human intestinal Caco-2 cells. Proteomics 6:2454-2464.

Lenaerts, K., Renes, J., Bouwman, F. G., Noben, J. P., Robben, J., Smit, E. and Mariman, E. C., 2007b. Arginine deficiency in preconfluent intestinal Caco-2 cells modulates expression of proteins involved in proliferation, apoptosis, and heat shock response. Proteomics 7:565-577.

Leroy, J. B., Houyoux, N., Matallana-Surget, S. and Wattiez, R., 2011. Gel-free proteome analysis isotopic labelling vs. label-free approaches for quantitative proteomics. In: Hon-Chiu Leung (eds.) Integrative proteomics. InTech, Rijeka, Croatia, pp. 327-346.

Liu, X., Gao, B., Novik, V. and Galán, J. E., 2012. Quantitative Proteomics of Intracellular *Campylobacter jejuni* Reveals Metabolic Reprogramming. PLoS Pathogens 8:e1002562.

Manadas, B., Mendes, V. M., English, J. and Dunn, M. J., 2010. Peptide fractionation in proteomics approaches. Expert Review of Proteomics 7: 655-663.

Markiv, A., Rambaruth, N. D. and Dwek, M. V., 2012. Beyond the genome and proteome: targeting protein modifications in cancer. Current Opinion in Pharmacology 12:408-413.

Marouga, R., David, S. and Hawkins, E., 2005. The development of the DIGE system: 2D fluorescence difference gel analysis technology. Analytical and Bioanalytical Chemistry 382:669-678.

Matsumoto, H. and Young, G. M., 2006. Proteomic and functional analysis of the suite of Ysp proteins exported by the Ysa type III secretion system of *Yersinia enterocolitica* Biovar 1B. Molecular Microbiology 59:689-706.

Miller, I., 2011. Protein separation strategies. In: Eckersall, P. D. and Whitfield, P. D. (eds.) Methods in animal proteomics. John Wiley & Sons, West Sussex, UK, pp. 41-76.

Miller, I., 2012. Application of 2D-DIGE in animal proteomics. Methods in Molecular Biology 854:373-396.

Miller, I., Wait, R., Sipos, W. and Gemeiner, M. A., 2009. A proteomic reference map for pig serum proteins as a prerequisite for diagnostic applications. Research in Veterinary Science 86:362-367.

Minden, J. S., 2012. Two-dimensional difference gel electrophoresis. Methods in Molecular Biology 869:287-304.

Monteoliva, L. and Albar, J. P., 2004. Differential proteomics: an overview of gel and non-gel based approaches. Briefings in Functional Genomics & Proteomics 3:220-239.

Niewold, T. A., Kerstens, H. H. D., Van Der Meulen, J., Smits, M. A. and Hulst, M. M., 2005. Development of a porcine small intestinal cDNA micro-array: characterization and functional analysis of the response to enterotoxigenic *E. coli*. Veterinary Immunology and Immunopathology 105:317-329.

Oozeer, R., Rescigno, M., Ross, R. P., Knol, J., Blaut, M., Khlebnikov, A. and Doré, J., 2010. Gut health: predictive biomarkers for preventive medicine and development of functional foods. British Journal of Nutrition 103:1539-1544.

Picotti, P. and Aebersold, R., 2012. Selected reaction monitoring-based proteomics: workflows, potential, pitfalls and future directions. Nature Methods 9: 555-566.

Pieper, R., Zhang, Q., Parmar, P. P., Huang, S. T., Clark, D. J., Alami, H., Donohue-Rolfe, A., Fleischmann, R. D., Peterson, S. N. and Tzipori, S., 2009. The *Shigella dysenteriae* serotype 1 proteome, profiled in the host intestinal environment, reveals major metabolic modifications and increased expression of invasive proteins. Proteomics 9:5029-5045.

Pshezhetsky, A. V., Fedjaev, M., Ashmarina, L., Mazur, A., Budman, L., Sinnett, D., Labuda, D., Beaulieu, J. F., Ménard, D., Nifant'ev, I. and Levy, E., 2007. Subcellular proteomics of cell differentiation: quantitative analysis of the plasma membrane proteome of Caco-2 cells. Proteomics 7:2201-2215.

Righetti, P. G., Castagna, A., Antonioli, P. and Boschetti, E., 2005. Prefractionation techniques in proteome analysis: the mining tools of the third millennium. Electrophoresis 26:297-319.

Rothkotter, H. J., Sowa, E. and Pabst, R., 2002. The pig as a model of developmental immunology. Human & Experimental Toxicology 21:533-536.

Roy, K., Bartels, S., Qadri, F., Fleckenstein, J. M., Deng, W., Yu, H. B., De

Hoog, C. L., Stoynov, N., Li, Y., Foster, L. J. and Finlay, B. B., 2010. Enterotoxigenic *Escherichia coli* elicits immune responses to multiple surface proteins. Infection and Immunity 78:3027-3035.

Roy, K., Meyrand, M., Corthier, G., Monnet, V. and Mistou, M. Y., 2008. Proteomic investigation of the adaptation of *Lactococcus lactis* to the mouse digestive tract. Proteomics 8:1661-1676.

Soares, R., Franco, C., Pires, E., Ventosa, M., Palhinhas, R., Koci, K., Martinho de Almeida, A. M. and Varela Coelho, A., 2012. Mass spectrometry and animal science: protein identification strategies and particularities of farm animal species. Journal of Proteomics 75:4190-4206.

Stierum, R., Gaspari, M., Dommels, Y., Ouatas, T., Pluk, H., Jespersen, S., Vogels, J., Verhoeckx, K., Groten, J. and Van Ommen, B., 2003. Proteome analysis reveals novel proteins associated with proliferation and differentiation of the colorectal cancer cell line Caco-2. Biochimica et Biophysica Acta 1650: 73-91.

Sun, J. S. and Hahn, T. W., 2012. Comparative proteomic analysis of *Salmonella enterica* serovars *Enteritidis*, *Typhimurium* and *Gallinarum*. The Journal of Veterinary Medical Science 74:285-291.

Thébault, S., Deniel, N., Galland, A., Lecleire, S., Charlionet, R., Coëffier, M., Tron, F., Vaudry, D. and Déchelotte, P., 2010. Human duodenal proteome modulations by glutamine and antioxidants. PROTEOMICS - Clinical Applications 4:325-336.

Tichy, A., Salovska, B., Rehulka, P., Klimentova, J., Vavrova, J., Stulik, J. and Hernychova, L., 2011. Phosphoproteomics: searching for a needle in a haystack. Journal of Proteomics 74:2786-2797.

Timms, J. F. and Cutillas, P. R., 2010. Overview of quantitative LC-MS techniques for proteomics and activitomics. Methods in Molecular Biology 658:19-45.

Van Ommen, B. and Stierum, R., 2002. Nutrigenomics: exploiting systems biology in the nutrition and health arena. Current Opinion in Biotechnology 13: 517-521.

Wang, J., Li, D. F., Dangott, L. J. and Wu, G., 2006. Proteomics and its role in nutrition research. Journal of Nutrition 136:1759-1762.

Wang, J. J., Liu, Y., Zheng, Y., Lin, F., Cai, G. F. and Yao, X. Q., 2012a. Comparative proteomics analysis of colorectal cancer. Asian Pacific Journal of

Cancer Prevention 13:1663-1666.

Wang, J. J., Wang, Y. Y., Lin, L., Gao, Y., Hong, H. S. and Wang, D. Z., 2012b. Quantitative proteomic analysis of okadaic acid treated mouse small intestines reveals differentially expressed proteins involved in diarrhetic shellfish poisoning. Journal of Proteomics 75:2038-2052.

Wang, X., Ou, D., Yin, J., Wu, G. and Wang, J., 2009. Proteomic analysis reveals altered expression of proteins related to glutathione metabolism and apoptosis in the small intestine of zinc oxide-supplemented piglets. Amino Acids 37: 209-218.

Wang, X., Wu, W., Lin, G., Li, D., Wu, G. and Wang, J., 2010. Temporal proteomic analysis reveals continuous impairment of intestinal development in neonatal piglets with intrauterine growth restriction. Proteome Research 9: 924-935.

Wang, X., Yang, F., Liu, C., Zhou, H., Wu, G., Qiao, S., Li, D. and Wang, J., 2012d. Dietary supplementation with the probiotic *Lactobacillus fermentum* I5007 and the antibiotic aureomycin differentially affects the small intestinal proteomes of weanling piglets. Journal of Nutrition 142:7-13.

Wang, Z. Q., Wang, L. and Cui, J., 2012c. Proteomic analysis of *Trichinella spiralis* proteins in intestinal epithelial cells after culture with their larvae by shotgun LC-MS/MS approach. Journal of Proteomics 75:2375-2383.

Wasinger, V. C., Cordwell, S. J., Cerpa-Poljak, A., Yan, J. X., Gooley, A. A., Wilkins, M. R., Duncan, M. W., Harris, R., Williams, K. L. and Humphery-Smith, I., 1995. Progress with gene-product mapping of the Mollicutes: *Mycoplasma genitalium* . Electrophoresis 16:1090-1094.

Werner, T., Hoermannsperger, G., Schuemann, K., Hoelzlwimmer, G., Tsuji, S. and Haller, D., 2009. Intestinal epithelial cell proteome from wild-type and TNFDeltaARE/WT mice: effect of iron on the development of chronic ileitis. Journal of Proteome Research 8:3252-3264.

Wernersson, R., Schierup, M. H., Jorgensen, F. G., Gorodkin, J., Panitz, F., Staerfeldt, H. H., Christensen, O. F., Mailund, T., Hornshoj, H., Klein, A., Wang, J., Liu, B., Hu, S. N., Dong, W., Li, W., Wong, G. K. S., Yu, J., Bendixen, C., Fredholm, M., Brunak, S., Yang, H. M. and Bolund, L., 2005. Pigs in sequence space: A 0.66X coverage pig genome survey based on shotgun sequencing. BMC Genomics 6:70.

Westermeier, R. and Görg, A., 2011. Two-dimensional electrophoresis in proteomics. Methods of Biochemical Analysis 54:411-439.

Whiteaker, J. R., Lin, C., Kennedy, J., Hou, L., Trute, M., Sokal, I., Yan, P., Schoenherr, R. M., Zhao, L., Voytovich, U. J., Kelly-Spratt, K. S., Krasnoselsky, A., Gafken, P. R., Hogan, J. M., Jones, L. A., Wang, P., Amon, L., Chodosh, L. A., Nelson, P. S., McIntosh, M. W., Kemp, C. J. and Paulovich, A. G., 2011. A targeted proteomics-based pipeline for verification of biomarkers in plasma. Nature Biotechnology 29:625-634.

Wilkins, M. R., Sanchez, J. C., Gooley, A. A., Appel, R. D., Humphery-Smith, I., Hochstrasser, D. F. and Williams, K. L., 1996. Progress with proteome projects: why all proteins expressed by a genome should be identified and how to do it. Biotechnology & Genetic Engineering Reviews 13:19-50.

Wintero, A. K., Fredholm, M. and Davies, W., 1996. Evaluation and characterization of a porcine small intestine cDNA library: analysis of 839 clones. Mammalian Genome 7:509-517.

Wu, W. W., Wang, G., Baek, S. J. and Shen, R. F., 2006. Comparative study of three proteomic quantitative methods, DIGE, cICAT, and iTRAQ, using 2D gel- or LC-MALDI TOF/TOF. Journal of Proteome Research 5:651-658.

Xu, J. and Gordon, J. I., 2003. Honor thy symbionts. Proceedings of the National Academy of Sciences 100:10452-10459.

Yang, F., Jørgensen, A. D., Li, H., Søndergaard, I., Finnie, C., Svensson, B., Jiang, D., Wollenweber, B. and Jacobsen, S., 2011. Implications of high-temperature events and water deficits on protein profiles in wheat (*Triticum aestivum* L. cv. Vinjett) grain. Proteomics 11:1684-1695.

Ye, X., Blonder, J. and Veenstra, T. D., 2009. Targeted proteomics for validation of biomarkers in clinical samples. Briefings in Functional Genomics & Proteomics 8:126-135.

第11章　系统生物学在肠道健康中的应用

D. Schokker[1] *and M. A. Smits*[2,3*]

[1] *Wageningen UR, Livestock Research, Droevendaalsesteeg 1, 6708 PB Wageningen, the Netherlands;*

[2] *Wageningen UR, Central Veterinary Institute, Postbus 65, 8200 AB Lelystad, the Netherlands;*

[3] *Wageningen UR, Host Microbe Interactomics, Postbus 338, 6700 AH Wageningen, the Netherlands; mari.smits@wur.nl*

摘要:动物肠道健康具有复杂的特征,并由动物营养、微生物区系和宿主遗传的相互作用决定。应用系统生物学方法可以更好地理解这些复杂的特征。这种方法的最终目的是在不同的空间、时间和环境维度上,为肠道的不同功能建立一个坚实的知识基础和预测框架。该体系基于知识和肠道生物计算机模拟(*in silico*)模型,其关键是充分利用宿主-饲料-微生物在畜禽胃肠道中相互作用的生物学潜力来改善健康状况。本章将简要介绍系统生物学在肠道领域的未来。

关键词:肠道健康,数学模型,宿主,营养,微生物区系,相互作用

11.1　引言

系统生物学是一个采用整体的研究方法研究复杂生物系统及其内部相互作用的学科。本章我们将重点讨论两种不同的策略,以便更深入地了解复杂系统:①数学模型;②网络/图形。最近的研究越来越多地使用高通量“组学”(omics)技术,这些技术可以生成数千个数据点。通过这些“组学”技术,可以使对生物样品的分子结构和分子组成进行全基因组的整体观察成为可能。这些研究揭示了微生物与其毒性策略之间的复杂相互作用,包括宿主的免疫策略,以及受外部因素(如营养和应激)影响宿主微生物相互作用的几种机制。然而,一个系统相对简单的相互作用会导致复杂的行为。此外,生物学功能不是简单的“自发”,而是由生物体各部分的动态交互作用产生。为了了解肠道健康的遗传学和生理学数据,需要从不同的时间段和不同的维度获取数据信息。遗憾的是,要从整体上分析这种多维度生物学

系统仍然是很困难的。当环境、宿主(遗传学)或致病性压力发生变化时,应用系统生物学方法生成的模型来构建框架,用来预测(某方面)肠道健康的结果。系统生物学的价值就是为改善家畜的肠道健康提供坚实的基础,如预防感染/疾病和饲料(饲料添加剂)的(早期)干预。

11.2　肠道模型

未来的畜牧业需要能够适应挑战,并且能够在各种条件下保持畜禽健康。健康的畜禽对疾病的敏感性较低,使用的药物(抗生素)较少,这些都有利于畜禽生产和动物福利,并且遏制病原体和耐抗生素基因传播给人类。畜禽健康生产取决于其免疫系统是否以适当的方式对恶劣条件做出反应的能力,并且引起针对抗原刺激的有效免疫应答级联,即在炎症和免疫耐受之间表现出有效的平衡。这种能力通常被称为"免疫能力"。免疫系统的重要功能与黏膜表面相关,尤其是胃肠道的黏膜屏障。因此,肠道通常被视为健康的"守护神",也是可持续畜禽生产体系的主要"贡献者"。肠道上皮层是物理屏障和第一道防线,位于肠腔内容物和黏膜免疫细胞之间。肠腔内容物、日粮成分、宿主编码的蛋白质和代谢产物,以及微生物群等信号通过上皮细胞层与派尔集合淋巴结(Peyer's patches)滤泡相连的上皮细胞传导到黏膜免疫细胞,使其保持适当的免疫稳态。这种信号传导受宿主遗传、母体效应、新生幼畜状态、营养和环境状况的影响,并且在很大程度上受肠道微生物区系组成和多样性的影响。反过来,这种微生物区系的组成和多样性受到宿主基因型、母体、新生幼畜、营养和环境条件以及抗生素、益生元、益生菌的使用和饲料成分的影响。肠道微生物区系由大量细菌组成,包含厚壁菌门(Firmicutes),拟杆菌门(Bacteroides),放线菌门(Actinobacteria),变形杆菌门(Proteobacteria)和疣微球菌门(Verrumicrobia)。这些细菌有助于免疫信号传导,也有助于营养消化吸收和产生基本生理功能的代谢产物(如维生素和短链脂肪酸)。肠道中复杂的相互作用强化了免疫系统的发育和维持,使该系统能够避免过度炎症反应并保持抵御挑战的能力。体内平衡失调会导致生长迟缓、饲料转化率降低和疾病易感性增加,后者会导致抗生素的使用。众所周知,肠道早期微生物定殖模式塑造了动物未来的免疫能力,并且微生物肠道定殖的变化严重影响免疫能力和对(传染性)疾病的易感性(Russell 等,待发表)。如今,为了提高家畜品种免疫能力、健康和福利,将肠道理解为系统,应用系统的方法将有关宿主-微生物-饲料相互作用的可用定量数据与空间、时间和环境维度,生成可以在更广泛的条件下进行预测的动态模型。

11.3 各种“组学”的整合

为了描述复杂的系统,识别不同的组分是至关重要的,通常这些组分在不同的生物学水平上起作用。肠道由不同的组分组成,就细胞类型来说,其包括上皮细胞、杯状细胞、免疫细胞,但是也包括血管、结缔组织和神经组织。所有这些不同的生物组分在不同的生物水平上起作用。“组学”技术是人们对所有认为是共同组分的物质进行研究,例如,利用转录组学,使通过高通量测序技术测量整个基因组的基因表达(活性)成为可能。各种“组学”技术都关注系统的不同方向,生成海量的数据(表 11.1)。现在的挑战是整合这些大数据集,以了解潜在的生物学机制。例如,将基因-基因相互作用或蛋白质-蛋白质相互作用的数据集整理成图表形式。描述细胞过程的这些图表可以是路径图或网络图。通过系统生物学标记语言(Systems Biology Markup Language,SBML)将这些图表链接到系统生物学工具/软件中,也可以测试和模拟细胞活动的不同结果。然而,问题是:细胞过程的模拟是否有足够的详细信息来准确预测系统行为?尽管已经努力在不同水平上补充这些细胞过程,但仍难以预测结果。这是因为数据不是“二元的”(即存在或不存在互作),并且方法、地点、时段和强度对模型的正确预测也是很重要的。

表 11.1 各种“组学”及其相关的数据集

“组学”	涵盖范围
表观遗传学	表观遗传修饰
基因组学	基因(DNA 序列/染色体)
相互作用物组学	所有相互作用
脂质组学	脂类
宏基因组学	环境样本中提取遗传物质
表型组学	表现型
生理组学	有机体的生理学
蛋白质组学	各种蛋白质
转录物组学	mRNA 转录物

11.4 以干扰形式

胃肠道是一个“生态系统”,其状态由内部和外部条件决定,并且这些条件是动态的。如果系统中只有一个“稳态”,那么系统在受到干扰后会最终回归稳态。然而，我们可以想象肠道“生态系统”的稳态是可以被打破的，这意味着如果给予这个“生态系统”足够剧烈的干扰，可能会导致系统的另一种状态。Scheffer 等(2001)通过生成图形化的“效果图”来表达这种思维。“效果图”中的“山谷”是稳定的平衡点，“丘陵”是折叠平衡曲线(folded equilibrium curve)不稳定的过渡状态。如果吸引域的尺寸很小，即“弹性”较小，则适度的干扰就可以使系统进入另一个吸引域。

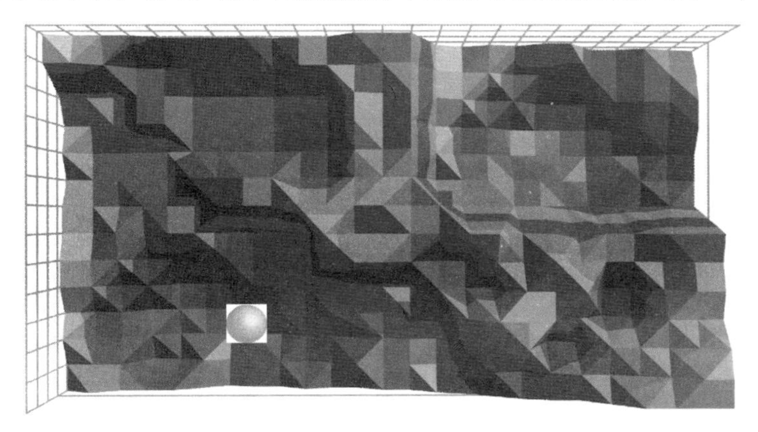

图 11.1 比喻稳态的“效果图”

11.4.1 干扰的影响

为了将“效果图”转化为与宿主相关的术语，我们可以认为肠道中不同的温度、pH 或低/高浓度的营养素表现为基因型与环境高度动态的相互作用。这可能导致持续的细胞外环境变化以及细胞内环境的变化，如 DNA 损伤，RNA/蛋白质浓度的波动。为了应对这种不断变化的环境，细胞必须通过调节其基因的表达做出相应的反应(Miller-Jensen 等，2007)。如前所述，肠道中多个过程同时进行，包括代谢(营养吸收)，免疫(屏障功能/识别)和“构建”过程(分化/凋亡)，这些过程受基因表达的调节。这些基因形成网络/路径，如基因调控网络(gene regulatory networks，GRNs)或信号级联，由基因(节点)及其相互作用(边数)组成。当视觉化这种网络时，很明显可以看出转录因子(transcription factors，TFs)是这些网络或信号级联的关键参与者，因为其同时影响许多基因。肠道中重要的 TFs 是核因子-κB (nuclear factor-kappa B，NF-κB)和过氧化物酶体增殖激活受体 γ(peroxisome proliferator-activated receptor-γ，PPARγ)。NF-κB 调控促炎性细胞因子和趋化因子，这些因子是对抗致病性入侵产生免疫反应所必需的(Kawai 和 Akira，2007)。细胞应答取决于与不同 TLRs 的 C 末端结构域形成复合物的衔接蛋白 MyD88，MAL，TRIF 和 TRAM 的补充(Akira 和 Takeda，2004)。PPARs 作为脂肪酸激活的 TFs，属于核激素受体超家族(Kersten 等，2000)。PPARγ 的表达受到限制，其中脂肪细胞和巨噬细胞表达的水平最高(Bookout 等，2006；Escher 等，2001)。

PPARγ 通过促进上皮机制参与炎症的调节(Shibolet 和 Podolsky,2007),并且 NF-κB 和 PPARγ 之间存在直接联系,因为 PPARγ 促进细胞核中 NF-κB 的 p65 亚基输出,从而限制炎症级联(Kelly 等,2004)。为了更深入地了解这些网络,必须研究系统的“正常”状态和“干扰”状态。干扰是对(生物)系统功能的干扰,可由外部(如药物)或内部(如自身免疫性疾病)机制诱发。在这里,我们将重点介绍三种干扰因素:①(自发性免疫)疾病;②微生物区系;③营养以及营养因素对系统的影响。

11.4.2 疾病干扰因素

疾病可以作为系统的干扰因素,因为疾病可以让系统从“正常”(健康)状态转变为“患病”状态(Del Sol 等,2010)。许多研究都为这一方面做出了贡献,包括癌症研究(Taylor 等,2009;Volinia 等,2010;Wu 等,2010)、糖尿病(Newgard 和 Attie,2010;Zelezniak 等,2010)和自身免疫性疾病(Baranzini,2009)。在这些研究中,我们采用了不同的网络方法(如蛋白质-蛋白质相互作用、基因-基因相互作用和代谢网络),以便更深入地了解这些“细胞”网络的“干扰”状态,换句话说,研究并表征“正常”状态和“干扰”状态下基因[node(节点)]与相互作用[edge(边数)]之间的差异。要了解整个系统,即细胞网络的“蓝图”,是一项具有挑战性的任务,因为需要优先考虑可用的时间序列数据,同时需要测量多个(生物)方面(整合的网络方法)以获得系统的整体信息。

11.4.3 生命早期干扰因素

另一个干扰肠道系统的研究来自 Kelly 的课题组(Mulder 等,2009,2011),该课题组调查了生长在不同环境中猪的微生物区系和宿主基因表达。这些环境包括室内、室外和单独封闭畜舍(高卫生标准)环境。最后一组的猪每天服用抗生素混合物。结果表明,高卫生标准对“正常”微生物的定殖有负面影响,并且促进机体先天免疫活力。然而,在猪的整个发育阶段,暴露在微生物环境下是必要的,因为这可以促进寄居/定殖微生物区系的稳态效应。在这些仔猪中,也观察到大量的乳酸杆菌可促进免疫稳态,并且通过竞争排斥作用来降低致病压力。Schokker 等的另一项研究表明仔猪早期生活中的应激或抗生素给药会影响肠道中的微生物定殖和免疫发育(Schokker 等,2014)。

11.4.4 营养干扰因素

营养是调节肠道内环境平衡的另一个重要因素。宿主免疫是一个复杂的多维系统,其功能依赖于通过直接路径、间接路径和信号级联存在的宿主基因型、微生物区系、营养和环境之间的相互作用。尽管这些不同组分之间的相互作用非常复杂,但已经表明饲料(原料)可以影响肠道微生物区系的组成和多样性(Jensen 等,2011;Jozefiak 等,2011)。然而,饲料成分也在宿主的综合性能中起着重要作用(Kim 等,2007)。饲料可以分为不同的组分;如①常量营养素(包括蛋白质、脂类和碳水化合物);②微量营养素(包括矿物质和维生素);③免疫调节剂(包括纤维和抗氧化物)。然而,每种营养素的作用对免疫功能和不同的日粮都很重要,因为仅依赖日粮并不能马上调节所有免疫系统成分(Cotter 等,2011)。

11.4.5　微生物区系是一个"超级器官"

肠道微生物区系是一个重要的"超级器官",因为微生物区系组成的变化会导致肠道内平衡失调。这种不平衡可能导致致病性入侵者(如寄生虫)的感染,反过来这些入侵者可能会被宿主的免疫反应所消灭。"效果图"的稳态可以更深入地理解从一个稳定平衡向另一个稳定平衡的转变机制,例如,由于益生元/益生菌/合生元的使用,微生物区系组成的转变可能导致交替的稳定平衡。通过识别和表征所有这些"平衡点"以及这些"平衡点"如何受到干扰,就可以生成信息丰富的"效果图"。但是,必须牢记,该图还需要几个来自不同(生物学)水平(如基因、蛋白质、微生物区系、环境和时间)的输入,才能具有较高的准确性和特异性。然而,已知肠道的微生物区系组成可以通过应用不同的细菌菌株进行调节,如乳酸杆菌、双歧杆菌等(Gareau 等,2010;Quigley,2010)。通过使用益生元/益生菌/合生元致使微生物区系组成发生变化,从而使有益/共生细菌的数量增加,并使致病菌/有害细菌的数量减少。

11.5　以数学模型形式

系统生物学可以使用各种建模方法将饲料、微生物区系和宿主基因型与空间、时间和环境维度之间相互作用的影响效应设计到模型中。这些建模方法包括:统计、图表、(信号)路径、免疫反应、反应动力学、Boolean 数据类型(译者注:该类型的名称是为了纪念英国数学家 George Boole,计算机语言,分别以 1 和 0 代指是和非)、agent-based 和 constraint-based 模型(Martins-Dos-Santos 等,2010、2011)。

11.5.1　自上而下和自下而上的方法

自上而下的方法用于映射系统的相互作用和一般结构,要精确定位系统的重要组成部分,需要更详细地研究来解答特定的生物学问题。接下来是研究特定(子)系统更加细化模型的迭代过程。自上向下的方法对于帮助组织、构建和解释由当前"组学"度量生成的大量信息至关重要。自下而上的方法用来构建基于(后)基因组信息的细胞和交互网络,能够生成可测试的假设,对其(如干扰的影响)进行预测。

11.5.2　Boolean 模型

通过假设系统的各个"组件"处于打开或关闭状态来表示系统中交互的网络模型称为 Boolean 模型。产生的网络动力学模型与电路非常相似(De Graaf 等,

2009)。这种模型需要有限的实验细节和知识 。例如,在哺乳动物系统中,Boolean模型将蛋白质信号网络与信号转导复合物(如 Toll 受体和 T 细胞受体信号)连接起来(Saez-Rodriguez 等,2009)。因此,这种模型能够描述不同信号路径的交互作用。预计这种模型在未来会成为描述肠道免疫能力应答(营养和肠道微生物区系)的重要手段。

11.5.3 代理人基模型

代理人基模型(agent based modelling,ABM),又称多元代理人系统,是指基于规则和系统组件之间交互作用的建模技术,在“虚拟世界”(译者注:计算机中)中对其进行模拟创建一个生物模拟(*in silico*)实验模型。ABM 方法已用于众多相关领域,如炎性细胞转运。ABM 允许动态知识表现和概念模型验证,并促进聚合模块化多维度模型的开发。一系列联结的 ABM 已经被用来代表在炎症情况下的多个生物组织水平。例如,肠道上皮通透性的 ABM 模型与内皮/炎性细胞 ABM 相关联用来产生肠道器官模型(An,2008)。随后将该肠道 ABM 与肺 ABM 相关联,用来模拟多器官衰竭的发病机理中的肠-肺轴。因此,尽管不像真实动态模型那么“机械”,但这种 ABM 模型是连接各种生物组织水平并耦合不同尺度系统的有力工具。

11.5.4 动力学模型

动力学模型是描述系统的分子组件(节点)之间的相互作用(边数),从而提供对系统的机械洞察(如路径)。这些模型通常由微分方程构建,并通过数值和计算分析(如代谢控制分析)进行求解(De Graaf,2010;Roling 等,2010)。这些模型的一个主要问题是需要对潜在的分子机制和相应的模型参数值有详细的了解。但是,通常在体内条件下难以获得。

11.5.5 常微分方程

常微分方程(ordinary differential equations,ODE)常被用来描述系统中的时间动态事件。它们由一个自变量(如时间)和一个或多个自变量的导数组成。不同的变量可以用一个或多个方程来表示。ODE 基模型和更多的增强模型已经应用于竞争“食物”的微生物区系(Kaunzinger 和 Morin,1998)、宿主免疫反应(Schokker 等,2013)和宿主-病原体相互作用领域(Fenton 和 Perkins,2010;Hethcote 和 Van den Driessche,2000)。偏微分方程(partial differential equations,PDEs)能够描述多维度系统。当系统由不同类型的组件组成时,有时需要使用 PDEs 来区分这些组件。

11.6 生物网络/图表形式

生物网络是生物系统子单元(节点)互相联络(边数)的方式,它可以是无方向的或定向的。在无方向网络中，已知两个节点之间存在一条“边”，只有方向未知。然而，在定向网络中，已知节点 A 调节节点 B，包括抑制、刺激或更复杂的形式。每一个生物系统都可以转化为一个网络及相应的相互作用，细节“层级”将决定其复杂性。已经有很多这样的数据库，包含来自不同“层级”的交互数据（如化学、基因和蛋白质）存在。Pathguide 数据库（网址：www. pathguide. org）包含 500 多种通路和相互作用的网络资源，并以标准格式（BioPAX，CellML，PSI-MI 或 SBML）提供商业化和免费服务。

11.6.1　网络的互作和调控

通路描述了细胞中发生的事件，如用信号传导路径来表示基因和/或化学物质之间的级联相互作用。肠腔中的有害物质可以被上皮细胞细胞膜中的受体识别，同时又会向其他细胞发送危险信号。然而，这是细胞产生的反馈，首先发生基因-基因相互作用的信号级联，这意味着信号将从细胞膜转移到细胞核。其次，细胞核中转录因子被激活（或过量表达），导致（反应）基因的表达，这可以保护细胞本身或“通知”相邻细胞。

11.6.2　数据库

京都基因和基因组百科全书（Kyoto Encyclopedia of Genes and Genomes，KEGG）（网址：http://www. genome. jp/kegg/）为不同物种绘制了路径图，共分为 7 个方面：①代谢；②遗传信息处理；③环境信息处理；④细胞过程；⑤组织系统；⑥人类疾病；⑦药物开发。所有方面被细分为更具体的信号传导路径，并用于理解生物系统（如细胞）的高级功能和效用。尽管 KEGG 数据库将路径描述为独立的单元，但 Oda 和 Kitano（2006）已经生成了 Toll 样受体（Toll-like receptor，TLR）和白细胞介素 1 受体（interleukin 1 receptor，IL1R）信号级联的详细图谱。该图谱显示髓样分化初级应答基因 88（MyD 88）是必需的核心要素，并强调该系统对于 MyD 88 基因的去除或突变是“敏感的”，这可能导致对不同刺激的不同反应。因此，通过整合来自 KEGG 数据库和文献的数据可能生成更大的网络，并且结合网络分析，可能确定网络的“敏感性”。另一个是 REACTOME 数据库（人工辅助和同行评审），其包含不同的生物学信息数据库，即 Ensembl、UniProt、HapMap 和 Gene Ontology。在 REACTOME 数据库中，网络是参与生物反应/路径的相互作用的实体（如核酸、蛋白质、复合物和小分子）。网络或路径图可以以包括 SBML、SBGN、PSIMI、BioPAX2 级或 3 级、Protégé（法语：版权保护）和 Word/PDF（策展人和引用文献）在内的各种标准格式下载。InnateDB 数据库是一个专业的基因和蛋白质数据库，包含与微生物感染（人、小鼠和牛）先天免疫相关的信号路径。人工辅助整理数据约 18 685 次交互，可用作知识数据库和系统层级分析。这些不同的（突出显示的）存储的数据可以生成图形，然后使用 CytoScape 软件将基因表达数据叠加（Shannon 等，2003）。Cytoscape 软件可以使复杂的网络图形化，并且能将网络与任何类型的计数型数据进行整合。已经有大量的"Apps(应用程序)"用于各种生物信息学分析、网络生成分析和统计分析(Lotia 等，2013)。可以通过不同的颜色强度来图形化不同基因的表达(上调或下调)。当数据可用时，甚至可以按时间顺序生成不同的图片来创建视频文件。

11.6.3 推断网络

除了上述已知文献和实验数据库之外，还可以从实验数据推断出网络。不同的算法已经存在并嵌入在R语言脚本或独立程序中，包括加权基因共表达网络分析(weighted correlation network analysis，WGCNA)(Langfelder 和 Horvath，2008)、最小绝对值收敛和选择算子(least absolute shrinkage and selection operator，LASSO)(Friedman 等，2008)、互信息 NETworks(minet)(Meyer 等，2008)、基因网络数据库(GeneNet)(Opgen-Rhein 和 Strimmer，2007；Schafer 和 Strimmer，2005)、基因调控网络重建算法(Algorithm for the Reconstruction of Gene Regulatory Networks，ARACNE)(Margolin 等，2006)、延时 ARACNE(Zoppoli 等，2010)和短时间序列表达(Short Timeseries Expression Miner，STEM)(Ernst 和 Bar-Joseph，2006)。上述算法可以专门处理时间序列数据，这在基因表达研究的试验设计中是常用的，特别是在研究肠道发育或免疫应答时。生成基因-基因网络是可能的，但是对这些网络结果的解释是困难的。例如有存在捷径的可能，这就意味着如果基因A和基因D表达有差异，则基因B和基因C仍然可能是信号级联的一部分。

Petri 网(译者注：PetriNet 是对离散并行系统的数学表示，其是1960年代由C. A. 佩特里发明的，适合于描述异步的、并发的计算机系统模型)(有向二分图)包括"库所(places)""变迁(transitions)"和"弧(arcs)"。"库所(P)"表示一系列的位置，"变迁(T)"表示一系列的过渡，"弧"表示P与T之间一系列的往复"流动(F)"关系。Petri 网也可以用以下公式来描述，即N=(P，T，F)。在相关联的图(或网络)中，"库所"可能包含一定数量的"令牌(tokens)"，并且"弧"从"库所"到"变迁"之间往复运行，但从不在"库所"之间或"变迁"之间运行。在生物学术语中，"库所"可以是新陈代谢产生的物质/产物，"变迁"可以是酶介导的反应、"弧"是反应参数，"令牌"是反应物的数量。生成的 Petri 网代表生物系统在特定时期的状态(Pinney 等，2003；Zevedei-Oancea 和 Schuster，2011)。BioNetSim(Gao 等，2012)是一种基于 Petri 网的模拟工具，用于对生化过程进行模拟。该工具连接到 KEGG 和生物模型(BioModel)数据库，并根据这些数据生成 Petri 网。此外，该工具还提供定性分析并创建图形，从而使在模拟过程中跟踪每一种物质成为可能(Gao 等，2012)。

11.6.4 基因关联网络的实验性肠道数据示例

在我们(译者注：本文作者)的小组中，已经根据实验数据生成了一个基因关联网络(gene association networks，GANs)(Schokker 等，2011)。该试验(对照组健康鸡和沙门氏菌感染鸡)依时间序列基因表达数据采集,包括以下样本点:孵化后 0.33(8 h)、1、2、4、8、12、21 d。在对照组和试验组(感染组)这两种情况下,这些 GANs 由 759 个"选定"节点生成,并基于前 1 000 个"边数",但并非所有节点都连接在一起。在"对照组"基因中,有 240 个节点没有连接,有 519 个节点连接并形成相应的网络。"试验组"基因的 164 节点没有连接,其余的 595 个探针包含在网络中。随后再次分别"审视"每一个基因,为两个 GANs 确定"枢纽(hubs)"(关键调整节点)。观察到的这些 GANs 之间的差异表现在网络特征上,以及与这些 GANs 的相关生物学中。尽管网络特征存在这些差异,但两种 GANs 都表明"枢纽"在信号级联中起着重要作用,"枢纽"基因表达的微小改变可以导致系统(组织)的变化。两个 GANs 都存在不同的"枢纽",只能检测到一个重叠的"枢纽"。例如,在沙门氏菌感染状态下,更多的"枢纽"与防御/宿主反应过程和传染过程有关,而在对照组中,大多数"枢纽"与转录调控和发育过程有关。这种网络方法还表明,不仅仅是免疫基因和相关过程受到早期沙门氏菌感染的影响。这些"枢纽"是肠道健康和发育的潜在标记物。

11.7　结论

动物营养、微生物区系和宿主遗传的相互作用是复杂的,因此只能使用系统方法来理解。未来面临的主要挑战是各种数据的整合并且在所有不同生物水平上对所有相关功能进行建模。最终目标是在肠道不同空间、时间和环境维度上建立一个坚实的知识基础和预测模型。这将有助于更好地了解特定的宿主、营养素、日粮和环境条件是如何影响细胞和组织的信号和功能,以及如何影响免疫能力和肠道健康。充分利用系统知识和肠道生物模型,将是提高畜禽宿主-饲料-微生物互作的内在生物学潜力的关键,并达到优化和"定制"畜禽饲料,优化管理程序,从而达到改善肠道健康和提高工作效率的目的。

参考文献

Akira, S. and Takeda, K., 2004. Functions of toll-like receptors: lessons from KO mice. Comptes Rendus Biologies 327:581-589.

An, G., 2008. Introduction of an agent-based multi-scale modular architecture for dynamic knowledge representation of acute inflammation. Theoretical Biology and Medical Modelling 5:11.

Baranzini, S. E., 2009. The genetics of autoimmune diseases: a networked perspective. Current Opinion in Immunology 21:596-605.

Bookout, A. L., Jeong, Y., Downes, M., Yu, R. T., Evans, R. M. and Mangelsdorf, D. J., 2006. Anatomical profiling of nuclear receptor expression reveals a hierarchical transcriptional network. Cell 126:789-799.

Cotter, S. C., Simpson, S. J., Raubenheimer, D. and Wilson, K., 2011. Macronutrient balance mediates trade-offs between immune function and life history traits. Functional Ecology 25:186-198.

De Graaf, A. A., Freidig, A. P., De Roos, B., Jamshidi, N., Heinemann, M., Rullmann, J. A., Hall, K. D., Adiels, M. and Van Ommen, B., 2009. Nutritional systems biology modeling: from molecular mechanisms to physiology. PLoS Computational Biology 5:e1000554.

De Graaf, A. A., Maathuis, A., de Waard, P., Deutz, N. E., Dijkema, C., de Vos, W. M. and Venema, K., 2010. Profiling human gut bacterial metabolism and its kinetics using [U-13C]glucose and NMR. NMR Biomedicine 23:2-12.

Del Sol, A., Balling, R., Hood, L. and Galas, D., 2010. Diseases as network perturbations. Current Opinion in Biotechnology 21:566-571.

Ernst, J. and Bar-Joseph, Z., 2006. STEM: a tool for the analysis of short time series gene expression data. BMC Bioinformatics 7:191.

Escher, P., Braissant, O., Basu-Modak, S., Michalik, L., Wahli, W. and Desvergne, B., 2001. Rat PPARs: quantitative analysis in adult rat tissues and regulation in fasting and refeeding. Endocrinology 142:4195-4202.

Fenton, A. and Perkins, S. E., 2010. Applying predator-prey theory to modelling immune-mediated, within-host interspecific parasite interactions. Parasitology 137:1027-1038.

Friedman, J., Hastie, T. and Tibshirani, R., 2008. Sparse inverse covariance estimation with the graphical lasso. Biostatistics 9:432-441.

Gao, J., Li, L., Wu, X. and Wei, D. Q., 2012. BioNetSim: a Petri net-based modeling tool for simulations of biochemical processes. Protein Cell 3:225-229.

Gareau, M. G., Sherman, P. M. and Walker, W. A., 2010. Probiotics and the gut microbiota in intestinal health and disease. Nature Reviews Gastroenterology & Hepatology 7:503-514.

Hethcote, H. W. and Van den Driessche, P., 2000. Two SIS epidemiologic models with delays. Journal of Mathematical Biology 40:3-26.

Jensen, A. N., Mejer, H., Molbak, L., Langkjaer, M., Jensen, T. K., Angen, O., Martinussen, T., Klitgaard, K., Baggesen, D. L., Thamsborg, S. M. and

Roepstorff, A., 2011. The effect of a diet with fructan-rich chicory roots on intestinal helminths and microbiota with special focus on Bifidobacteria and Campylobacter in piglets around weaning. Animal 5:851-860.

Jozefiak, D., Sip, A., Rawski, M., Rutkowski, A., Kaczmarek, S., Hojberg, O., Jensen, B. B. and Engberg, R. M., 2011. Dietary divercin modifies gastrointestinal microbiota and improves growth performance in broiler chickens. British Poultry Science 52:492-499.

Kaunzinger, C. M. K. and Morin, P. J., 1998. Productivity controls food-chain properties in microbial communities. Nature 395:495-497.

Kawai, T. and Akira, S., 2007. Signaling to NF-kappaB by Toll-like receptors. Trends in Molecular Medicine 13:460-469.

Kelly, D., Campbell, J. I., King, T. P., Grant, G., Jansson, E. A., Coutts, A. G., Pettersson, S. and Conway, S., 2004. Commensal anaerobic gut bacteria attenuate inflammation by regulating nuclear-cytoplasmic shuttling of PPAR-gamma and RelA. Nature Immunology 5:104-112.

Kersten, S., Desvergne, B. and Wahli, W., 2000. Roles of PPARs in health and disease. Nature 405:421-424.

Kim, S. W., Mateo, R. D., Yin, Y. L. and Wu, G. Y., 2007. Functional amino acids and fatty acids for enhancing production performance of sows and piglets. Asian-Australasian Journal of Animal Sciences 20:295-306.

Langfelder, P. and Horvath, S., 2008. WGCNA: an R package for weighted correlation network analysis. BMC Bioinformatics 9:559.

Lotia, S., Montojo, J., Dong, Y., Bader, G. D. and Pico, A. R., 2013. Cytoscape app store. Bioinformatics 29:1350-1351.

Margolin, A. A., Nemenman, I., Basso, K., Wiggins, C., Stolovitzky, G., Dalla Favera, R. and Califano, A., 2006. ARACNE: an algorithm for the reconstruction of gene regulatory networks in a mammalian cellular context. BMC Bioinformatics 7 Suppl 1:S7.

Martins dos Santos, V., Muller, M. and de Vos, W. M., 2010. Systems biology of the gut: the interplay of food, microbiota and host at the mucosal interface. Current Opinion in Biotechnology 21:539-550.

Martins dos Santos, V. A. P., Müller, M., de Vos, W. M., Wells, J., te Pas, M. F. W., Hooiveld, G., Van Baarlen, P., Smits, M. A. and Keijer, J., 2011. Systems biology of host-food-microbe interactions in the mammalian gut, in systems biology and livestock science. In: Te Pas, M., Woelders, H. and

Bannink, A. (ed.) Systems biology and livestock science. Wiley- Blackwell, Hoboken, NJ, USA, pp332.

Meyer, P. E., Lafitte, F. and Bontempi, G., 2008. minet: A R/Bioconductor package for inferring large transcriptional networks using mutual information. BMC Bioinformatics 9:461.

Miller-Jensen, K., Janes, K. A., Brugge, J. S. and Lauffenburger, D. A., 2007. Common effector processing mediates cell-specific responses to stimuli. Nature 448:604-608.

Mulder, I. E., Schmidt, B., Lewis, M., Delday, M., Stokes, C. R., Bailey, M., Aminov, R. I., Gill, B. P., Pluske, J. R., Mayer, C. D. and Kelly, D., 2011. Restricting microbial exposure in early life negates the immune benefits associated with gut colonization in environments of high microbial diversity. PLoS One 6:e28279.

Mulder, I. E., Schmidt, B., Stokes, C. R., Lewis, M., Bailey, M., Aminov, R. I., Prosser, J. I., Gill, B. P., Pluske, J. R., Mayer, C. D., Musk, C. C. and Kelly, D., 2009. Environmentally- acquired bacteria influence microbial diversity and natural innate immune responses at gut surfaces. BMC Biology 7:79.

Newgard, C. B. and Attie, A. D., 2010. Getting biological about the genetics of diabetes. Nature Medicine 16:388-391.

Oda, K. and Kitano, H., 2006. A comprehensive map of the toll-like receptor signaling network. Molecular Systems Biology 2:0015.

Opgen-Rhein, R. and Strimmer, K., 2007. From correlation to causation networks: a simple approximate learning algorithm and its application to high-dimensional plant gene expression data. BMC Systems Biology 1:37.

Pinney, J. W., Westhead, D. R. and McConkey, G. A., 2003. Petri Net representations in systems biology. Biochemical Society Transactions 31:1513-1515.

Quigley, E. M., 2010. Prebiotics and probiotics; modifying and mining the microbiota. Pharmacological Research 61:213-218.

Roling, W. F., Ferrer, M. and Golyshin, P. N., 2010. Systems approaches to microbial communities and their functioning. Current Opinion in Biotechnology 21:532-538.

Russell, S. L., Gold, M. J., Reynolds, L. A., Willing, B. P., Dimitriu, P., Thorson, L., Redpath, S. A., Perona-Wright, G., Blanchet, M. R., Mohn, W. W., Brett Finlay, B. and McNagny, K. M., in press. Perinatal antibiotic-induced shifts in gut microbiota have differential effects on inflammatory lung diseases. Journal of Allergy and Clinical Immunology, http://dx. doi. org/10. 1016/j. jaci. 2014.06.027.

Saez-Rodriguez, J., Alexopoulos, L. G., Epperlein, J., Samaga, R., Lauffenburger, D. A., Klamt, S. and Sorger, P. K., 2009. Discrete logic modelling as a means to link protein signalling networks with functional analysis of mammalian signal transduction. Molecular Systems Biology 5:331.

Schafer, J. and Strimmer, K., 2005. An empirical Bayes approach to inferring large-scale gene association networks. Bioinformatics 21:754-764.

Scheffer, M., Carpenter, S., Foley, J. A., Folke, C. and Walker, B., 2001. Catastrophic shifts in ecosystems. Nature 413:591-596.

Schokker, D., Bannink, A., Smits, M. A. and Rebel, J. M., 2013. A mathematical model representing cellular immune development and response to *Salmonella* of chicken intestinal tissue. Journal of Theoretical Biology 330:75-87.

Schokker, D., de Koning, D. J., Rebel, J. M. and Smits, M. A., 2011. Shift in chicken intestinal gene association networks after infection with *Salmonella*. Comparative biochemistry and physiology. Part D, Genomics & proteomics.

Schokker, D., Zhang, J., Zhang, L. L., Vastenhouw, S. A., Heilig, H. G., Smidt, H., Rebel, J. M. and Smits, M. A., 2014. Early-life environmental variation affects intestinal microbiota and immune development in new-born piglets. PLoS One 9:e100040.

Shannon, P., Markiel, A., Ozier, O., Baliga, N. S., Wang, J. T., Ramage, D., Amin, N., Schwikowski, B. and Ideker, T., 2003. Cytoscape: a software environment for integrated models of biomolecular interaction networks. Genome Research 13:2498-2504.

Shibolet, O. and Podolsky, D. K., 2007. TLRs in the Gut. IV. Negative regulation of Toll- like receptors and intestinal homeostasis: addition by subtraction. American Journal of Physiology: Gastrointestinal and Liver Physiology 292: G1469-1473.

Taylor, I. W., Linding, R., Warde-Farley, D., Liu, Y., Pesquita, C., Faria, D., Bull, S., Pawson, T., Morris, Q. and Wrana, J. L., 2009. Dynamic modularity in protein interaction networks predicts breast cancer outcome. Nature Biotechnology 27:199-204.

Volinia, S., Galasso, M., Costinean, S., Tagliavini, L., Gamberoni, G., Drusco, A., Marchesini, J., Mascellani, N., Sana, M. E., Abu Jarour, R., Desponts, C.,

Teitell, M., Baffa, R., Aqeilan, R., Iorio, M. V., Taccioli, C., Garzon, R., Di Leva, G., Fabbri, M., Catozzi, M., Previati, M., Ambs, S., Palumbo, T., Garofalo, M., Veronese, A., Bottoni, A., Gasparini, P., Harris, C. C., Visone, R., Pekarsky, Y., de la Chapelle, A., Bloomston, M., Dillhoff, M., Rassenti, L. Z., Kipps, T. J., Huebner, K., Pichiorri, F., Lenze, D., Cairo, S., Buendia, M. A., Pineau, P., Dejean, A., Zanesi, N., Rossi, S., Calin, G. A., Liu, C. G., Palatini, J., Negrini, M., Vecchione, A., Rosenberg, A. and Croce, C. M., 2010. Reprogramming of miRNA networks in cancer and leukemia. Genome Research 20:589-599.

Wu, G., Feng, X. and Stein, L., 2010. A human functional protein interaction network and its application to cancer data analysis. Genome Biology 11:R53.

Zelezniak, A., Pers, T. H., Soares, S., Patti, M. E. and Patil, K. R., 2010. Metabolic network topology reveals transcriptional regulatory signatures of type 2 diabetes. PLoS Computational Biology 6:e1000729.

Zevedei-Oancea, I. and Schuster, S., 2011. Topological analysis of metabolic networks based on petri net theory. Studies in Health Technology and Informatics 162:17-37.

Zoppoli, P., Morganella, S. and Ceccarelli, M., 2010. TimeDelay-ARACNE: Reverse engineering of gene networks from time-course data by an information theoretic approach. BMC Bioinformatics 11:154.

索　引

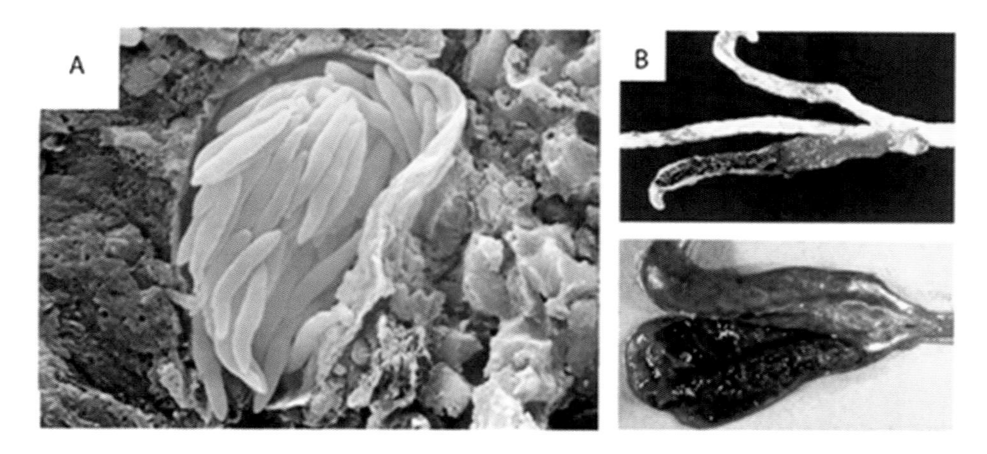

图 4.4（A）在鸡盲肠扁桃体中生长的柔嫩艾美耳球虫的电镜照片。版权归牛津大学 D. J. P Ferguson 教授所有，转载须经许可。B）感染艾美耳球虫后第 6 天肠道盲肠扁桃体的病理特征，显示盲肠腔壁增厚、血液积聚和盲肠腔出血。

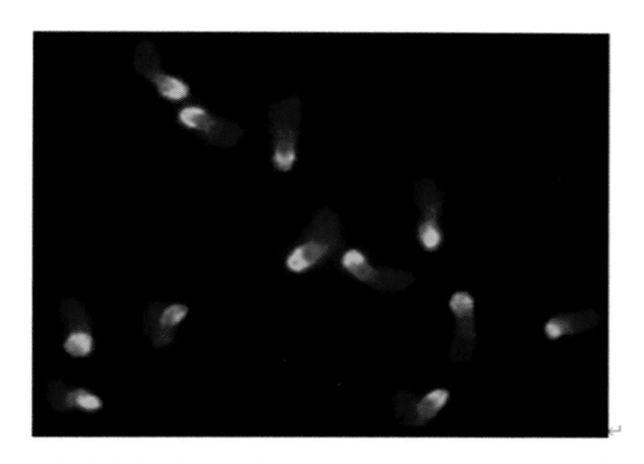

图 4.5 柔嫩艾美耳球虫子孢子与 6D12 小鼠单克隆抗体的免疫细胞化学染色，该单克隆抗体可识别与宿主细胞受体结合寄生虫的顶端复合蛋白。寄生虫顶端复合体的单克隆抗体染色用黄色表示。孢子染色用红色表示。原始放大倍率，100×。

图 11.1 比喻稳态的“效果图”